高职高专立体化教材 计算机系列

网络综合布线项目教程

颜正恕 主 编

清华大学出版社
北 京

内 容 简 介

本书依据《综合布线系统工程设计规范》国家标准，参照综合布线从业人员职业技术资格要求，以布线行业实际工程为背景，采用项目驱动的方式进行内容组织，在每个项目中列举了丰富的学习和实践场景，形象生动地展示网络综合布线行业的工程设计和施工实施方法。

本书突出体现"理实一体化"的教学理念，引入澳大利亚 TAFE 的考核评价理念，集教学和考核为一体。本书内容从最简单的单层单房间的项目开始直到多楼多房间的综合性项目，每个项目都由项目需求分析、工程设计、招投标训练、工程施工和测试、工程验收等几个模块构成，知识和技能内容较为丰富和翔实，便于记忆和学习，帮助读者掌握一个布线工程从设计到实施的完整过程，提升设计和实践技能。本书可作为各类职业院校相关专业的教材，也可作为布线行业和系统集成行业的技术人员的参考书。

图书在版编目(CIP)数据

网络综合布线项目教程/颜正恕主编.--北京：清华大学出版社，2016（2019.1重印）
(高职高专立体化教材　计算机系列)
ISBN 978-7-302-42153-5

Ⅰ.①网…　Ⅱ.①颜…　Ⅲ.①计算机网络—布线—高等职业教育—教材　Ⅳ.①TP393.03

中国版本图书馆 CIP 数据核字(2015)第 271811 号

责任编辑：陈冬梅　李玉萍
封面设计：刘孝琼
责任校对：吴春华
责任印制：刘祎淼

出版发行：清华大学出版社
　　　　　网　　　址：http://www.tup.com.cn, http://www.wqbook.com
　　　　　地　　　址：北京清华大学学研大厦 A 座　　　　邮　　　编：100084
　　　　　社 总 机：010-62770175　　　　邮　　　购：010-62786544
　　　　　投稿与读者服务：010-62776969, c-service@tup.tsinghua.edu.cn
　　　　　质量反馈：010-62772015, zhiliang@tup.tsinghua.edu.cn
　　　　　课件下载：http://www.tup.com.cn, 010-62791865
印 装 者：三河市少明印务有限公司
经　　销：全国新华书店
开　　本：185mm×260mm　　　　印　张：25.5　　　　字　数：620 千字
版　　次：2016 年 5 月第 1 版　　　　印　次：2019 年 1 月第 3 次印刷
定　　价：49.80 元

产品编号：058696-01

前　言

本书基于目前各大高职院校开展的基于工作过程的项目化教学模式，在深刻理解综合布线行业的人才岗位需求、知识技能要求及职业素养标准的基础上，结合相关专业教学的实践，来构建全书的架构和内容。在认真剖析课程的性质、任务、课程类型、培养目标、知识能力结构、工作项目构成、学习情境等基础上，制定课程标准，确定以"理实一体化"教学模式，以就业为导向的课程总体设计，在教学过程中吸收了澳大利亚 TAFE 的课程包中的评价模式进行了本土化的研究，本书将教学和评价进行了整合。主编、副主编和参编者由全国具有该门课程丰富教学经验的专家学者、一线教师和部分企业专家担任。

本书的开发和编写参考了国内相关高职高专院校计算机网络技术专业优秀教师的教学经验和成果，集中体现了专业教学过程与相关职业岗位工作过程的一致性，努力实现学校与企业的无缝对接。全书在一定程度上体现了综合布线行业的稳定、高效和工艺要求的特点，将一些可以使用的新的高效的思想和理念介绍给读者；本书编写内容衔接有序、图文并茂、过程完整、资源丰富，便于"教、学、做、评、赛一体化"教学的实施。

本书在内容规划和设计上充分借鉴了国内外的职业教育先进模式和方法，选用专业化、体系化、通俗化的教学内容，便于使用教材的教师和学生能够快速上手，按部就班即可完成项目的学习和训练。将真实案例教学化后便于进行教学互动的一体化的教学方法的实施，教材编辑方式按照课程的教学过程来设计，教材内容即为课堂实施过程、项目化教学方法的现实体现，课程编制的评价方案充分借鉴了澳大利亚 TAFE 的模式，使评价更加多元化和具体化，以便于过程考核的实施。同时，阶段性地进行对课程教学的反思和学生对教学和学习成果的评价，有利于开展教学内容和教学方法的重新规划和提升。

在内容设计上，循序渐进，由简入繁，从认识综合布线系统开始，了解整个系统的基本材料、工具和构成，将传统的以子系统划分章节的模式改成按照施工的区域由小到大、由易到难的方式进行规划，在每个项目中融入前面所学的知识和技能并进行一定程度的提升，再辅以新的知识和技能训练，每次新的项目都可以作为前面项目的一次复习和再次训练，但不是简单的重复，而是有了变化、有了提升，符合高职学生的学习特点，也便于他们进行自主学习。

在具体使用本书的过程中，请以工程项目的开展过程为学习形式，从分组、任务分配、通过小组或者个人进行任务实施方案的自主设计，到招投标实践、施工管理实践、测试与验收实践，都需要以学生为主，通过分层分类培养，将学生与技术层级、岗位类别进行对应，实施差别化、个性化教学。整个过程教师扮演总设计、总考评师和观察员的角色，注意对学习方法、工作方法的管控，进行技术和知识的资讯和指导，尽量不要限制学生完成任务的方法和模式，把握课堂教学的总体发展方向，多进行技能和职业素养的反馈，和学生一起完成项目。本书由颜正恕主编，徐济惠、陈燕飞、卢秋锦、葛科奇等参加了部分章节的编写工作，在此表示衷心感谢！

由于时间仓促，加上编写水平有限，书中不足和需补充之处在所难免，望广大读者批评指正。

编　者

目录

项目一

综合布线工程项目设计与施工准备

学习目标

知识目标：

- 理解综合布线系统的整体构架和各部分组成。
- 知道各类网络传输介质、器材和工具的名称、特性和主要参数。
- 了解综合布线工程的常用标准。
- 了解各类网络传输介质、器材和工具的使用方法和区别。

能力目标：

- 能结合所学的真实综合布线工程案例，来区分实际工程中涉及的子系统和相关设计内容。
- 在了解综合布线工程需求的基础上，能运用所掌握的综合布线工程常用工具和材料设备的基础上，为工程选择合适的传输介质和工具。
- 通过对综合布线工程常用标准的学习，能根据工程设计要求分类分等级引入施工标准，并依据标准进行严格审查。

素质目标：

- 通过工程案例，培养学生的认真做事职业态度。
- 通过对完成任务过程的细节要求，培养学生的敬业精神和求真务实的态度。
- 能认真地通过网络手段查询到与综合布线工程系统设计、工具和介质详细资料等资料，并对相关信息进行正确处理。
- 培养学习主动性，并通过他人指导和讨论获取与综合布线系统有关的工具、材料和标准的信息，用于综合布线系统设计。

项目学习概要

任务一　综合布线常用器材和工具使用训练。
任务二　综合布线工程专业图绘制训练。
任务三　综合布线系统招投标训练。
任务四　综合布线工程测试与验收训练。

综合布线工程项目设计与施工准备项目任务书

班级：　　　　　　　　姓名：　　　　　　　　指导教师：

训练项目名称：综合布线工程项目设计与施工准备
任务简介
一、项目实施目的
让学生认识和熟悉综合布线工程的重要概念和原理，识别基本的网络传输介质、设备工具；熟悉各种常用产品性能，主要性能指标，培养对各种产品在不同应用场所使用的正确选择能力。同时，了解整个工程的招投标、设计、施工管理、测试和验收方面的基本流程，为后续各种类型的工程的学习和训练打下良好的基础。

二、训练内容

任务一　综合布线常用器材和工具使用训练。

任务二　综合布线工程专业图绘制训练。

任务三　综合布线系统招投标训练。

任务四　综合布线工程测试与验收训练。

三、训练过程

组建项目团队—分解项目任务—完成学习准备—制订学习预案—项目实操训练—项目绩效评估—项目学习规律探索—再建项目化工作过程。

项目分工与职责要求

(1) 项目组长：总体思路建构、调研需求分析管理、任务分解、全面组织管理、项目质量控制、团队成员学习绩效评估。

(2) 项目组员：信息案例辅助、任务分解辅助、调研实施、资料收集、系统设计、施工实施、组织管理辅助、质量控制辅助、学习绩效评估辅助。

组员涉及的角色有：调研员、企业委托方成员、中介机构、招投标双方、系统设计员、信息助理、施工员、展示助理、评价助理、项目管理员、项目测试员、项目验收员等。

知识能力要求

(1) 组长知识能力要求：熟悉职业认知调研目的、任务、要素、流程和质量标准，能够运用团队合作能力、解决问题能力清晰具体地提出职业认知活动思路，指导团队成员完成工作任务，能够对每一个团队成员的实践活动做出正确的绩效评价，同时具有组内最佳的项目开展的知识与技能，并在相应岗位的职业素养养成方面走在前列。

(2) 其他角色知识能力要求：能够运用信息处理能力、项目调研策划与实施能力、沟通协调能力为组长决策提供信息，资料、文字撰写，沟通协调方面的服务，竞赛组织与实施，信息展示与评价，项目实施专业技能与知识。

项目完成条件配置

(1) 硬件条件：×××集团公司××部现场、项目调研现场、公司培训基地现场、施工现场、一体化实训室、校内外指导教师各一名。

(2) 管理条件：按业务部构架建立企业化学习团队，有完善的公司管理制度、岗位职责职能、工作绩效考核标准和办法。

项目成果验收要求

(1) 项目开题报告：按岗位角色填写，每人一份。

(2) 工作案例与分析：按岗位角色提交，每人一份。

(3) 思路创意概述与说明：按岗位角色提交，每人一份。

(4) 能力条件准备报告：按岗位角色提交，每人一份。

(5) 组织实施方案：按承担的工作任务填写，每人一份。

(6) 项目成果报告：按完成的工作任务填写，每人一份。

(7) 项目总结：按岗位角色提交，每人一份。

(8) 在项目设计、招投标、施工、测试和验收环节的小组工作相关的成果报告：按环节填写，每组一份。

(9) 答辩记录：由评价组成员按每人一份完成。

项目成果质量要求

一、形成综合布线项目初步调查分析能力

(1) 明确调查分析目的、对象和任务；

(2) 掌握调查分析内容、方式和方法；

(3) 实施调查分析组织、准备和演练；

(4) 调查分析现场操作、组织和管理；

(5) 调查分析结果核准、整理和发布。

二、形成单层单房间综合布线项目案例初步借鉴能力

(1) 能选取相关案例；

(2) 能科学分析案例；

(3) 能正确运用案例。

三、形成较强的团队合作能力

(1) 能营造团队合作氛围；

(2) 能搭建合理的团队结构；

(3) 能运用征求团队成员意见技巧；

(4) 能运用综合团队成员意见方法。

四、形成完整的项目表达和展示能力

(1) 文本要素完整，详略得当；

(2) 条理清晰，语言简洁准确；

(3) 格式美观实用，装帧得体。

五、形成初步的综合布线项目可行性分析能力

(1) 能对方案进行可行性分析和表述；

(2) 能对方案创新点进行分析和表述。

六、形成初步的综合布线项目系统设计能力

七、形成初步的综合布线项目可检验的施工成果

八、形成初步的综合布线项目测试和验收能力

项目时间安排与要求

(1) 本项目在一周内完成。

(2) 4～5 人自愿组成项目团队共同完成本项目。

(3) 项目团队每个人要有明确的任务和职责。

(4) 项目准备要有明确分工，制订调研方案，做好资料查询和能力准备，进行必要沟通联系。

(5) 在项目实施过程中，认真做好现场调查和记录，详细设计，精细施工，对成果进行重复整理、分析，小组成员保质保量完成项目任务，项目组长做好管理、实施和监督工作。

(6) 项目完成后，进行仔细检测与验收，根据要求撰写相关文档，借助第三方进行总结分析，组长做好资源成果的整合工作，为后续的相关项目提供书面资料和实施经验。各组通过自评、互评相互学习，互帮互助，共同提高，完成小组和成员的工作业绩评价和分析工作

任务一　综合布线常用器材和工具使用训练

1. 任务训练说明

本任务分成多个训练活动，不同的活动将训练学生不同的技能和职业素养，并结合关

键理论知识进行讲授或者分组讨论。

2. 任务的训练活动

训练活动一　"综合布线工程教学模型案例"导学。
训练活动二　器材与工具调研与识别。
训练活动三　综合布线器材使用训练(教师指导)。
训练活动四　基本空间布线工具选择和使用训练(学生自主完成)。

考核 1：将工具箱清空，在工具箱的相关位置中粘贴标识，然后让学生将相应的工具放到这些带有标识的空位中，放对计 1 分，放错扣 1 分。

考核 2：设计不同的场景，提供完整的工具箱，根据场景和布线目标的不同由学生在规定的时间内选择合适的工具。

训练活动一　"综合布线工程教学模型案例"导学

一、了解训练内容

训练任务名称："综合布线工程教学模型案例"导学						
授课班级	略	上课时间	略	课时	上课地点	略
训练目标	能力目标		知识目标		素质目标	
训练目标	依托网络综合布线器材展示柜中的典型工具和器材能识别综合布线工程中常用的器材和工具		1. 了解综合布线系统的基本结构和子系统； 2. 了解网络传输缆线的基本类型和用途； 3. 知晓网络综合布线系统连接器件的使用方法和环境； 4. 了解典型面板与底盒的品牌和基本结构		1. 能认真地通过网络手段查询到与综合布线工程系统设计、工具和介质详细资料等资料，并对相关信息进行正确处理； 2. 培养学习主动性，并通过他人指导和讨论获取与综合布线系统相关的工具、材料和标准的信息，用于综合布线系统设计	
任务与场景	训练场景		任务成果			
任务与场景	1. 综合布线系统基本结构的认知； 2. 工具、器材和耗材认知； 场景一：缆线认知； 场景二：连接件认知； 场景三：管、槽、机柜认知； 场景四：工具认知		1. 知晓综合布线系统的各子系统结构和基本术语； 2. 读懂工具、器材、耗材说明书； 3. 闻名识物； 4. 了解工具的功能和使用方法； 5. 了解材料的使用场景； 6. 通过工具识别考核			
能力要求	知识储备要求		基本技能要求			
能力要求	网络调研知识、团队分工知识，智能建筑功能模块，综合布线系统基本结构		资料查询、训练报告撰写、交流沟通技能			
	学习重点		学习难点			
	综合布线的各子系统结构与组成。基本工具、器材和耗材的认知		专业术语的学习，技能和知识的应用			

通过自学掌握教学活动学习信息。学习路径提示：你是否理解上述学习信息，把不理解的疑问写出来，然后通过上网查询，或向老师、同学求教解决你的疑问。

二、训练团队组建——导生制分层教育

由于本教学活动无须组员合作完成项目任务，因此适合采用基于导生制的分层教育方式实施教学。

在分好的小组内，根据个人能力和学习目标，按下列要求填写任务岗位分配表。

(1) 根据已经划分的小组，确定完成本训练的组内导生，由导生担任本组学习组长，当然除担任组长的导生外，如果组内人数较多可以根据学生意愿多上浮 1～2 个名额。

(2) 其他组员根据自身的学习基础、前续知识和技能的掌握程度以及个人在本训练环节所希望获得的学习成果等级进行组内分层分组。

(3) 组内成员的层次等级为优秀级、中等级别和合格级别，这些层次的学员数量建议为 1∶3∶1，导生的培养级别应该初定为优秀方向(即导生的学习任务成果都应该是最难的)，同时以尽量增加优秀和中等层次级别的学生为基本原则。

(4) 项目组内进行协商，如果选择合格等级的学生人数较多，应该和其他组进行调换，直到符合第 3 项要求。

岗位能力确认表

团队名称(虚拟企业名称)		姓　名	知识技能	本次训练职责职能
团队结构	项目组长(导生)		1. 已有知识： 2. 已会技能：	1. 通过本次训练需要掌握的知识技能： 2. 职业素养要求：
	优秀等级学生		1. 已有知识： 2. 已会技能：	1. 通过本次训练需要掌握的知识技能： 2. 职业素养要求：
	中等等级学生		1. 已有知识： 2. 已会技能：	1. 通过本次训练需要掌握的知识技能： 2. 职业素养要求：
	合格等级学生		1. 已有知识： 2. 已会技能：	1. 通过本次训练需要掌握的知识技能： 2. 职业素养要求：

说明：表中的等级名称可以由教师根据教学对象自由拟定，本次训练职责职能为学生通过训练所要获得的知识、技能和职业素养，不同层次的学生需要训练的重点和要求不同，对于不同层级的学生已经掌握的知识技能则根据具体情况予以直接考核，无须进入重新学习环节。

团队名称				
团队结构	岗　位	姓　名	职业特长	本项目职责职能
	项目组长			活动策划主持
	信息助理			知识案例查询
	传播助理			辅助交流、辩论、讲评
	训练助理			辅助能力训练
	竞赛助理			辅助竞赛
	评价助理			辅助素质观测

学习路径提示：

(1) 项目组长主持，每个成员根据具体项目提出自己所扮演的角色在项目中所要完成的工作并以简洁的语言写到下面表格中。

(2) 教师对提交的角色活动表格进行评价和指导。

本项目任务角色训练活动内容汇总表

项目任务名称及目标	任务角色	成员姓名	工作职责(完成目标的途径)

三、知识学习与能力训练

1. 综合布线系统认知

1) 本场景的知识要点

(1) 建筑物与建筑群综合布线系统(Generic Cabling System for Building and Campus)。

建筑物与建筑群综合布线系统是建筑物或建筑群内的传输网络，是建筑物内的"信息高速路"。它既使话音和数据通信设备、交换设备和其他信息管理系统彼此相连，又使这些设备与外界通信网络相连接。它包括建筑物到外部网络或电话局线路上的连接点与工作区的话音和数据终端之间的所有电缆及相关联的布线部件。

综合布线系统是智能化办公室建设数字化信息系统基础设施，是将所有语音、数据等系统进行统一的规划设计的结构化布线系统，为办公提供信息化、智能化的物质介质，支持语音、数据、图文、多媒体等综合应用。

(2) 综合布线系统组成。

① 从组成部件上来看，包括传输介质、交叉/直接连接设备、介质连接设备、适配器、传输电子设备、布线工具及测试组件。

② 从设计角度上看，综合布线系统工程宜按下列七个部分进行设计。

a. 工作区。一个独立的需要设置终端设备(TE)的区域宜划分为一个工作区。工作区应由配线子系统的信息插座模块(TO)延伸到终端设备处的连接缆线及适配器组成。

b. 配线子系统。配线子系统应由工作区的信息插座模块、信息插座模块至电信间配线设备(FD)的配线电缆和光缆、电信间的配线设备及设备缆线和跳线等组成。

c. 干线子系统。干线子系统应由设备间至电信间的干线电缆和光缆、安装在设备间的建筑物配线设备(BD)及设备缆线和跳线组成。

d. 建筑群子系统。建筑群子系统应由连接多个建筑物之间的主干电缆和光缆、建筑群配线设备(CD)及设备缆线和跳线组成。

e. 设备间。设备间是在每幢建筑物的适当地点进行网络管理和信息交换的场地。对于综合布线系统工程设计,设备间主要安装建筑物配线设备。电话交换机、计算机主机设备及入口设施也可与配线设备安装在一起。

f. 进线间。进线间是建筑物外部通信和信息管线的入口部位,并可作为入口设施和建筑群配线设备的安装场地。

g. 管理。管理应对工作区、电信间、设备间、进线间的配线设备、缆线、信息插座模块等设施按一定的模式进行标识和记录。

2) 本场景的操作要点

实地考察一个典型的综合布线工程项目,也可以在保障安全的前提下走访项目工地,进行调研,撰写相应的考察或者调查报告。

2. 线缆认知

1) 本场景的知识要点

让学生自主完成下表,教师可以根据教学需要自行添加传输介质和相应的属性列。

传输介质名称	类 别	定 义	图 示
双绞线	屏蔽双绞线	STP(Shielded Twisted-Pair):每条线都有各自屏蔽层的屏蔽双绞线	
双绞线	屏蔽双绞线	FTP(Foil Twisted-Pair):采用整体屏蔽的屏蔽双绞线	
	非屏蔽双绞线	Unshielded Twisted-Pair:一种数据传输线,由4对不同颜色的传输线互相缠绕所组成,每对相同颜色的线传递来回方向的电脉冲,这样的设计是利用了电磁感应相互抵销的原理来屏蔽电磁干扰。传输线外部无屏蔽层	

续表

传输介质名称	类别	定义	图示
光缆	室外光缆	简单地说，可以用于室外的光缆，都属于室外光缆，因最适宜用在室外，因此称为室外光缆，它经久耐用，能经受风吹日晒和天寒地冻，外包装厚，具有耐压、耐腐蚀、抗拉等一些机械特性、环境特性	4芯室外单模光缆 4芯室外多模光缆
	室内光缆	敷设在建筑物内的光缆，主要用于建筑物内的通信设备，计算机、交换机和终端用户的设备等，以便传递信息	室内光缆截面图
	软光缆	用纤维增强材料或很细的加强构件，外径较小、柔软性好、易于弯曲的光缆，可以用于室内外，主要有：FTTH 用软光缆、光连接器件用软光缆、其他类型(如军用野战光缆、基站拉远光缆、气吹微型光缆、传感光缆等)	铠装小型软光缆
	海底光缆	又称海底通信电缆，是用绝缘材料包裹的导线，铺设在海底，用于国家之间的电信传输	海底光缆截面图
双绞线	超5类	超 5 类线主要用于千兆位以太网	永久链路的长度不能超过 90m，信道长度不能超过100m
	6类	2 倍于超 5 类，适用于 1Gbps 速率及以上的应用。6 类带宽不变，但在串扰、衰减和信噪比等方面有较大改善	永久链路的长度不能超过 90m，信道长度不能超过 100m 6类屏蔽 2种6六类双绞线截面图

传输介质名称	类别	传输带宽	传输距离	图示
双绞线	7类	为了适应万兆位以太网技术的应用和发展。传输速率可达10Gbps		 (百通牌)7类非屏蔽
大对数线	25对大对数线(较为常用)	由25对具有绝缘保护层的铜导线组成,包括3类25对大对数线和5类25对大对数线。带宽100MHz	由于一般用于语音主干线缆,可以传输足够距离	
同轴电缆	一种是50Ω电缆,用于数字传输,由于多用于基带传输,也叫基带同轴电缆;另一种是75Ω电缆,用于模拟传输,即宽带同轴电缆	由一根空心的外圆柱导体及其所包围的单根内导线所组成。同轴电缆的带宽取决于电缆长度。1km的电缆可以达到1~2Gbps的数据传输速率。渐被光纤取代	按照直径分成细缆和粗缆。细缆最大传输距离为185m,粗缆为500	
光纤	单模	单模光纤只有单一的传播路径,一般用于长距离传输,中心纤芯很细(芯径一般为9或10μm),包层外径125μm,单模光纤通信的带宽大,可达到100Gbps	1. 传输速率为2.5Gbps,1550nm (1) g.652 单模光纤传输距离100km; (2) g.655 单模光纤传输距离390km(ofs truewave) 2. 传输速率为10Gbps,1550nm (1) g.652 单模光纤传输距离60km; (2) g.655 单模光纤传输距离240km(ofs truewave) 3. 传输速率为40Gbps,1550nm (1) g.652 单模光纤传输距离4km; (2) g.655 单模光纤传输距离16km	 单模光纤

传输介质名称	类 别	传输带宽	传输距离	图 示
光纤	多模	芯较粗(50或62.5μm),包层外径125μm,可传多种模式的光。但其模间色散较大,这就限制了传输数字信号的频率,而且随距离的增加会更加严重。目前可以支持万兆传输至300m。主干网多采用多模,因其价位适中,耦合部件尺寸与多模光纤配合好	1. 传输速率1Gbps, 850nm (1) 普通50μm多模光纤传输距离550m; (2)普通62.5μm多模光纤传输距离275m; (3) 新型50μm多模光纤传输距离1100m 2. 传输速率为10Gbps, 850nm (1)普通50μm多模光纤传输距离250m; (2)普通62.5μm多模光纤传输距离100m; (3)新型50μm多模光纤传输距离550m	多模光纤

注意:只在整个电缆装有屏蔽装置,并且两端正确接地的情况下才起作用。所以,要求整个系统全部是屏蔽器件,包括电缆、插座、水晶头和配线架等,同时建筑物需要有良好的地线系统。

2) 本场景的操作要点

通过相关资料的收集和分析,请同学们完成以下表格的填写(比较练习)。

介质名称	优 点	缺 点
屏蔽双绞线		
非屏蔽双绞线		
单模光纤		
多模光纤		

3. 连接件认知

1) 本场景的知识要点

连接件名称	规格型号	适用场景	图 示
PVC管弯头			
PVC槽配件			

连接件名称	规格型号	适用场景	图　示
模块(免打)			

2) 本场景的操作要点

首先用砂纸将 PVC 管连接件外部和承口内部进行打磨，然后用干净抹布将打磨下来的毛屑擦干净，接着均匀涂抹胶水，最后将管端插入管件承口内。如果施工人员在施工过程中没有用砂纸对连接件外部和承口进行打磨，或者打磨之后没有用干净抹布将毛屑擦干净，这就使得管材在黏结过程中留下了缺陷，造成衔接疏松。同时，需要注意的是 PVC 管是热固性塑料，寿命一般较短，在 20～25 年后容易脆化，因此一定时间后需要更换相应的管材和连接件。

4. 管、槽、机柜认知

1) 本场景的知识要点

设备或者 材料名称	规格型号	适用场景	图　示
PVC 管	按用途分：阻燃穿线管、给水管、排水管； 按品种分：PVC-U 硬质聚氯乙烯、PVC-C 氯化聚氯乙烯、PVC-M 高抗冲聚氯乙烯； 按规格分：D16、D20、D25、D32、D40、D50、D63、D630、D800 等	安装时需要埋管，同时光纤穿在地下管道时应加 PVC 管	
金属管			
PVC 槽			

设备或者 材料名称	规格型号	适用场景	图　示
金属槽		制作桥架	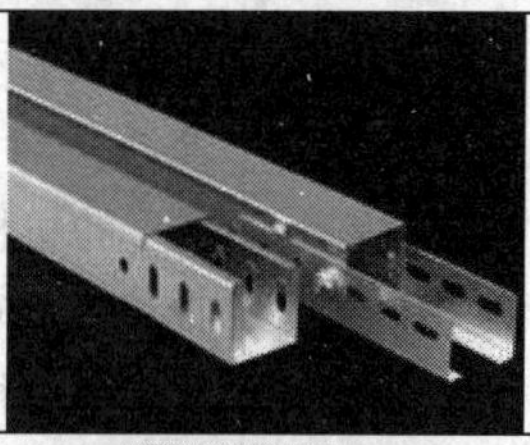
机柜	N610-18 (高×宽×深=1800mm× 600mm×1000mm)	可放置在管理间和 设备间	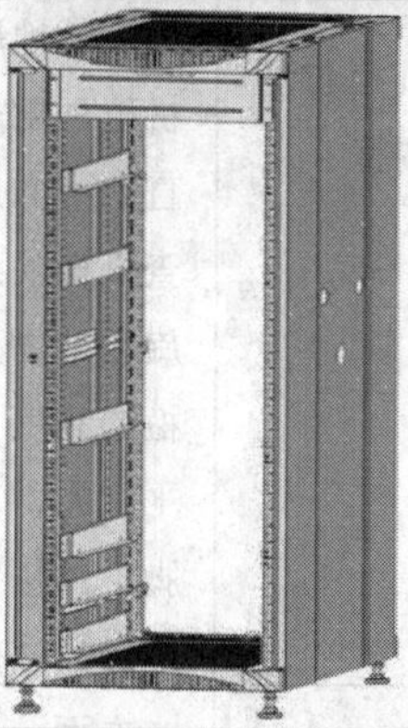

2)　本场景的操作要点

机柜的安装，以 N610-18 机柜安装为例。N610-18 机柜的外形尺寸为：高×宽×深=1800mm×600mm×1000mm。

序号	步骤名称	实　施	图　示
1	机柜安装规划	在安装机柜之前首先对可用空间进行规划，为了便于散热和设备维护，建议机柜前后与墙面或其他设备的距离不应小于 0.8m，机房的净高不能小于 2.5m	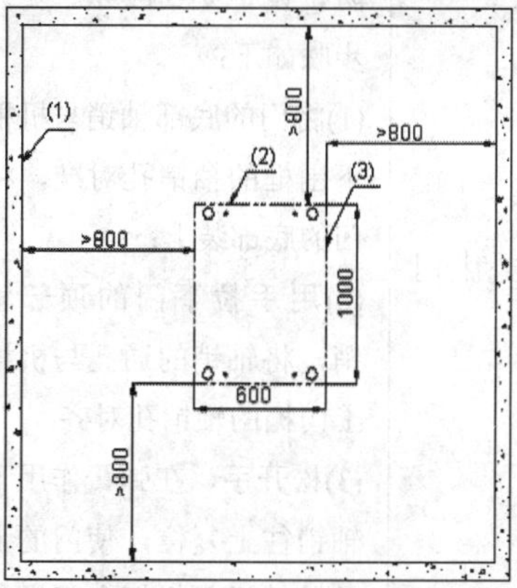 (1)—内墙或参考体　(2)—机柜背面　(3)—机柜轮廓 (图中单位为 mm)
2	安装前的准备工作	安装前，场地画线要准确无误，否则会导致返工。按照拆箱指导拆开机柜及机柜附件包装木箱	

序 号	步骤名称	实 施	图 示
3	机柜位置调整	如果机柜安装在水泥地面上，机柜固定后，则可以直接进行机柜配件的安装。将机柜安放到规划好的位置，确定机柜的前后面，并使机柜的地脚对准相应的地脚定位标记。在机柜顶部平面两个相互垂直的方向放置水平尺，检查机柜的水平度。用扳手旋动地脚上的螺杆调整机柜的高度，使机柜达到水平状态，然后锁紧机柜地脚上的锁紧螺母，使锁紧螺母紧贴在机柜的底平面	 (1)—机柜下围框　(2)—机柜锁紧螺母 (3)—机柜地脚　(4)—压板锁紧螺母
4	安装机柜门	一方面，机柜门可以作为机柜内设备的电磁屏蔽层，保护设备免受电磁干扰；另一方面，机柜门可以避免设备暴露于外界，防止设备受到破坏。安装步骤如下： (1)将门的底部轴销与机柜下围框的轴销孔对准，将门的底部装上； (2)用手拉下门的顶部轴销，将轴销的通孔与机柜上门楣的轴销孔对齐； (3)松开手，在弹簧作用下轴销往上复位，使门的上部轴销插入机柜上门楣的对应孔位，从而将门安装在机柜上； (4)按照上面步骤，完成其他机柜门的安装	 (1)—安装门的顶部轴销放大示意图 (2)—顶部轴销 (3)—机柜上门楣 (4)—安装门的底部轴销放大示意图 (5)—底部轴销

续表

序　号	步骤名称	实　　施	图　　示
5	安装机柜铭牌	撕去铭牌背面的贴纸，将铭牌粘贴在机柜前门左侧门上部的长方形凹块位置	 (1)—铭牌粘贴位置　(2)—前门左侧放大示意图
6	安装机柜门接地线	(1)安装门接地线前，先确认机柜前后门已经完成安装； (2)旋开机柜某一扇门下部接地螺柱上的螺母； (3)将相邻的门接地线(一端与机柜下围框连接，一端悬空)的自由端套在该门的接地螺柱上； (4)装上螺母，然后拧紧，如图所示，完成一条门接地线的安装； (5)按照上面步骤的顺序，完成另外3扇门接地线的安装	 (1)—机柜前/后门　(2)—侧门接地线　(3)—侧门接地点　(4)—前/后门接地点　(5)—门接地线　(6)—机柜下围框　(7)—下围框接地点　(8)—下围框接地线　(9)—机柜接地条　(10)—机柜侧门
7	机柜安装检查	远程嘉和机柜安装完成后，请按照右表中的项目进行检查，要求所列项目状况正常	（见下表）

检查要素		检查结果			备
编号	项目	是	否	免	注
1	正确确认机柜的前后方向				
2	机柜前方留0.8m的开阔空间，机柜后方留0.8m的开阔空间				
3	机柜调整水平				

5. 工具认知

1) 本场景的知识要点

完成下表中相应图片的对应工具的认知任务。

工具图片	工具名称	工具作用	备 注	评价结果(合格/不合格,或者是正确/错误)	填写人签名	评价人签名
	老虎钳	夹持物件				
	斜口钳	夹断物件				
	压线钳	压接水晶头用	将网线插入水晶头,将水晶头放入压线钳水晶头压制口,并用力握下手柄即可			
	剥线钳	剥离双绞线用	将网线放入剥线刀中,握住手柄轻轻旋转 360°将外层胶皮剥下			
	扳手	螺丝固定用				
	锯子	切割用				
	计算器	计算用				
	110 打线刀	模块、配线架打线用	利用工具可将连接端子"冲压"到 110 配线架上			

续表

工具图片	工具名称	工具作用	备　注	评价结果(合格/不合格，或者是正确/错误)	填写人签名	评价人签名
	打线刀	模块、配线架打线用	用手在压线口按照线序把线芯整理好，然后开始压接，压接时必须保证打线刀方向正确，有刀口的一边必须在线端方向，正确压接后，刀口会将多余线芯剪断。打线刀必须保证垂直，突然用力向下压，听到"咔嚓"声，配线架中的刀片会划破线芯的外包绝缘外套，与铜线芯接触			
	尖嘴钳	夹持物件				
	测试仪	测试网线连通性	如果是直通线，那么左右灯的顺序是由 1 到 8 依次闪亮。如果是交叉线，那么顺序是其中的一边闪亮是由 1 到 8，另一边将对应为 3，6，1，4，5，2，7，8			
	剪刀	剪断用				

工具图片	工具名称	工具作用	备 注	评价结果(合格/不合格，或者是正确/错误)	填写人签名	评价人签名
	穿线管					
	美工刀	切割用				
	手枪钻	钻孔，以便网线穿过或安放膨胀螺钉	在打孔前需要先将 PVC 管放在墙面上，然后检查是否与地面成90°角，接着用笔画出直线，沿着这条直线打孔。将钻头放入手枪钻中，插上电源，找到需要打洞的位置，然后按动开关，此时手枪钻开始钻洞。当钻入深度差不多时就可以停止了。要注意的是钻头的粗细不能超过膨胀螺钉的粗细。还可用手枪钻打洞，穿越墙体，以便将网线穿墙，减少不必要的走线			
	捆线带	捆扎网线	用捆线带将网线盘绕并捆起来，阻止它占用空间。用捆线绳缠绕网线一周，然后将捆线绳头部穿过尾部的方口，接着适当用力拉紧即可			

2)　本场景的操作要点

能够在不同操作场景下选用合适的工具。

操作场景	需要的工具	评分标准	操作人签名	评价人签名	备　注
制作双绞线					
制作内角					
打线活动					
模块连接					

四、学生知识能力评估

1. 自评

开展本任务学习效果评估。

学习路径提示：回答下列问题，撰写个人学情自我分析简报。

(1)　是否按照课程要求进行知识、技能的学习？效果如何？

(2)　对本训练的哪个环节的学习有个人的想法？

(3)　是否达到你的学习预期或者目标？有哪些困难？对老师和学习团队有什么要求？

(4)　为自己在本训练中的表现给出一个综合评价。

2. 教师评价

本教学活动的教师评价实施方式如下。

(1)　理论考核。选取典型例题进行评测。

(2)　知识展示。

①　选择一种线缆、连接件、管、槽和机柜设备进行介绍。

每一种耗材需要从外形、类别、用途、优缺点等方面进行介绍，所需要的图片建议在综合布线一体化实训室中进行手机拍摄获取。

②　基本工具介绍。向大家介绍工具箱的主要工具及用途。

参评的小组/个人：　　　　　　　评测方法：　　　　　　　　评测工具：

评分项目	分　值	得　分	等　级	评　语	评分人
综合布线系统结构认知	20				
线缆认知	20				
连接件认知	20				
管、槽、机柜设备认知	20				
基本工具认知	20				

最终成绩：＿＿＿＿＿＿＿＿＿＿＿＿＿＿＿＿＿＿＿＿＿＿＿＿

评测教师综合评语：

评测教师签名：

被评测者评价：

被评测者签名：

被评测者对于评测结果不满意的可以在 3 日内联系评测者提出异议，评测者根据被评测者的意见和实际评测过程的观察数据进行复评，并在____日内将最终结果和理由告知被评测者，经被评测者确认同意后作为最终结果。如果异议较大，被评测者可以填写相应申请，提请重新测试，经同意后可以进行再一次也就是最后一次评测。

申诉电话：

申诉邮件：

最终评测结果将告知被评测者、评测者和教务办，并由相关人员进行原始资料的保存。

五、课程评价

1. 课程评价表

训练名称：	班级：	姓名：	年 月 日
1. 你理解的本训练的核心知识有：			
2. 你获得本训练的核心技能有：			
3. 下列问题需要进一步了解和帮助：			
4. 完成本训练后最大收获是：			
5. 教师思路是否清晰？是否适应教师的风格？			
6. 教师的教学方法对你的学习是否有帮助？			
7. 你是否有组织、有计划地学习？目标基本达到了吗？			
8. 为了获得更好的学习效果，你对本训练内容和实施有何建议：			
教师签字： 学生签字：			

2. 职业素养核心能力评测表

使用方式：在框中打"√"。

职业素养核心能力	评价指标	自测结果
教师签名：	学生签名：	年 月 日

3. 专业核心能力评测表

职业技能	评价指标	自测结果	备　注
本项目评分			
教师签名：	学生签名：		年　月　日

4. 职业素质与核心能力训练成绩考评表

序号	项目	考评材料	考评内容	分值	主要观测点	初级	中级	高级
		内容标准			评价标准	等级标准		
1	选题与设计	开题报告	主题贴近度	2	问题贴近度 目标贴近度 任务贴近度	5	7	9
			发展贴近度	2	挑战性 自主性 才能发挥			
			个性贴近度	2	个人兴趣贴近度 个人性格贴近度 个人特长贴近度			
			能力覆盖面	2	知识覆盖面 能力覆盖面			
			设计水平	2	内容完整性 形式逻辑性 文本规范性			
2	能力水平	训练手册 能力观测	调查能力	5	问卷制作 提纲编写 交流提问	12	16	19
			分析能力	5	视角定位 统计分析 定性分析			
			团队合作能力	5	同级关系处理 上级关系处理 团队关系处理			
			交流沟通能力	5	上级交流沟通 同级交流沟通 团队交流沟通			

内容标准				评价标准		等级标准		
序号	项目	考评材料	考评内容	分值	主要观测点	初级	中级	高级
3	执行过程与方法	实施方案	行业企业认知过程与方法	10	行业企业认知问题，解决组织形式、操作流程、方法技巧	20	28	36
		活动总结	职业岗位认知过程与方法	10	职业岗位认知问题，解决组织形式、操作流程、方法技巧			
		实施过程观测	职业成功认知过程与方法	10	职业成功认知问题，解决组织形式、操作流程、方法技巧			
			企业文化认知过程与方法	10	企业文化认知问题，解决组织形式、操作流程、方法技巧			
4	成果与效益	实践报告	质量	10	科学性体现 创新性体现 实用性体现	15	21	27
			数量	10	工作量数量 独立完成情况 合作完成情况			
			价值	10	促进就业价值 职业发展价值 个性发展价值			

训练活动二　器材与工具调研与识别

一、了解训练内容

训练任务名称：器材与工具调研与识别						
授课班级	略	上课时间	略	课时		上课地点	略

	能力目标	知识目标	素质目标
训练目标	通过对已建成或者正在建设的综合布线工程实地进行调研，获取项目所使用的器材和工具信息及使用场景、方式。学生能够针对相应的工程选择正确的材料和工具	1. 了解项目调研的基本知识； 2. 了解特定工程项目所需要用到的耗材和工具的类型和用途； 3. 知晓本领域内多种形式或多种载体的信息来源渠道； 4. 了解编制项目报告书中的设备清单的编制方式	1. 通过项目调研，培养团队合作、管理和实现任务集体目标的决心和责任感； 2. 通过对专业领域中的信息搜索、分析和应用的活动，培养学生自主开展研究的意识和习惯
任务与场景	训练场景	任务成果	
	1. 项目调研； 2. 设计设备清单表	1. 知晓特定项目中的材料和工具的类型和应用方式； 2. 完成项目调研报告； 3. 能够规范设计设备清单表	
能力要求	知识储备要求	基本技能要求	
	网络调研知识、团队分工知识，文档和图片的处理	资料查询、报告撰写、交流沟通技能、设计规范性	
	学习重点	学习难点	
	调研过程学习、设备清单表设计	调研计划编制、调研报告的撰写	

　　通过自学掌握本教学活动学习信息。学习路径提示：你是否理解上述学习信息，把不理解的疑问写出来，然后通过上网查询，或向老师、同学求教排除你的疑问。

二、训练团队组建

　　流程一：组建团队。
　　学习路径提示：
　　(1) 全班同学自愿报名产生本次调研活动的组长候选人，或者通过推荐和先前的表现产生竞聘产生团队组长。建议以导生为组长。
　　(2) 项目组长可与全班同学自由组合，按6人一组产生实施团队。
　　(3) 项目组内通过协商、竞聘产生学习团队成员岗位角色。
　　(4) 项目组内通过协商，确定每个团队成员的岗位职能和职责。

流程二：填写下表。

团队名称				
团队 结构	岗　位	姓　名	职业特长	**本项目职责职能**
	项目组长			调研策划主持
	信息助理			调研信息、案例查询
	文档处理			进行文档处理、报告编制
	实施助理			负责实地信息的收集和处理(如照片、视频等)
	展示助理			负责汇报材料编写、成果展示
	评价助理			辅助评价和表现观测

流程三：上交团队组建表。

学习路径提示：按上交表格先后和填写质量，讲评并确定团队组建成绩。

流程四：组长宣布调研团队组建结果。

学习路径提示：按礼仪、表达讲评并确定团队组建成绩。

三、知识学习与能力训练

1. 调研策划

学习路径提示，填写调研表格，组建调研计划制定工作团队。

团队名称	调研策划团队			
岗　位	姓　名	职业特长	职责职能	工作任务
项目组长				
知识信息策划				
案例信息策划				
新闻信息策划				
视频信息策划				
图片信息策划				
文字编辑策划				
美术编辑策划				

团队名称	反思策划团队			
岗　位	姓　名	职业特长	职责职能	工作任务
项目组长				
知识与技能反思策划				
行为与态度反思策划				

续表

岗　位	姓　名	职业特长	职责职能	工作任务
价值与情感反思策划				
理想与境界反思策划				
文本撰写策划				
反思交流策划				
文本编辑策划				

团队名称	实践开展策划团队			
岗　位	姓　名	职业特长	职责职能	工作任务
项目组长				
工作人员访谈行动策划				
技术人员施工调查行动策划				
现场资料收集行动策划				
现场信息记录策划				
工具使用调查策划				
耗材工具价格调查策划				
调查报告撰写策划				

团队名称	展示策划团队			
岗　位	姓　名	职业特长	职责职能	工作任务
项目组长				
论点策划				
论据策划(文字说明为主)				
论证策划(视频、图片、网络资源等)				
展示形式和最终资料撰写				
展示实施策划				
分工策划				
策划书撰写策划				

团队名称	评价策划团队			
岗　位	姓　名	职业特长	职责职能	工作任务
项目组长				
调研策划工作量和质量评估				
现场调研工作量和质量评估(有相关证明，比如图片、文字材料等)				
文档撰写工作量和质量评估				
成果展示评估				

2. 撰写策划书

1) 撰写策划书准备

(1) 本次调研的目的是什么？需要完成哪些方面的内容？

(2) 为什么要组织这项活动？最终要有什么样的成果产生？

(3) 活动安排在什么时间？什么地点？

(4) 活动分几个阶段、几个项目？每个项目有哪些任务？为什么这样设置？

(5) 每个活动项目任务通过哪些途径完成？

(6) 每个活动项目任务由谁负责？谁配合做哪些辅助工作？

(7) 活动有哪些预期成果？谁负责撰写提供？

(8) 活动需要配置哪些器材？谁负责准备？

2) 按策划书结构要求撰写策划书

策划书题目：《×××公司施工项目综合布线耗材与工具使用调研策划方案》。

策划书结构：

(1) 活动背景与活动意义。

(2) 主题概念界定与目的。

(3) 活动项目与任务定位。

(4) 活动路径与方法选择。

(5) 活动日程与具体安排。

(6) 活动预期成果与责任。

3. 策划书交流考核

学习路径提示：

(1) 项目组长主持，在团队内部交流策划书，项目助理记录。

(2) 根据讨论结果项目组长修改策划书。

(3) 项目组长主持，两个团队交叉评价策划书，项目助理记录。

(4) 组长说明评分标准，分解评分项目，将评分结果填写成绩表。

评分项目	分　值	得　　分	等　级	评　语	评分人
活动目标任务明确性	10				
活动过程设计完整性	20				
活动项目任务落实性	20				
活动日程安排合理性	20				
活动路径设计得当性	10				
活动预期成果有创意	10				
文本语言运用水平	10				

四、学生知识能力评估

1. 自评

开展本任务学习效果评估。

学习路径提示：回答下列问题，撰写个人学情自我分析简报。

(1) 是否按照课程要求进行知识、技能的学习？效果如何？

(2) 对本训练的哪个方面的工作有兴趣？擅长哪部分工作？

(3) 在具体调研过程中主要负责什么工作？辅助过什么活动？

(4) 是否达到你的学习预期或者目标？有哪些困难？对老师和学习团队有什么要求？

(5) 为自己在本训练中的表现给出一个综合评价。

2. 教师评价

以小组为单位进行评分。

参评的小组/个人：　　　　　评测方法：　　　　　评测工具：

评分项目	分　值	得　分	等　级	评　语	评分人
调研小组组队评价	5				
项目小组任务分配评价	5				
调研策划评价	20				
调研实施评价	30				
调研成果展示评价	20				
最内成员对耗材和工具使用了解程度评价	20				

最终成绩：＿＿＿＿＿＿＿＿＿＿＿＿＿＿＿＿＿＿＿＿＿＿＿＿

评测教师综合评语：

评测教师签名：

被评测者评价：

被评测者签名：

被评测者对于评测结果不满意的可以在 3 日内联系评测者提出异议，评测者根据被评测者的意见和实际评测过程的观察数据进行复评，并在＿＿＿日内将最终结果和理由告知被评测者，经被评测者确认同意后作为最终结果。如果异议较大，被评测者可以填写相应申请，提请重新测试，经同意后可以进行再一次也就是最后一次评测。

申诉电话：

申诉邮件：

最终评测结果将告知被评测者、评测者和教务办，并由相关人员进行原始资料的保存。

五、课程评价

1. 课程评价表

训练名称：	班级：	姓名：	年　月　日
1. 你理解的本训练的核心知识有：			
2. 你获得本训练的核心技能有：			
3. 下列问题需要进一步了解和帮助：			
4. 完成本训练后最大收获是：			
5. 教师思路是否清晰？是否适应教师的风格？			
6. 教师的教学方法对你的学习是否有帮助？			
7. 你是否有组织、有计划地学习？目标基本达到了吗？			
8. 为了获得更好的学习效果，你对本训练内容和实施有何建议：			
教师签字： 学生签字：			

2. 职业素养核心能力评测表

使用方式：在框中打"√"。

职业素养核心能力	评价指标	自测结果
教师签名：	学生签名：	年　月　日

3. 专业核心能力评测表

职业技能	评价指标	自测结果	备　注
本项目评分			
教师签名：	学生签名：		年　月　日

训练活动三 综合布线器材使用训练

一、了解训练内容

训练任务名称：综合布线器材使用训练						
授课班级	略	上课时间	略	课时		上课地点	略

	能力目标	知识目标	素质目标
训练目标	1. 能制作双绞线 2. 能按要求裁剪 PVC 管材 3. 能使用基本工具	1. 了解综合布线系统的基本结构和子系统； 2. 了解网络传输线缆的基本类型和用途； 3. 知晓网络综合布线系统连接器件的使用方法和环境； 4. 了解典型面板与底盒的品牌和基本结构	1. 在进行耗材制作和工具使用过程中保持安全意识； 2. 在完成任务后主动整理工具和耗材并归位，主动打扫实训室，培养学生的现场和设备规范管理意识以及良好的职业习惯
	训练场景	任务成果	
任务与场景	1. 综合布线系统基本结构的认知 2. 工具、器材和耗材认知 场景一：线缆认知 场景二：连接件认知 场景三：管、槽、机柜认知 场景四：工具认知	1. 知晓综合布线系统的各子系统结构和基本术语 2. 读懂工具、器材、耗材说明书 3. 闻名识物 4. 了解工具的功能和使用方法 5. 了解材料的使用场景 6. 通过工具识别考核	
	知识储备要求	基本技能要求	
能力要求	网络调研知识、团队分工知识，智能建筑功能模块，综合布线系统基本结构	资料查询、训练报告撰写、交流沟通技能	
	学习重点	学习难点	
	综合布线各子系统结构与组成，基本工具、器材和耗材的认知	专业术语的学习，技能和知识的应用	

　　通过自学掌握本教学活动学习信息。学习路径提示：你是否理解上述学习信息，把不理解的疑问写出来，然后通过上网查询，或向老师、同学求教排除你的疑问。

二、撰写个人行动计划

　　由于本教学活动无须组员合作完成项目任务，因此适合采用基于导生制的分层教育方式实施教学。

根据分好的小组，进行个人能力和学习目标、期望的定义。按下列要求填写任务岗位分配表。

(1) 根据已经划分的小组，确定完成本训练的组内导生，由导生担任本组学习组长，当然除担任组长的导生外，如果组内人数较多可以根据学生意愿多上浮1～2个名额。

(2) 其他组员根据自身的学习基础、前续知识和技能的掌握程度以及个人在本训练环节所希望获得的学习成果等级进行组内分层分组。

(3) 建议组内成员的层次等级为优秀级、中等级别和合格级别，这些层次的学员数量建议为1∶3∶1，导生的培养级别应该初定为优秀方向，同时，以尽量增加优秀和中等层次级别的学生为基本原则。

(4) 项目组内通过协商，如果选择合格等级的学生人数较多，应该和其他组进行调换，直到符合第3项要求。

任务岗位分配表

团队名称(虚拟企业名称)				
团队结构	岗 位	姓 名	知识技能	本次训练职责职能
	项目组长(导生)		1. 已有知识： 2. 已会技能：	1. 通过本次训练需要掌握的知识技能： 2. 职业素养要求：
	优秀等级学生		1. 已有知识： 2. 已会技能：	1. 通过本次训练需要掌握的知识技能： 2. 职业素养要求：
	中等等级学生		1. 已有知识： 2. 已会技能：	1. 通过本次训练需要掌握的知识技能： 2. 职业素养要求：
	合格等级学生		1. 已有知识： 2. 已会技能：	1. 通过本次训练需要掌握的知识技能： 2. 职业素养要求：

说明：表中的等级名称可以由教师根据教学对象自由拟定，本次训练职责职能为学生通过训练所要获得的知识、技能和职业素养，不同层次的学生需要训练的重点和要求不同，对于不同层级的学生已经掌握的知识技能则根据具体情况予以直接考核，无须进入重新学习环节。

三、知识学习与能力训练

【场景介绍】E 港集团为了促进旗下总部的综合布线项目的良好开展，特此向本公司定制一批超 5 类非屏蔽高质量双绞线及一批施工用的耗材，包括需要自制的线槽内角、直角和弯角，购置信息面板若干。同时，在本公司采购和制作完毕后，需要进行测试，检验合格后才能交付给 E 港集团工程部。下面将场景中的任务进行分解。

1. 制作双绞线

1) 本场景的知识要点

双绞线的制作规范：双绞线的色标和排列方法是有统一的国际标准严格规定的，工程中主要遵循的是 TIA/EIA568A 和 TIA/EIA568B 两种标准，目前综合布线工程中常用的是 TIA/EIA568B 标准。在打线时应按照如表 1-1 所示的顺序。

表 1-1　制作双绞线顺序

类　别	4 对双绞线顺序							
T568B	1 白橙	2 橙	3 白绿	4 蓝	5 白蓝	6 绿	7 白棕	8 棕
T568A	1 白绿	2 绿	3 白橙	4 蓝	5 白蓝	6 橙	7 白棕	8 棕

表 1-2　直通线与交叉线的使用环境

使用环境	接线方法
计算机—计算机	交叉线
计算机—交换机	直通线
交换机的 UPLINK 口连接到交换机的普通口	直通线
交换机的 UPLINK 口连接到交换机的 UPLINK 口	交叉线
交换机的普通口连接到交换机的普通口	交叉线
交换机具有 MDI/MDIX 自适应功能的端口	直通线或交叉线

提示：目前的大部分交换机端口都具有 MDI/MDIX 自适应功能。

2) 本场景的操作要点

(1) 操作准备。

根据任务需求，准备所需设备和工具配置，如表 1-3 所示。

表 1-3　操作设备配置清单

设备类型	设备型号	数　量
双绞线	Vcom 非屏蔽超 5 类双绞线	若干
水晶头	超五类 RJ-45 水晶头	若干
剥线器	Vcom 剥线器	1
压线钳	Vcom RJ-45 压线钳	1
测试仪	Vcom 通断测试仪	1
卷尺	3m 卷尺	1

(2) 操作步骤。

① 制作准备。制作双绞线跳线时，两头顺序应采用 568A 或 568B，如果不采用这种方式，而使用电缆两头任意一对一的连接方式，会使一组信号(负电压信号)通过不绞合在一起的两根芯线传输，造成极大的近端串扰 NEXT 损耗(Near-end-crosstalk)，造成通信状况不佳，所以应按照国际标准规则打线。

② 剥线操作。截取一段不少于 0.5m 非屏蔽双绞线，利用压线钳的剪线刀口在双绞线一端剪出计划需要使用到的双绞线长度，一般剥出 3cm 长(见图 1-1)。要剥掉双绞线的外层保护层，可以利用到压线钳的剪线刀口将线头剪齐，再将线头放入剥线专用的刀口，稍微用力握紧压线钳慢慢旋转，让刀口划开双绞线的保护胶皮。把一部分的保护胶皮去掉。在这个步骤中需要注意的是，压线钳挡位离剥线刀口长度通常恰好为水晶头长度，这样可以有效避免剥线过长或过短。若剥线过长不仅不美观，同时因线缆不能被水晶头卡住，容易松动；若剥线过短，因有保护层塑料的存在，不能完全插到水晶头底部，造成水晶头插针不能与网线芯线完好接触，也会影响到线路的质量。

③ 解线操作。将双绞线的保护胶皮按照合适的长度剥出后，将每对相互缠绕在一起的线缆逐一解开，如图 1-2 所示。解开后则根据需要接线的规则将 4 组线缆依次地排列好并理顺，排列的时候应该注意尽量避免线路的缠绕和重叠。按 568B 顺序制作水晶头，如果以深色的四根线为参照对象，在手中从左到右可排成：橙，蓝，绿，棕，按如图 1-3、图 1-4 所示进行排列。

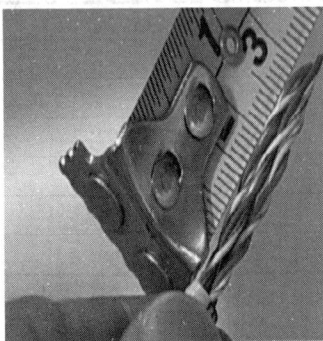 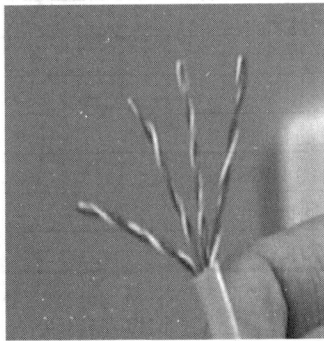 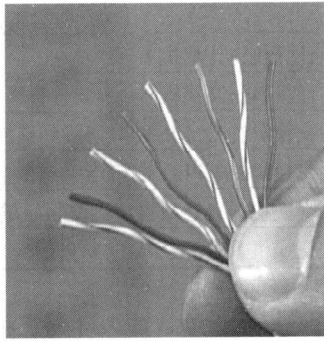

图 1-1 剥线长度　　　　　图 1-2 解线　　　　　图 1-3 理线

④ 裁线操作。拧开每一股双绞线，浅色线排在左，深色线排在右，深色、浅色线交叉排列；将白蓝和白绿两根线对调位置，对照 T568B 标准顺序：白橙，橙，白绿，蓝，白蓝，绿，白棕，棕。把线缆依次排列好并理顺压直之后，细心检查排列顺序，如图 1-4 所示。然后利用压线钳的剪线刀口把线缆顶部裁剪整齐，需要注意的是裁剪的时候应该是水平方向插入，否则线缆长度不同会影响到线缆与水晶头的正常接触，保留的去掉外层保护层的部分约为 15mm，这个长度正好能将各细导线插入各自的线槽，如图 1-5 所示。如果该段留得过长，会由于线对不再互绞而增加串扰，同时造成水晶头不能压住护套而可能导致电缆从水晶头中脱出，造成线路的接触不良甚至中断。

⑤　连接水晶头。接下来将整理好的双绞线插入 RJ-45 水晶头内。需要注意的是要将水晶头有塑料弹簧片的一面向下，有针脚的一方向上，使有针脚的一端指向远离自己的方向，有方形孔的一端对着自己。此时，最左边的是第 1 脚，最右边的是第 8 脚，其余依次顺序排列。插入的时候需要注意缓缓地用力把 8 条线缆同时沿 RJ-45 水晶头内的 8 个线槽插入，一直插到线槽的顶端，如图 1-6、图 1-7 所示。

⑥　压线操作。双绞线插到线槽的顶端后就可以进行压线了，确认无误之后将水晶头插入压线钳的 8P 槽内压线，用力握紧线钳进行压接，如图 1-8 所示。压接的过程使得水晶头凸出在外面的针脚全部压入水晶头内，受力之后听到轻微的"啪"一声即可。制作完成的水晶头如图 1-9 所示。

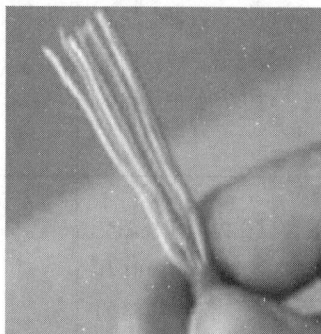

图 1-4　排线

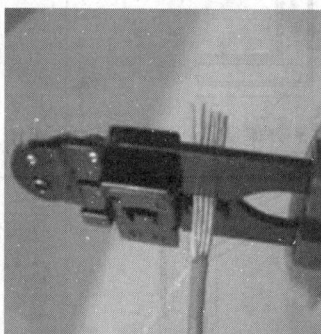

图 1-5　裁线

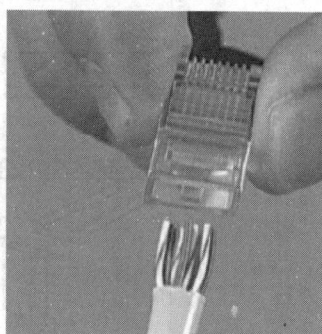

图 1-6　插入水晶头

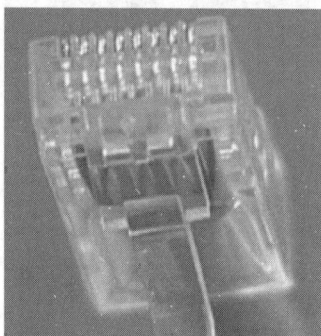

图 1-7　插到线槽顶端

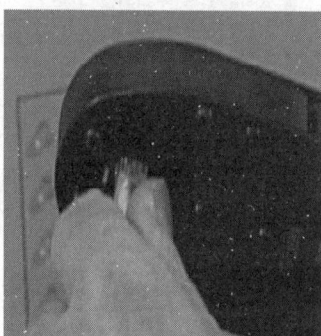

图 1-8　压接水晶头

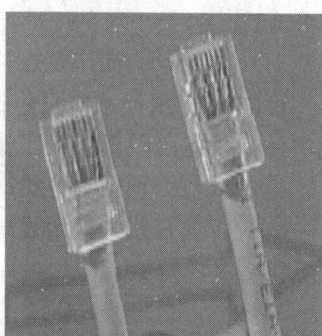

图 1-9　制作完成的水晶头

提示：放置水晶头时，8 个锯齿要正好对准铜片。压接水晶头时，用力要均匀，否则水晶头有可能报废。

⑦　完成跳线制作。如果需要制作的双绞线跳线为直通线，对双绞线另一端同样按照 T568B 的顺序制作。如果需要制作的是交叉线，则另一端按照 T568A 的顺序进行制作。

在综合布线系统中，根据跳线端接情况来考虑使用直通线和交叉线。通常在工作区子系统中，跳线用于连接 PC 与信息模块后，再通过水平子系统连入交换机端，此跳线类型一般选用直通线。在管理子系统中跳线用于配线架到交换机之间的连接，此跳线类型一般也是选择直通线。

2. 制作内角、直角和外角

1) 本场景的知识要点

链接件名称 (PVC 槽)	图 片	作用(图)	备 注
内角	 线槽作 90° 内弯曲制作示意图 1—剪缺口　2—槽侧斜边向外铆接	使得线缆可以在墙或者建筑物内侧进行走线，起到美观、防火、保护线路的作用	
直角	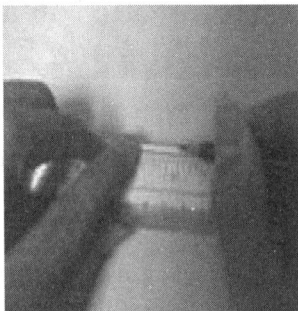 线槽水平弯曲制作 1—沿粗实线剪开　2—沿线向外弯 90°　3—铆钉铆接	使得线缆可以在墙或者建筑物上进行直角转弯的走线，同时具备美观、防火、保护线路的作用	
外角	 线槽作 90° 外弯曲制作 1—沿虚线剪掉　2—剪开弯曲　3—搭接铆固	使得线缆可以在内墙和外墙交汇处进行有效衔接，同时具备美观、防火、保护线路的作用	

2) 本场景的操作要点

(1) PVC 线槽水平直角成型步骤。

① 确定点线槽长度，如图 1-10 所示。

② 以点为顶画一直线，如图 1-11 所示。

③ 以此直线为直角线画一个等边三角形，如图 1-12 所示。

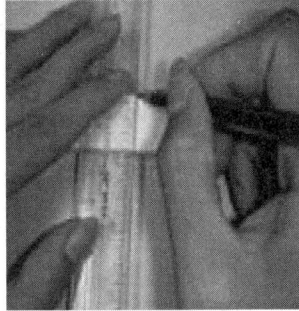

图 1-10　确定点线槽长度　　图 1-11　绘制直线　　图 1-12　绘制等边三角形

④ 在线槽另一侧画上线，如图 1-13 所示。

⑤ 以线为边进行裁剪，如图 1-14 所示。

⑥ 减去等边三角形的边线，如图 1-15 所示。

最终效果如图 1-16、图 1-17 所示。

图 1-13　另一侧画上线　　　图 1-14　以线为边进行裁剪　　　图 1-15　剪切三角

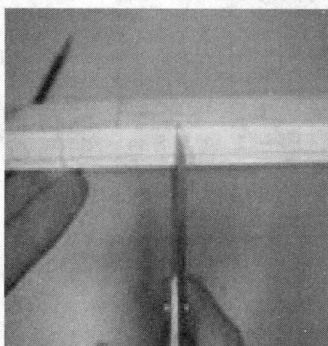

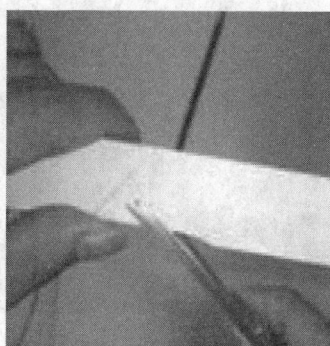

图 1-16　裁剪后的效果　　　　图 1-17　把线槽弯曲成型

(2) PVC 线槽内弯角成型步骤。

① 定点线槽长度，如图 1-18 所示。

② 以点为顶在槽的两侧各画一直线，如图 1-19 所示。

③ 以此直线为直角线在两侧各画一个等边三角形，如图 1-20 所示。

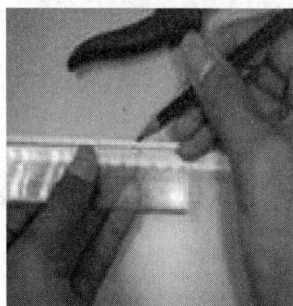

图 1-18　确定线槽长度　　　图 1-19　绘一直线　　　图 1-20　画一个等边三角形

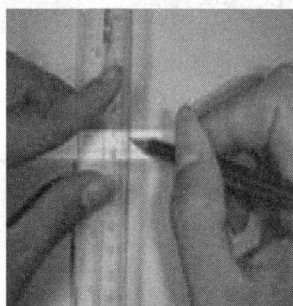

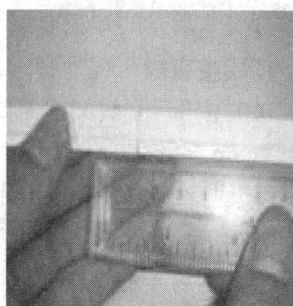

④ 在线槽另一侧画上线，如图 1-21 所示。

⑤ 在对称面上剪去三角形，如图 1-22 所示。

⑥ 把线槽弯曲成型，如图 1-23 所示。

图 1-21　线槽另一侧画线　　　　图 1-22　剪去三角形　　　　图 1-23　把线槽弯曲成型

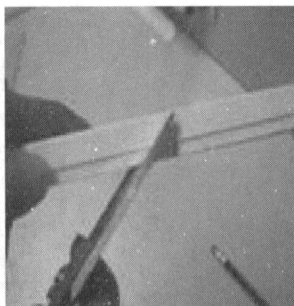

(3) 外角成型步骤。

前三个步骤与内角制作过程一致，无须绘制等边三角形，只要用剪刀剪线槽两侧即可，如图 1-24～图 1-26 所示。

图 1-24　用剪刀剪线槽两侧　　　　图 1-25　把线槽弯曲　　　　图 1-26　得到外角

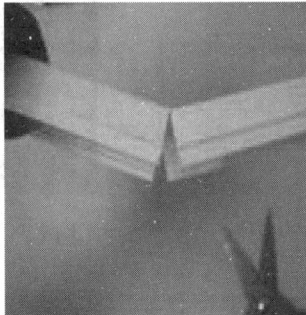

3. 打线训练

1)　本场景的知识要点

打线是布线工程师必须熟练掌握的基本技能，安装打线式信息模式、打线式数据配线架、110 型语音配线架都需要打线操作。打线质量直接影响到通信质量。

Vcom 的多功能综合布线实训台上有 4 套打线训练装置，可满足 4 人同时进行打线实训，每套打线训练装置上下接 6 条 4 对 8 芯 UTP，每人一次可打线 48 次，打线训练装置配实时指示灯，当对齐的上下线芯打线连接成功后，对应指示灯亮。

2)　本场景的操作要点

打线操作步骤如下。

(1) 准备。每人一次准备 6 条 UTP 双绞线线段，长约 10cm(可以更长)。

(2) 剥皮。用双绞线剥线器将线段一端的双绞线塑料外皮剥去 1.5～2cm。

(3) 开绞。小心地剥开每一线对，按打线装置上规定的线序排序。

(4) 打线。从左起第一个接口开始打线，先打上排接口，按打线装置上规定的线序打线：先将 8 根线芯按顺序轻轻卡入槽口中，右手紧握 110 打线工具(刀口朝外)，将线芯一一打入槽口的卡槽触点上，每打一次都有一声清脆的响声，同时将多余的线头剪断。然后打接下排接口，每根线芯打接至下排对应槽口，每完成一条打接，对应指示灯亮起。

(5) 重复 5 次步骤(1)～(4)，完成 6 条 UTP 双绞线共 48 次的打线。

(6) 重复步骤(1)～(5)，每位同学可进行多轮次的打线训练。

操作步骤如图 1-27～图 1-32 所示。

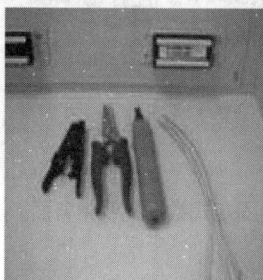
图 1-27 准备

图 1-28 剥皮

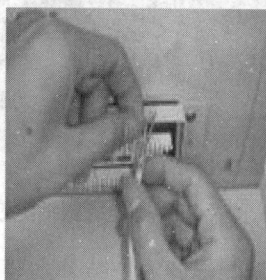
图 1-29 开绞

图 1-30 压线

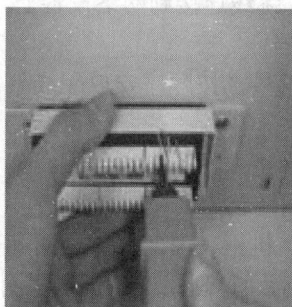
图 1-31 打线

图 1-32 测试

4. 配线架连接

1) 本场景的知识要点

配线架是电缆或光缆进行端接和连接的装置。在配线架上可进行互连或交接操作。配线架是管理子系统关键的配线接续设备，它通过水平子系统的双绞线来连接各个工作区信息点。配线架安装在配线间的机柜(机架)中，配线架在机柜中的安装位置要综合考虑机柜线缆的进线方式、有源交换设备散热、美观、便于管理等要素。同时，考虑到配线架需要相关跳线，在配线架安装时与它对应安装一个理线架，以便于线缆整理。

配线架按安装位置不同分为建筑群配线架 CD、建筑物配线架 BD、楼层配线架 FD。按功能不同分为数据配线架和 110 型语音配线架。

(1) 数据配线架。

数据配线架有 24 口和 48 口两种规格，主要用于端接水平布线系统中的工作区信息模块相连的 4 对双绞线电缆。在管理间子系统的机柜中，如果是使用数据链路，则用 RJ-45 跳线连接到网络设备上，如果是使用语音链路，则用 RJ-45-110 跳线跳接到 110 型语音配线架(连接语音主干电缆)。 数据配线架有固定端口配线架和模块化配线架两种结构。固定端口的配线架如图 1-33、图 1-34 所示。

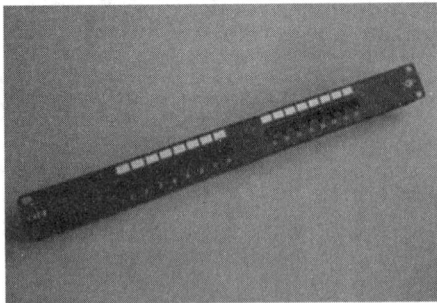

图 1-33　固定式数据配线架正面

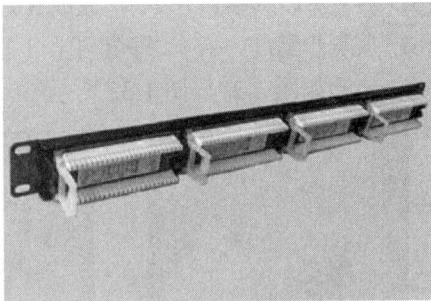

图 1-34　固定式数据配线架背面

数据配线架的安装基本要求主要有以下几个方面。

①　为了管理方便，配线间的数据配线架和网络交换设备一般都安装在同一个 19 英寸的机柜中，以方便通过 RJ-45 跳线连接到网络设备上。一般一个 24 口数据配线架对应一个网络交换设备(交换机或集线器)。

②　根据楼层信息点标识编号，按顺序安放配线架，并画出机柜中配线架信息点分布图，便于安装和管理。

③　线缆一般从机柜的底部进入，所以通常配线架安装在机柜下部，交换机安装在机柜上部，也可根据进线方式做出调整。

④　为了美观和管理方便，机柜正面配线架之间和交换机之间要安装理线架，跳线从配线架面板的 RJ-45 端口接出后通过理线架从机柜两侧进入交换机间的理线架，然后再接入交换机端口。

⑤　对于要端接的线缆，先以配线架为单位，在机柜内部进行整理、用扎带绑扎、将冗余的线缆盘放在机柜的底部后再进行端接，使机柜内整齐美观，便于管理和使用。

(2)　语音配线架。

110 型语音配线架是综合布线系统语音的核心部件，提供语音信号的转接。110 型配线架将来自电话运营商的语音信号与干线系统、工作区进行连接。110 型配线架起着传输语音信号的灵活转接、灵活分配以及综合统一管理的作用，因为综合布线系统的最大特性就是利用同一接口和同一种传输介质，让各种不同信息在上面传输，而这一特性主要通过连接不同信息的配线架之间的跳接来实现。

传统的语音配线系统主要采用 110 型连接管理系统，其基本部件是 110 型配线架、连接块、跳线和标签。这种配线架有 25 对、50 对、100 对、300 对多种规格。110 配线架其上装有若干齿形条，沿配线架正面从左到右均有色标，以区别各条输入线。这些线放入齿形条的槽缝里，再与连接端子接合，利用工具可将配线环的连线"冲压"到 110C 连接端子上。110 型语音配线架及连接端子如图 1-35 所示。

目前，语音通信也在发生的巨大的变革，熟知的模拟电话系统正在逐渐被新的数字通信系统所淘汰，如最新的 VoIP 技术等，另外一些 4 芯电话的普及，也使语音配线系统发生了变化。部分布线厂商相继推出了 RJ-45 口的 IDC 语音配线架，其背面采用 IDC 方式端接语音多对数线缆，前面采用 RJ-45 口来进行配线管理，相对 110 鱼骨配线架，它具有端接简便、可重复端接、安装维护成本低、RJ-45 口配线简单快速、配线架整体外观整洁的优势。

随着网络技术和传输速率的高速发展，千兆、万兆以太网技术的涌现，超 5 类

(100MHz)、6 类(250MHz)布线系统的推出，对配线系统的多元化、灵活性、可扩展等性能提出了更高要求，一些布线厂商推出了多媒体配线架，适应了现代网络通信应用对配线系统的要求。多媒体配线架摒弃了以往配线架端口固定无法更改的弱点，它本身为标准 19 英寸宽 1U 高的空配线板，在其上可以任意配置超 5 类、6 类、7 类、语音、光纤和屏蔽/非屏蔽布线产品，充分体现了配线的多元化和灵活性，对升级和扩展带来了极大的方便；由于其采用独立模块化配置，配线架上的每一个端口与桌面的信息端口一一对应，所以在配置配线架时无须按 24 或 36 的端口倍数来配置，从而也不会造成配线端口的空置和浪费；另外，此种配线架的安装、维护、管理都在正面操作，大大简化了操作程序；可以同时在同一配线板上配置屏蔽和非屏蔽系统，是它区别于老式配线架的另一大特色。多媒体配线架如图 1-36 所示。

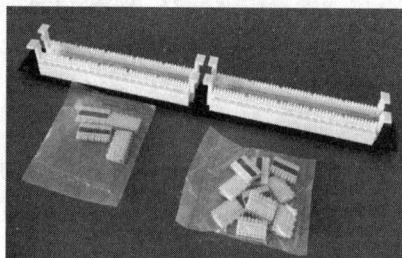

图 1-35　110 型语音配线架及连接端子　　　　图 1-36　多媒体配线架

2)　本场景的操作要点

(1)　实施准备。

根据任务实施需要，准备工具与耗材：根据任务的需求，每组的设备和工具配置建议如表 1-4 所示。

表 1-4　实施设备配置清单

设备类型	设备型号	数　量
双绞线	Vcom 非屏蔽超 5 类双绞线	若干
大对数电缆	Vcom 25 对电缆	若干
数据配线架	Vcom 24 口固定式数据配线架	1
语音配线架	Vcom 100 对 110 语音配线架	1
理线架	Vcom 理线架	1
剥线器	Vcom 剥线器	1
压线钳	Vcom RJ-45 压线钳	1
打线刀	Vcom 打线刀	1
测试仪	Vcom 通断测试仪	1

(2)　实施步骤。

①　机柜布置要求。

为方便管理，配线间数据配线架和网络交换设备一般安装在同一个 19 英寸的机柜中。

根据楼层信息点标识编号，按顺序安放信息点编号标签，机柜设备安装好后，画出机柜中配线架信息点分布图，便于安装和管理。

② 数据配线架安装。

将配线架安装在 19 英寸机柜合适的位置上，固定好螺丝，正面向前。如果需要理线架，可以在配线架下面安装一个理线架。

从机柜进线处开始整理电缆，电缆沿机柜两侧整理至理线环处，使用绑扎带固定好电缆，一般 6 根电缆作为一组进行绑扎，线缆放置位置应处于配线架后面面板凹槽中央。

根据每根电缆连接接口的位置，测量端接电缆应预留的长度，然后使用压线钳、剪刀等工具剪断电缆。

配线架背面有一安装标签，该标签标示 568A 和 568B 分别列出了两种标签的颜色顺序。根据选定的接线标准，将 T568A 或 T568B 标签压入模块组插槽内。如果信息模块在打线时按 T568B 标准进行打线，在配线架打线时也应按相同标准，每一对双绞线浅色靠左边进行打线，以 Vcom 数据配线架为例，在配线架打线时顺序为：白蓝、蓝、白橙、橙、白绿、绿、白棕、棕。

用手把双绞线 8 芯线逐一压入对应一个信息点槽位，卡住信息点的铜片，然后用打线刀用力按住线缆，注意刀要与线架垂直，刀口向外，一声清脆的咔嚓声后线缆就已打到配线架中，同时打线刀会将伸出槽位外多余的导线截断。

将每根线缆压入槽位内，然后整理并绑定线缆，用线缆扎带将线缆固定，固定时注意线缆应"横平竖直"，同时在配线架正面将标签插到配线模块中，以标示此区域。至此，数据配线架安装完毕。安装完成后的数据配线架如图 1-37 所示。

③ 110 型语音配线架安装。

综合布线系统中，安装过程中需要把大对数电缆安装在语音配线架上。大对数电缆有 25 对、50 对、100 对等多种类型。大对数电缆一对线可以接一个语音设备如电话机。主要安装步骤如下。

将 110 型语音配线架固定在机柜合适的位置，一般靠在机柜底部的位置。

从机柜进线处开始整理电缆，电缆沿机柜两侧整理至配线架处，并留出大约 25cm 的大对数电缆，用电工刀把大对数电缆外皮剥掉，并用绑扎带固定好电缆，将电缆穿过语音配线架后面的进线孔中，摆放至配线架前面处，如图 1-38 所示。

图 1-37 安装完成的数据配线架背面图

图 1-38 语音配线架 25 对双绞线的安装

大对数电缆最少的一组为 25 对，按色带进行分组。每一组首先进行线序排列，按主色分配，再进行配色分配，标准配线的原则如下。

线缆主色为：白、红、黑、黄、紫

线缆配色为：蓝、橙、绿、棕、灰

一共 25 组分别为：

白蓝、白橙、白绿、白棕、白灰；

红蓝、红橙、红绿、红棕、红灰；

黑蓝、黑橙、黑绿、黑棕、黑灰；

黄蓝、黄橙、黄绿、黄棕、黄灰；

紫蓝、紫橙、紫绿、紫棕、紫灰。

25 对大对数电缆的排列顺序如图 1-39 所示。

01	02	03	04	05	06	07	08	09	10	11	12	13	14	15	16	17	18	19	20	21	22	23	24	25
白					红					黑					黄					紫				
蓝	橙	绿	棕	灰	蓝	橙	绿	棕	灰	蓝	橙	绿	棕	灰	蓝	橙	绿	棕	灰	蓝	橙	绿	棕	灰

图 1-39　25 对双绞线排列顺序

每组线按色带来分顺序，如 100 对电缆有 4 组线，1～25 对线为第一小组，用白蓝相间的色带缠绕，26～50 对线为第二小组，用白橙相间的色带缠绕，51～75 对线为第三小组，用白绿相间的色带缠绕，76～100 对线为第四小组，用白棕相间的色带缠绕。此 100 对线为 1 大组，用白蓝相间的色带把 4 小组缠绕在一起。200 对、300 对、400 对等以此类推。

将 25 对线缆进行线序排线，首先进行主色分配，再进行配色分配按顺序排好后，将对应颜色的线对从左到右逐一压入槽内，然后使用打线工具固定线对连接，同时将伸出槽位外多余的导线截断。完成后如图 1-40 所示。

当线对逐一压入槽内后，再用 5 对打线刀，将语音配线架的连接端子(5 个 4 对、1 个 5 对)压入槽内，并贴上编号标签，如图 1-41 所示。至此完成语音配线架的安装。在工作区使用语音链路时，使用 RJ45-110 跳线将数据配线架跳接到 110 型语音配线架的连接端子上即可。

图 1-40　完成线对的压接

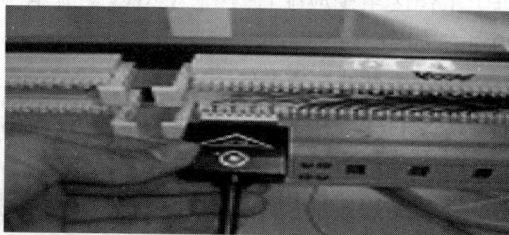

图 1-41　安装连接端子

5. 面板和底盒组装

1) 本场景的知识要点

(1) 信息面板。

信息面板与信息底座配合使用，其主要作用是用以固定信息模块，保护信息出口处的线缆，并具有装饰的作用。信息面板对于综合布线系统来说，不是主要影响性能的产品部件，但在整个布线系统中却是仅有的几个外露在表面的产品之一。信息面板一般根据安装的信息模块数量分为单口、双口以及多口等种类。

(2) 底座。

信息插座的底座(或底盒)是放置信息模块的部件，与信息面板配合使用固定信息模块，形成完整的信息插座。常见的有两种规格，适合墙面或者地面安装。

墙面安装底盒为长 86mm，宽 86mm 的正方形盒子，常称为 86 底盒。墙面底盒又分为暗装和明装两种，暗装底盒的材料有塑料和金属材质两种，暗装底盒外观比较粗糙。明装底盒外观美观，一般由塑料注塑。

地面安装底盒比墙面安装底盒大，为长 100mm，宽 100mm 的正方形盒子，深度为55mm(或 65mm)，一般只有暗装底盒，由金属材料一次冲压成型，表面做电镀处理。面板一般为黄铜材料制成，常见有方形和圆形面板两种，方形的长为 120mm，宽为 120mm。

请在互联网上查询相关的面板和配套底盒的信息，填入表 1-5 中。

表 1-5　面板和配套底盒信息

面板和底盒类型	型　号	图　片	作　用

2) 本场景的操作要点

(1) 安装标准。

GB 50311—2007《综合布线系统工程设计规范》第 6 章中，对工作区的安装工艺提出了具体要求。安装在地面上的接线盒应防水和抗压，安装在墙面或柱子上的信息插座底盒、多用户信息插座盒及集合点配线箱体的底部离地面的高度宜为 30cm。工作区的电源每个工作区至少应配置 1 个 220V 交流电源插座，电源插座一般离信息插座的距离至少为20cm，如图 1-42 所示。

(2) 安装步骤及图示(暗装)。

① 首先使用破墙工具在墙上凿开个洞，引出网线并穿好，如图 1-43 所示。

② 网线穿过底盒，并将底盒压入墙洞，如图 1-44 所示。

③ 将双绞线剥线后按照免打模块要求打入模块中，如图 1-45、图 1-46 所示。

④ 将面板安装到底盒上并加装螺丝固定，如图 1-47 所示，即完成安装。

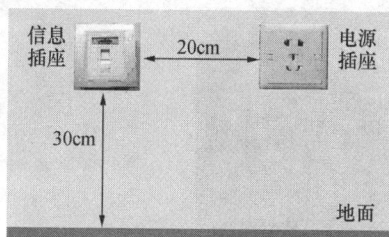

图 1-42　底盒安装位置示意图

图 1-43　破墙取线

图 1-44　线过底盒压入墙洞

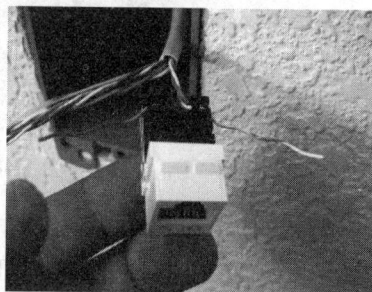

图 1-45　接驳模块

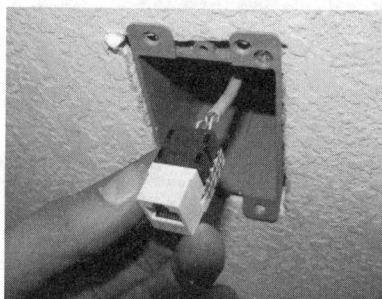

图 1-46　完成模块安装

图 1-47　完成面板安装

6. 测试工具使用训练

1)　本场景的知识要点

测试工具有验证用测试工具和检测工具。

2)　本场景的操作要点

使用双绞线测试工具对双绞线的连通性进行测试，分为单线连通测试、单配线架双线连通测试、多配线架线缆连通测试。

双绞线跳线完成后，可以通过通断测试仪来进行双绞缆测试。把双绞线一端插到测试仪主设备上，另一端插到测试辅设备上。打开电源开关，如果测试线缆为平行线，则测试仪主设备与辅设备上的显示灯会按照 1～8 的顺序依次循环闪亮。如果测试线缆为交叉线，则测试仪的主设备显示灯亮的顺序为 1～8，而辅设备灯闪亮顺序为 3，6，1，4，5，2，7，8，如图 1-48 所示。

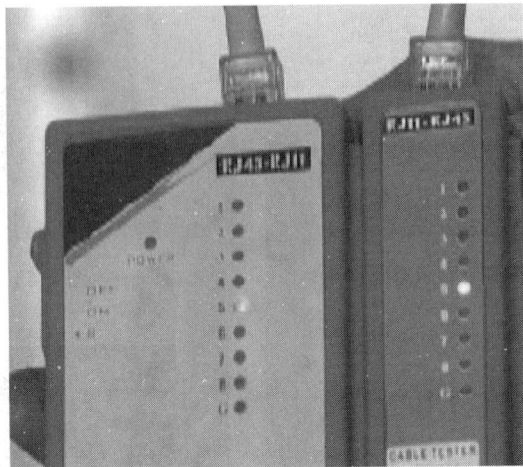

图1-48　双绞线的连通测试

　　如果双绞线某一芯线缆出现故障，不能连通，则是出现断路。那么，在使用测试仪测试时，会出现该芯线缆所对应的显示灯不亮的情况。通过测试仪的测试情况，可以判断这根双绞线打线顺序，以及每一芯线的通断情况。

四、学生知识能力评估

1. 自评

开展本任务学习效果评估。

学习路径提示：回答下列问题，撰写个人学情自我分析简报。

(1) 是否按照课程要求进行知识、技能的学习？效果如何？

(2) 对本训练的哪个方面的工作有兴趣？擅长哪部分工作？

(3) 读过哪些计算机网络、综合布线方面的书？

(4) 是否达到你的学习预期或者目标？有哪些困难？对老师和学习团队有什么要求？

(5) 为自己在本训练中的表现给出一个综合评价。

2. 教师评价

评分项目	分　值	得　分	等　级	评　语	评分人
双绞线制作	20				
线槽制作	20				
打线质量	20				
配线架连接	20				
面板和面板盒组装	20				

五、课程评价

1. 课程评价表

训练名称：	班级：	姓名：	年 月 日
1. 你理解的本训练的核心知识有：			
2. 你获得本训练的核心技能有：			
3. 下列问题需要进一步了解和帮助：			
4. 完成本训练后最大收获是：			
5. 教师思路是否清晰？是否适应教师的风格？			
6. 教师的教学方法对你的学习是否有帮助？			
7. 你是否有组织、有计划地学习？目标基本达到了吗？			
8. 为了获得更好的学习效果，你对本训练内容和实施有何建议：			
教师签字： 学生签字：			

2. 职业素养核心能力评测表

使用方式：在框中打"√"。

职业素养核心能力	评价指标	自测结果
教师签名：	学生签名：	年 月 日

3. 专业核心能力评测表

职业技能	评价指标	自测结果	备 注
本项目评分：			
教师签名：	学生签名：		年 月 日

训练活动四　基本空间布线工具选择和使用训练(综合应用)

任务训练说明：

　　本部分的训练由学生独立完成，教师作为旁观者进行观察、记录和评测，在学生完成训练后给予每个学生单独评价，告知学生是否获得了相应的能力。同时，本部分的内容评价测试结论作为"任务一　综合布线常用器材和工具使用训练"的最终评价结果。

一、了解训练内容

训练任务名称：基本空间布线工具选择和使用训练						
授课班级	略	上课时间	略	课时	上课地点	略

训练目标	能力目标	知识目标	素质目标
	能根据具体场景挑选工具和耗材，也能够自主制作相应材料，在符合国家标准的前提下完成基本空间内的综合布线任务	1. 了解综合布线系统的基本结构和子系统； 2. 了解在不同的场景中的耗材和工具种类及使用方法； 3. 理解不同的场景使用耗材和工具的国家或者行业标准； 4. 了解典型耗材和工具的优缺点	1. 能认真地通过网络手段查询到与工具和介质详细资料等资料，并对相关信息进行正确处理； 2. 在完成任务后，进行场地的整理和清洁、工具的规范放置，培养学生的现场和设备规范管理意识以及良好的职业习惯

任务与场景	训练场景	任务成果	
	综合布线系统工具、器材和耗材认知综合训练及考核	1. 知晓综合布线系统的各子系统结构和基本术语； 2. 读懂工具、器材、耗材说明书； 3. 闻名识物； 4. 了解工具的功能和使用方法； 5. 了解材料的使用场景； 6. 通过工具识别考核	

能力要求	知识储备要求	基本技能要求
	网络调研知识、团队分工知识，智能建筑功能模块，综合布线系统基本结构	资料查询、训练报告撰写、交流沟通技能
	学习重点	学习难点
	综合布线的基本工具、器材和耗材的实践	专业术语的学习，技能和知识的应用

　　通过自学掌握本教学活动学习信息。学习路径提示：你是否理解上述学习信息，把不

理解的疑问写出来，然后通过上网查询，或向老师、同学求教排除你的疑问。

二、训练任务实施流程

由于本教学活动无须组员合作完成项目任务，因此适合采用基于导生制的分层教育方式实施教学。

根据分好的小组，进行个人能力和学习目标、期望的定义。按下列要求填写任务岗位分配表。

(1) 根据已经划分的小组，确定完成本训练的组内导生，由导生担任本组学习组长，当然除担任组长的导生外，如果组内人数较多可以根据学生意愿多上浮1～2个名额。

(2) 其他组员根据自身的学习基础、前续知识和技能的掌握程度以及个人在本训练环节所希望获得的学习成果等级进行组内分层分组。

(3) 建议组内成员的层次等级为优秀级、中等级别和合格级别，这些层次的学员数量建议为1：3：1，导生的培养级别应该初定为优秀方向，同时尽量增加优秀和中等层次级别的学生为基本原则。

(4) 项目组内通过协商，如果选择合格等级的学生人数较多，应该和其他组进行调换，直到符合第3项要求。

任务岗位分配表

团队名称(虚拟企业名称)				
团队结构	岗　位	姓　名	知识技能	本次训练职责职能
	项目组长(导生)		1. 已有知识： 2. 已会技能：	1. 通过本次训练需要掌握的知识技能： 2. 职业素养要求：
	优秀等级学生		1. 已有知识： 2. 已会技能：	1. 通过本次训练需要掌握的知识技能： 2. 职业素养要求：
	中等等级学生		1. 已有知识： 2. 已会技能：	1. 通过本次训练需要掌握的知识技能： 2. 职业素养要求：
	合格等级学生		1. 已有知识： 2. 已会技能：	1. 通过本次训练需要掌握的知识技能： 2. 职业素养要求：

说明： 表中的等级名称可以由教师根据教学对象自由拟定，本次训练职责职能为学生通过训练所要获得的知识、技能和职业素养，不同层次的学生需要训练的重点和要求不同，对于不同层级的学生已经掌握的知识技能则根据具体情况予以直接考核，无须进入重新学习环节。

三、学生知识能力评估

1. 教师观察评测计划制订

下面的计划模板仅作参考，具体可以根据特定环境和条件进行改进。

学生知识能力评估计划表

测试任务/项目名称:	测试任务/项目编号:
评测标准:	被评测人是否具备基本的前期知识和技能准备: 是/否
评测目的:	
被评测人情况:	
评测者:	评测地点:
评测需要的基本条件、环境和工具:	
评测方法:	评测工具:
评测观察数据及资料列表:	评测实施流程描述:
评测注意事项: 1. 需要携带物品: 2. 禁止携带物品:	
评测时间:	评测者签名:
评测通告声明: 本评测计划于×××年××月××日,通过_____方式告知被评测人,本次评测结果将作为任务/项目_____ 的最终评判结果。	
备注:	

说明:

(1) 评测标准是指可以用来进行衡量评测过程的被评测者行为有效性和正确性的参考依据,这些依据可以来源于国家标准、行业标准、课程标准等。

(2) 被评测者可以通过工作经验、曾完成的作品、项目、工作记录、参加培训的视频证明、证书、第三方评估证明等来确认被评测者是否具有可以进行评测的知识和技能,也可以用来证明已经没有必要参加将要进行的测试而可以直接判定通过测试。

(3) 测试所需要观察的数据来源于实际工作场所、模拟环境、角色扮演活动、视频及其他相关的文档或者资料。

(4) 评测要符合有效性、充分性、时效性和权威性等四个原则。

（5）评测方法主要有观察法、问答法、资料分析法、第三方评估法和现场活动法。

（6）评测工具主要有问题表、观察表、第三方报告、任务说明书、评测报告等。

2．任务实施

带领学生进入不同类型的房间进行观察、拍照、记录，了解这些房间的用途，从而了解需要什么样的耗材、工具和器材，需要做哪些工作，从而选择对应的耗材、工具和器材。

房间号	房间类型	具体用途	需 求	耗 材	工 具	器 材
9 号楼 205	网络综合实训室	进行网络综合布线、计算机基础课程的教学	要求可以上网，每台计算机的网线不得裸露在地上	1. 双绞线：水晶头、超 5 类网线； 2. 线材：塑料线槽、直角、外角、内角、塑料管； 3. 静电地板； 4.86 面板、面板盒 5. 钉子：墙钉、螺丝 6. 电源插座、电池 7. 扎线，标签纸 8. 信息模块	剥线钳、螺丝刀、剪刀、棉手套，清洁工具，卷尺，梯子，打线钳，裁管刀	双绞线连通测试仪，福禄克测试仪器，机柜、交换机、路由器、桥架
教师办公室						
公共机房						
实训楼办公室						

3．成绩评定

1）教师评价

参评的小组/个人： 评测方法： 评测工具：

测试项目	分 值	得 分	等 级	评 语	评分人
特定场景的器材选择	20				
特定场景的工具选择	20				
特定场景的材料制作	20				
特定场景的工具使用	20				
操作流程合格	20				

最终成绩：_____

评测教师综合评语：

评测教师签名：

被评测者评价：

被评测者签名：

被评测者对于评测结果不满意的可以在 3 日内联系评测者提出异议，评测者根据被评测者的意见和实际评测过程的观察数据进行复评，并在____日内将最终结果和理由告知被

评测者，经被评测者确认同意后作为最终结果。如果异议较大，被评测者可以填写相应申请，提请重新测试，经同意后可以进行再一次也就是最后一次评测。

申诉电话：

申诉邮件：

最终评测结果将告知被评测者、评测者和教务办，并由相关人员进行原始资料的保存。

2) 第三方评价

选择班级学生对评测者进行评价，人数可以根据情况进行确定。第三方评测主要判断被评测者是否具备独立正确完成相应测试项目的能力。如果该生某项没有完成，请在备注栏中进行注明。

测试项目	测试分数	加减分理由	备　注
综合布线系统结构认知			
线缆认知			
连接件认知			
管、槽、机柜设备认知			
基本工具认知			

被评测者姓名：

被评测者签名：

第三方评测者签名：

职业素养核心能力评测表

使用方式：在框中打"√"。

职业素养核心能力	评价指标	自测结果
教师签名：	学生签名：	年　月　日

专业核心能力评测表

职业技能	评价指标	自测结果	备　注
本项目评分			
教师签名：	学生签名：		年　月　日

任务二 综合布线工程专业图绘制训练

1. 任务训练说明

本任务分成多个训练活动，不同的活动将训练学生的不同的技能和职业素养，并结合关键理论知识进行讲授或者分组讨论。

2. 任务的训练活动

训练活动一 专业绘图工具的使用——以绘制平面图为例。

训练活动二 绘制系统图和施工图。

训练活动三 信息点数表、端口对应表、布线材料表的绘制。

训练活动一 专业绘图工具的使用 1——以绘制平面图为例(VISIO)

一、了解训练内容

训练任务名称：专业绘图工具的使用 1——以绘制平面图为例						
授课班级	略	上课时间	略	课时		上课地点	略

训练目标	能力目标	知识目标	素质目标
	通过获得的 VISIO 软件使用知识和技巧绘制综合布线工程项目中的平面图	1. 了解综合布线图工具软件的使用方法； 2. 了解综合布线工程设计所需要绘制的图表格式和样式； 3. 了解使用 VISIO 进行综合布线平面图的绘制流程	通过图纸设计案例讲解，学生进行模拟训练，培养学生阅读、书面表达等职业素养社会能力及工程习惯
任务与场景	训练场景	任务成果	
	绘制 E 港集团总裁办公室综合布线装修项目中的平面图	通过总裁办公室平面图形的绘制学习和训练，了解如何使用 VISIO 专业软件在工程项目中绘制专业的施工平面图，能将实际场景中的重要元素绘制在图中，并能在图中正确输入符号标注、事项、绘制者信息等	
能力要求	知识储备要求	基本技能要求	
	软件的基本安装、计算机使用基本知识、图形标识基本知识	资料查询、在 Windows 系统下相关软件的正确版本下载、软件安装和运行能力	
	学习重点	学习难点	
	综合布线的各子系统结构与组成，基本工具、器材和耗材的认知	图纸比例设定、基本图形选择和绘制，信息点和语音点的位置估算，平面空间的正确比例及合理布局，准确的图形信息标识	

通过自学掌握本教学活动学习信息。学习路径提示：你是否理解上述学习信息，把不

理解的疑问写出来，然后通过上网查询，或向老师、同学求教排除你的疑问。

二、训练团队组建——导生制分层教育

由于本教学活动无须组员合作完成项目任务，因此适合采用基于导生制的分层教育方式实施教学。

根据分好的小组，进行个人能力和学习目标、期望的定义。按下列要求填写岗位任务分配表。

(1) 根据已经划分的小组，确定完成本训练的组内导生，由导生担任本组学习组长，当然除担任组长的导生外，如果组内人数较多可以根据学生意愿多上浮 1～2 个名额。

(2) 在教师完成演示和讲解后的训练环节，导生需要组织组内同学进行学习，在练习中总结问题和经验，并由组内负责记录的同学进行归纳和总结。

(3) 各组向授课教师反馈训练成果，并提交训练中所遇到的问题、总结的经验，供大组讨论时候使用。

(4) 在答疑解惑和与其他组进行经验交流后，各组在导生带领下开展查漏补缺工作，修改前期不完善的成果，最后获得期望中的结果。

岗位任务分配表

团队名称(虚拟企业名称)				
	岗 位	姓 名	知识技能	本次训练职责职能
团队结构	项目组长(导生)		1. 已有知识： 2. 已会技能：	1. 通过本次训练需要掌握的知识技能： 2. 职业素养要求：
	组内记录员 1		1. 已有知识： 2. 已会技能：	1. 通过本次训练需要掌握的知识技能： 2. 职业素养要求：
	组内记录员 2		1. 已有知识： 2. 已会技能：	1. 通过本次训练需要掌握的知识技能： 2. 职业素养要求：

说明：表中的组内记录员人数可以由教师或者各组根据教学内容自由拟定，本次训练以学生掌握基本知识、技能和了解基本素养为目的而设置。

三、知识学习与能力训练

1. VISIO 软件的安装与使用

1) 本场景的知识要点
本场景主要有两个知识要点。
(1) VISIO 软件的安装。
(2) VISIO 开篇的页面设置。

2) 本场景的操作要点

(1) VISIO 2007 的安装。

首先需要去下载 Office Visio 软件的安装程序，以 Office Visio 2007 经典版本为例，下载完成之后解压，安装程序文件夹中会有一个执行文件：setup.exe，双击执行。输入产品密钥，若购买的正版软件，在软件盒 KEY 里会有 25 个字符的产品密钥，输入进去，软件会自动检查密钥是否正确。通过了则选择"下一步"。选中相应复选框接受软件许可协议，单击"安装"按钮。这样程序进入正式安装，若安装过程中检查安装环境都没有问题，安装可顺利完成；若报错，则根据错误提示到百度中搜索一下是什么原因导致。安装成功后会有提示，选择"关闭"，完成安装，即可打开软件使用了。

(2) 进行页面设置。

打开"页面设置"对话框："文件"—"页面设置"，如图 1-49 所示。

最快的页面设置方法：进入"页面设置"对话框，选择"绘图缩放比例"选项卡，直接把实际建筑平面的总长和总宽数据输入"页面尺寸"的两个框中(图 1-50 中的红框)。一般情况下设置页面，要注意 3 个地方。

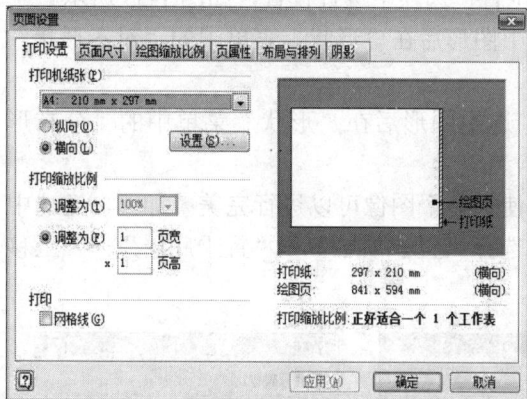

图 1-49　页面设置对话框图

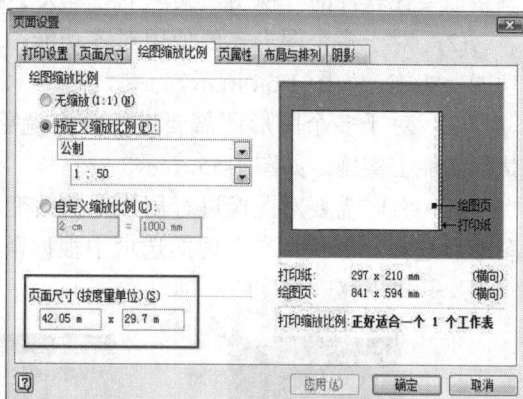

图 1-50　快速进行页面设置

① 打印的纸张设置(见图 1-51)和打印缩放比例的设置。

② 预定义的页面尺寸没有需要的，在如图 1-52 所示的"自定义大小"文本框中输入实际的长和宽。

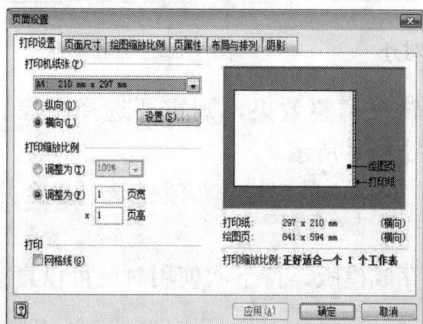

图 1-51　打印页面设置

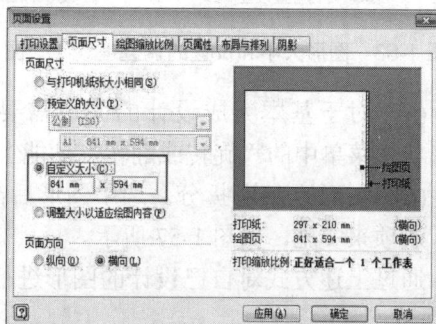

图 1-52　自定义页面尺寸

③ 设置背景可能带来的问题。有时绘图时，会出现图中出现自己不需要的图形，而且有时这些图形还在变化，也不知道在哪里删除它们。其实，这是背景的问题。绘制的平面图是"前景"，有时为了美化页面，可以设置背景。但最好不要把别的绘图文件作为背景，否则，当作为背景的图出现变化时，当前的平面图上也会出现相应的变化。因此，进入"页面设置"中的"页属性"的背景一项中选择"无"。

2. 图形的编辑和格式化训练

1) 本场景的知识要点

(1) 图形的来源：从左边形状窗格的模具库中拖到右边绘图区。

(2) 如果模具库中没有，在形状窗格搜索框中搜索其他模具类别或从网上直接下模具库。

(3) 如果还没有，从已经做好的 Visio 文件中找。

(4) 如果还没有，自己用基本形状创造，在操作场景中具体介绍编辑方法和流程。

2) 本场景的操作要点

(1) 运用"大小和位置"精确调整图形的大小、位置和角度，如图 1-53 的书桌造型的调整需要在软件的"视图"菜单下的"大小和位置"选项中进行设置，如图 1-53 所示。

(2) 对于多个图形需要使用对齐功能，选中图形后在"形状"菜单中的"对齐形状"功能上实施，如图 1-54 所示。

(3) 对于多个图形还需要进行分布调整，选中图形后在"形状"菜单中的"分布形状"功能上实施，如图 1-55 所示。

(4) 有时需要对图像进行层次上的改变，使得多个图像可以进行完美叠加。右键选中图形后选择"形状"在出现的选项中根据需要选择"置于顶层"—"置于底层"—"上移一层"—"下移一层"的一项。

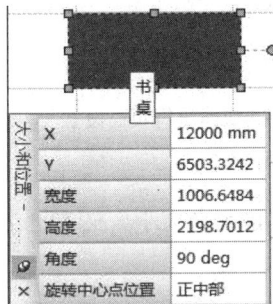

图 1-53 图形大小和位置的调整	图 1-54 图形对齐	图 1-55 分布形状

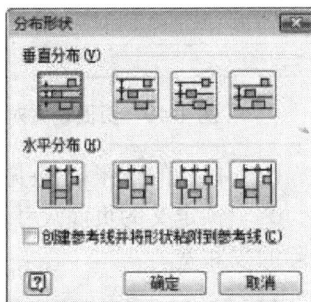

(5) 对于基本完成设计的图像需要旋转或翻转来调整效果，则需要选择图像后在"形状"菜单中的"旋转或翻转"功能上实施，如图 1-56 所示。

(6) 图形的合并/拆分。选中图形后在 "形状"菜单中的"操作"功能选择"合并/拆分"选项来实施，如图 1-57 所示。

通过上述方式对自己设计的图形进行编辑并保存成模版，待下次使用时就可以直接拖入了。

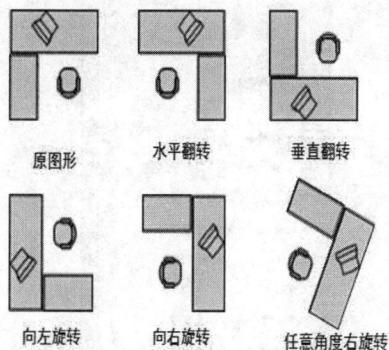

图 1-56 图形的旋转或翻转

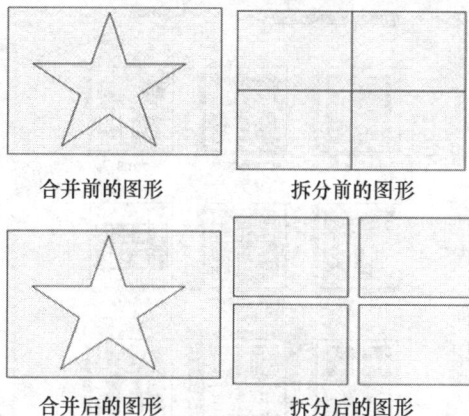

图 1-57 图形的合并/拆分

3. VISIO 平面图的综合绘制训练

1) 本场景的知识要点

设计应该明确以下几个方面的内容。

(1) 确定每层的信息点的分布、数量、面板样式、安装高度和预埋方式。

(2) 确定水平线缆的传播路径，确定水平系统的材料类型、走线方式、安装方式和规格。

(3) 确定垂直线路的走线方式、了解可利用的竖井数量、位置、大小、有无照明通风电源等设施。

(4) 确定管理间、设备间等特殊布线子系统的要求，确定引线方式、材料数量和规格、线路走向等。

2) 本场景的操作要点

(1) 新建平面图文件。

打开软件进入如图 1-58 所示界面，选择"地图和平面布置图"，找到"平面布置图"单击创建就可以了。

(2) 绘制平面图。

VISIO 带的库比较简单，不过绘制平面图需要用到的墙体、门窗，甚至简单的家具，在库里都是一应俱全的，如图 1-59 所示。从"视图"菜单，打开"大小和位置"窗口，就是图 1-60 中位于左下角的小窗口。然后选择需要添加的元件，直接拖曳到绘图窗口里，就可以通过"大小和位置"窗口里面的各项参数，设置元件的起止位置、角度和大小了。譬如墙体，可以设置墙体的厚度，也可以随意旋转角度。

VISIO 可以将相邻的墙体自动连接起来，按住鼠标左键拖动其中一个墙体，当它与另一个墙体出现重合的时候，重合点会出现如图 1-60 所示的红色小方框，松开鼠标左键，两个墙体就连接起来了。门窗等物体有个中心点，中心点的位置也是可以在"大小和位置"窗口里进行设置的。用鼠标选中这个中心点，可以自由旋转门窗的方向，通过鼠标右键菜单，可以调整元件左右、上下翻转，如图 1-61 所示。这样一间屋一间屋依次绘制，房子的雏形很快就可以出现在面前了，如图 1-62 所示。

地图和平面布置图

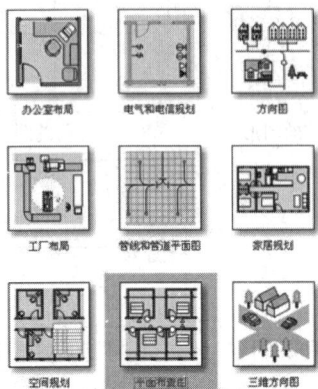

图 1-58 选择"平面布置图"

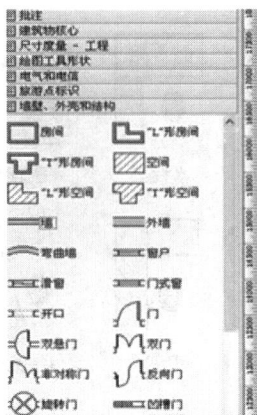

图 1-59 VISIO 自带库图

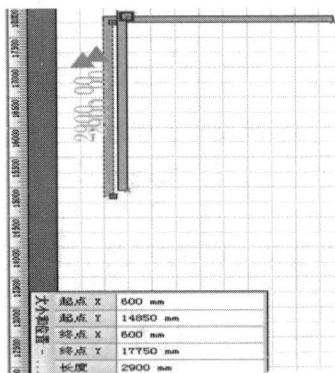

图 1-60 图形的连接

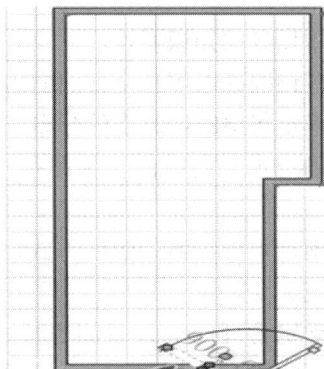

图 1-61 中心点旋转图片

(3) 添加标注。

画好的平面图当然需要进行简单的标注。和微软的所有软件一样,选择菜单栏的"A"字框,就会在鼠标所在位置出现文本框了,在文本框里输入相应的文字就可以对平面图进行任意标注。标注后的平面图,一目了然,不论是交给设计师现场咨询,还是发到网络上咨询,大家都能看得明白,如图 1-63 所示。

(4) 添加具体的尺寸标示。

自己绘制平面图的时候,通常都已经测量过室内的具体尺寸,因此不妨借助 VISIO 的功能,把这些尺寸也直接标注出来。在需要标注的墙体上右击,选择"添加尺寸线",相应线段的长度就被标注在旁边了,如图 1-64、图 1-65 所示,注意尺寸线区分水平和垂直的。

需要提醒大家的是,自己测量的时候,常常容易漏算墙体的厚度,这样一来,按照自己测量的套内尺寸绘制平面图的时候,长度相加往往会有一些偏差,也就是说,一部分的墙体最后绘制出来的尺寸和实际测量的不能完全一致。而用上面"添加尺寸线"的方法,标注的是线段的长度,线段长度和实际尺寸有偏差时,就不能这样标注了。双击需要标注的墙体,旁边会出现文本框,直接输入实际测量的长度即可。到目前为止,一份简单清晰的户型图已经绘制出来了，同学之间可以相互交流下，比较评价一下各自的成果。

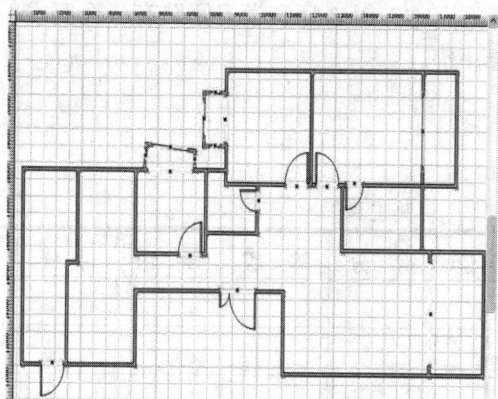

图 1-62　完成的建筑平面框架图

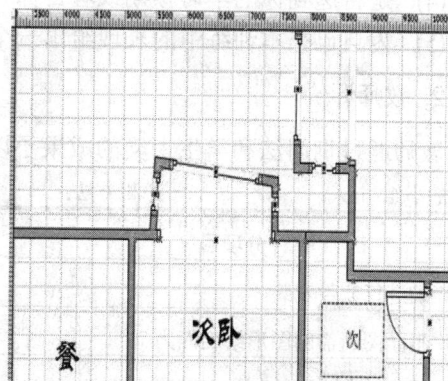

图 1-63　为平面图添加标注

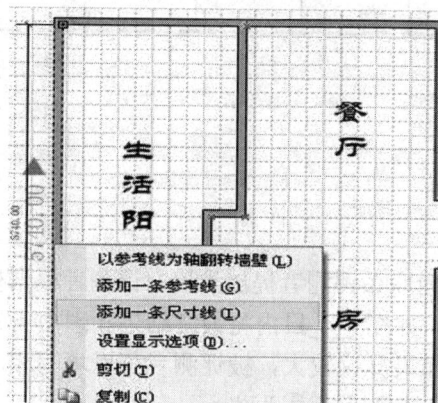

图 1-64　添加垂直尺寸线

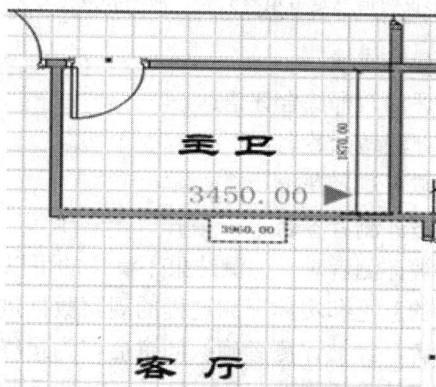

图 1-65　添加水平尺寸线

(5) 保存与注意事项。

VISIO 的图可以直接打印，也可以通过"另存为"JPG 或者 BMP 格式进行保存，如果需要，还可以直接存为 DWG 格式的文件，用 CAD 可以直接打开。平面图上一般需要将承重墙与非承重墙区分标明，在 VISIO 里，双击需要标明的墙体对应的线段，通过调色桶工具，就可以自由变换颜色了。"文件"选项里有一个"绘图缩放比例"，通过调整这个比例，可使绘制的平面图适合页面大小。

四、学生知识能力评估

1. 自评

开展本任务学习效果评估。

学习路径提示：回答下列问题，撰写个人学情自我分析简报。

(1) 是否按照课程要求进行知识、技能的学习？效果如何？

(2) 对本训练的哪个方面的工作有兴趣？擅长哪部分工作？

(3) 读过哪些计算机网络、综合布线方面的书?

(4) 是否达到你的学习预期或者目标?有哪些困难?对老师和学习团队有什么要求?

(5) 为自己在本训练中的表现给出一个综合评价。

2. 教师评价

教师通过询问法和学生上交的成果予以给分。

参评的小组/个人:　　　　　评测方法:　　　　　评测工具:

评分项目	分　值	得　分	等　级	评　语	评分人
能正确进行软件安装	10				
制作平面图所需的图形绘制能力	20				
平面图中各个元素绘制是否准确、清楚	20				
关键信息点和语音点设计是否符合国家规定	20				
图形说明信息是否填写完整、清晰和规范	30				

最终成绩:

评测教师综合评语:

评测教师签名:

被评测者评价:

被评测者签名:

被评测者对于评测结果不满意的可以在 3 日内联系评测者提出异议,评测者根据被评测者的意见和实际评测过程的观察数据进行复评,并在____日内将最终结果和理由告知被评测者,经被评测者确认同意后作为最终结果。如果异议较大,被评测者可以填写相应申请,提请重新测试,经同意后可以进行再一次也就是最后一次评测。

申诉电话:

申诉邮件:

最终评测结果将告知被评测者、评测者和教务办,并由相关人员进行原始资料的保存。

五、课程评价

1. 课程评价表

训练名称:		班级:		姓名:		年　　月　　日
1. 你理解的本训练的核心知识有:						
2. 你获得本训练的核心技能有:						
3. 下列问题需要进一步了解和帮助:						

4. 完成本训练后最大收获是：	
5. 教师思路是否清晰？是否适应教师的风格？	
6. 教师的教学方法对你的学习是否有帮助？	
7. 你是否有组织、有计划地学习？目标基本达到了吗？	
8. 为了获得更好的学习效果，你对本训练内容和实施有何建议：	
教师签字： 学生签字：	

2. 职业素养核心能力评测表

使用方式：在框中打"√"。

职业素养核心能力	评价指标	自测结果
教师签名：	学生签名：	年　月　日

3. 专业核心能力评测表

职业技能	评价指标	自测结果	备　注
本项目评分：			
教师签名：	学生签名：		年　月　日

训练活动二 专业绘图工具的使用 2——以绘制平面图为例(MinCad 版)

一、了解训练内容

训练任务名称：专业绘图工具的使用 2——以绘制平面图为例(MinCad 版)						
授课班级	略	上课时间	略	课时		上课地点	略

	能力目标	知识目标	素质目标
训练目标	通过获得的 MinCad 软件使用知识和技巧绘制综合布线工程项目中的平面图	1. 了解综合布线图工具软件的使用方法； 2. 了解综合布线工程设计所需要绘制的图表格式和样式； 3. 了解使用 MinCad 软件完成综合布线平面图的绘制流程	通过图纸设计案例讲解，学生进行模拟训练，培养学生阅读、书面表达等职业素养社会能力及工程习惯
	训练场景	任务成果	
任务与场景	绘制 E 港集团总裁办公室综合布线装修项目中的平面图	通过总裁办公室平面图形的绘制学习和训练，了解如何使用 MinCad 专业软件在工程项目中绘制专业的施工平面图，能将实际场景中的重要元素绘制在图中，并能在图中正确输入符号标注、事项、绘制者信息等	
	知识储备要求	基本技能要求	
能力要求	软件的基本安装、计算机使用基本知识、图形标识基本知识	资料查询、在 Windows 系统下相关软件的正确版本下载、软件安装和运行能力	
	学习重点	学习难点	
	综合布线的各子系统结构与组成，基本工具、器材和耗材的认知	图纸比例设定、基本图形选择和绘制，信息点和语音点的位置估算，平面空间的正确比例及合理布局，准确的图形信息标识	

通过自学掌握本教学活动学习信息。学习路径提示：你是否理解上述学习信息，把不理解的疑问写出来，然后通过上网查询，或向老师、同学求教排除你的疑问。

二、训练团队组建——导生制分层教育

由于本教学活动无须组员合作完成项目任务，因此适合采用基于导生制的分层教育方式实施教学。

根据分好的小组，进行个人能力和学习目标、期望的定义。按下列要求填写任务岗位分配表。

(1) 根据已经划分的小组，确定完成本训练的组内导生，由导生担任本组学习组长，当然除担任组长的导生外，如果组内人数较多可以根据学生意愿多上浮 1~2 个名额。

（2） 在教师完成演示和讲解后的训练环节，导生需要组织组内同学进行学习，在练习中总结问题和经验，并由组内负责记录的同学进行归纳和总结。

（3） 各组向授课教师反馈训练成果，并提交训练中所遇到的问题、总结的经验，供大组讨论时候使用。

（4） 在答疑解惑和与其他组进行经验交流后，各组在导生带领下开展查漏补缺工作，修改前期不完善的成果，最后获得期望中的结果。

任务岗位分配表

团队名称(虚拟企业名称)				
团队结构	岗位	姓名	知识技能	本次训练职责职能
	项目组长(导生)		1. 已有知识： 2. 已会技能：	1. 通过本次训练需要掌握的知识技能： 2. 职业素养要求：
	组内记录员 1		1. 已有知识： 2. 已会技能：	1. 通过本次训练需要掌握的知识技能： 2. 职业素养要求：
	组内记录员 2		1. 已有知识： 2. 已会技能：	1. 通过本次训练需要掌握的知识技能： 2. 职业素养要求：

说明：表中的组内记录员人数可以由教师或者各组根据教学内容自由拟定，本次训练以学生掌握基本知识、技能和了解基本素养为目的而设置。

三、知识学习与能力训练

1. 使用 MinCad 六步绘制"平面布置图"

步骤 1：按尺寸绘制轴线。

使用 ▦ **绘制轴线** 画初始轴线，再用 ⊬⊬ **轴线偏移** 把其他轴线按尺寸画完如图 1-66 所示。

步骤 2：沿轴线绘制墙体。

此图墙宽度均为 240。使用 ▌ **绘制墙体** ，墙宽度选 240，沿轴线将墙画出，如图 1-67 所示。

图 1-66　绘制轴线

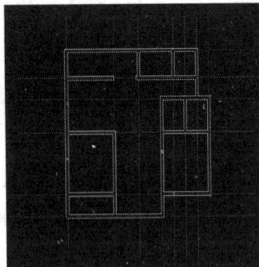

图 1-67　绘制墙体

步骤 3：在墙上自动插入窗。

窗定位：算出窗中心点位置，用 ▦ 绘制轴线 和 ╫ 轴线偏移 画出辅助的轴线；再使用 ▦ 标准窗，选择窗宽度，在正确位置插入窗(C1 窗宽 1800，C2 窗宽 900)，如图 1-68 所示。然后再关闭轴线的图层检查一下，如图 1-69 所示。

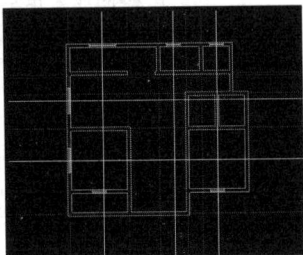

图 1-68　插入窗户(蓝色部分)

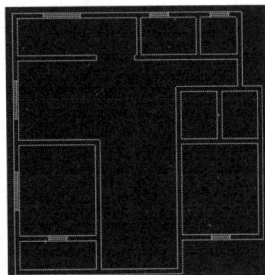

图 1-69　关闭轴线后的效果图

步骤 4：在墙上自动插入绘制门。

使用 ⌐ 单开门，选择门的宽度，在墙体上添加门(M0 门宽 900，M1 门宽 800，M2 门宽 700)，如图 1-70 所示。

步骤 5：添加构造柱。

使用 ▦ 插入柱子 添加构造柱，如图 1-71 所示。

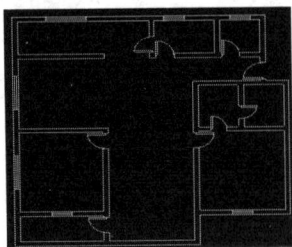

图 1-70　绘制门

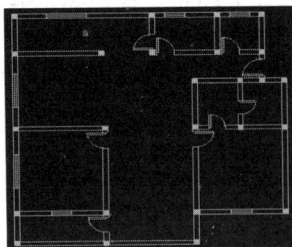

图 1-71　添加构造柱

步骤 6：文字注释、尺寸标注。

使用 Ａ 文字 添加文字注释，如图 1-72 所示。使用 ⊢ 尺寸标注 添加尺寸标注，如图 1-73 所示。

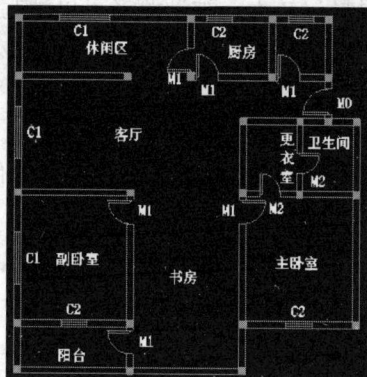

图 1-72　添加文字注释

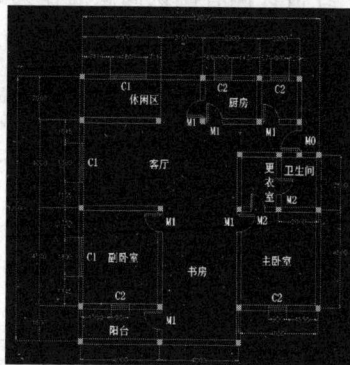

图 1-73　添加尺寸标注

四、学生知识能力评估

1. 自评

开展本任务学习效果评估。

学习路径提示：回答下列问题，撰写个人学情自我分析简报。

(1)　是否按照课程要求进行知识、技能的学习？效果如何？

(2)　对本训练的哪个方面的工作有兴趣？擅长哪部分工作？

(3)　读过哪些计算机网络、综合布线方面的书？

(4)　是否达到你的学习预期或者目标？有哪些困难？对老师和学习团队有什么要求？为自己在本训练中的表现给出一个综合评价。

2. 教师评价

参评的小组/个人：　　　　　　评测方法：　　　　　　评测工具：

评分项目	分　值	得　分	等　级	评　语	评分人
能正确进行软件安装	10				
制作平面图所需的图形绘制能力	20				
平面图中各个元素绘制是否准确、清楚	20				
关键信息点和语音点设计是否符合国家规定	20				
图形说明信息是否填写完整、清晰和规范	30				

最终成绩：

评测教师综合评语：

评测教师签名：

被评测者评价：

被评测者签名：

被评测者对于评测结果不满意的可以在 3 日内联系评测者提出异议，评测者根据被评测者的意见和实际评测过程的观察数据进行复评，并在____日内将最终结果和理由告知被

评测者，经被评测者确认同意后作为最终结果。如果异议较大，被评测者可以填写相应申请，提请重新测试，经同意后可以进行再一次也就是最后一次评测。

　　申诉电话：

　　申诉邮件：

　　最终评测结果将告知被评测者、评测者和教务办，并由相关人员进行原始资料的保存。

五、课程评价

1. 课程评价表

训练名称：	班级：	姓名：	年　　月　　日
1. 你理解的本训练的核心知识有：			
2. 你获得本训练的核心技能有：			
3. 下列问题需要进一步了解和帮助：			
4. 完成本训练后最大收获是：			
5. 教师思路是否清晰？是否适应教师的风格？			
6. 教师的教学方法对你的学习是否有帮助？			
7. 你是否有组织、有计划地学习？目标基本达到了吗？			
8. 为了获得更好的学习效果，你对本训练内容和实施有何建议：			
教师签字： 学生签字：			

2. 职业素养核心能力评测表

使用方式：在框中打"√"。

职业素养核心能力	评价指标	自测结果
教师签名：　　　　学生签名：		年　　月　　日

3. 专业核心能力评测表

职业技能	评价指标	自测结果	备　注

本项目评分：

教师签名：　　　　　学生签名：　　　　　　　　　　　　年　月　日

六、课后训练

在了解 VISIO 软件绘图功能的基本使用方法以及 E 港集团单房间平面图绘制方法和过程的基础上，开始绘制 E 港集团办公区平面图。

新的提升的训练元素如下。

(1) 通信点和信息点的位置和数量设计；

(2) 新的室内距离的测算，保障设计的关键位置符合国家标准；

(3) 桌椅及相关物品的合理形状和空间位置选择；

(4) 根据需求进行布线材料和工具的合理选择(应用了之前项目任务的知识和技能)。

训练活动三　绘制系统图和施工图

一、了解训练内容

训练任务名称：绘制系统图和施工图						
授课班级	略	上课时间	略	课时		上课地点	略

	能力目标	知识目标	素质目标
训练目标	通过获得的 MinCad 软件和 VISIO 软件的使用知识和技巧能绘制综合布线工程项目中的施工图和系统图	1. 了解综合布线工程中的施工图和系统图的主要组成要素； 2. 了解综合布线工程设计所需要绘制的图表格式、样式和相关国家标准； 3. 了解综合布线系统图和施工图的绘制流程	1. 通过自主选择绘制软件，自主设计图纸，培养学生独立思考习惯； 2. 通过反复斟酌相关绘图要素、布局和依据的国家标准，培养学生绘图的规范性和准确性
任务与场景	训练场景		任务成果	
	绘制 E 港集团总裁办公室综合布线装修项目中的系统图和施工图		各组各学员选择适合自己的软件完成总裁办公室系统图和施工图形的绘制，图中元素完整，标识准确，并能在图中正确输入符号标注、事项、绘制者信息等	
能力要求	知识储备要求		基本技能要求	
	软件的基本安装、计算机使用基本知识、图形标识基本知识、相关国家和行业标准		资料查询、在 Windows 系统下相关软件的正确版本下载、软件安装和运行能力，能使用 VISIO 或者 MinCad 进行基本图形的绘制	

学习重点	学习难点
系统图和施工图绘制基本要素，绘制图形所要遵从的相关标准，绘图的规范性和准确性	信息点和语音点的位置估算，系统图和施工图中各要素的正确比例及合理布局，准确的图形信息标识

通过自学掌握本教学活动学习信息。学习路径提示：你是否理解上述学习信息，把不理解的疑问写出来，然后通过上网查询，或向老师、同学求教排除你的疑问。

二、训练团队组建——导生制分层教育

由于本教学活动无须组员合作完成项目任务，因此适合采用基于导生制的分层教育方式实施教学。

根据分好的小组，进行个人能力和学习目标、期望的定义。按下列要求填写任务岗位分配表。

(1) 根据已经划分的小组，确定完成本训练的组内导生，由导生担任本组学习组长，当然除担任组长的导生外，如果组内人数较多可以根据学生意愿多上浮 1～2 个名额。

(2) 在教师完成演示和讲解后的训练环节，导生需要组织组内同学进行学习，在练习中总结问题和经验，并由组内负责记录的同学进行归纳和总结。

(3) 各组向授课教师反馈训练成果，并提交训练中所遇到的问题、总结的经验，供大组讨论时候使用。

(4) 在答疑解惑和与其他组进行经验交流后，各组在导生带领下开展查漏补缺工作，修改前期不完善的成果，最后获得期望中的结果。

(5) 团队组建流程。

流程一：组内任务实施可行性分析表。

任务岗位分配表

团队名称(虚拟企业名称)				
团队结构	岗　位	姓　名	知识技能	本次训练职责职能
	项目组长(导生)		1. 已有知识： 2. 已会技能：	1. 通过本次训练需要掌握的知识技能： 2. 职业素养要求：
	组内记录员 1		1. 已有知识： 2. 已会技能：	1. 通过本次训练需要掌握的知识技能： 2. 职业素养要求：
	组内记录员 2		1. 已有知识： 2. 已会技能：	1. 通过本次训练需要掌握的知识技能： 2. 职业素养要求：

流程二：团队实施任务分组。

施工图和系统图绘制任务实施团队表

团队名称					
团队结构	岗　位	姓　名	职业特长	本项目职责职能	
	项目组长			任务分配、审核、组织反思	
	信息助理			负责现场勘查、知识案例查询	
	传播助理			辅助交流、辩论、PPT 讲评	
	绘制助理			进行施工图的绘制	
	竞赛助理			竞赛策略制定	
	评价助理			进行组内观测和评分	

三、知识学习与能力训练

1. 使用 VISIO 绘制系统图

1) 本场景的知识要点

E 港集团办公楼共有 8 层，共有布线信息点 524 个，其中 268 个为语音点，采用的布线系统性能等级为 6 类非屏蔽(UTP)综合布线系统。各层的具体信息点分布如表 1-6 所示。根据需求进行综合布线系统设计，绘制系统结构图、水平子系统布线施工图和中心配线间(BD)的机柜安装示意图。

表 1-6　行政楼信息点分布

配线间设置	楼　层	数据信息点	语音信息点
BD/FD (2 楼)	1 层	20	22
	2 层	40	48
	3 层	22	24
FD	4 层	36	40
FD(5 楼)	5 层	40	24
	6 层	18	18
FD	7 层	40	46
FD	8 层	40	46
总计		256	268

2) 本场景的操作要点

根据行政楼的需求，具体的综合布线系统设计如下。

(1) 工作区。采用 8P8C 信息模块，双孔信息面板设计，采用六类 RJ-45 信息模块。

(2) 水平子系统。水平电缆为 6 类 UTP 双绞线。

(3) 垂直干线。语音主干线缆为 5 类 25 对 UTP 双绞线，数据主干线缆为 6 芯室内多模光缆。

(4) 配线架。水平配线架(含语音、数据)选择 6 类 24 口配线架，语音垂直干线配线架选择。

(5) 100 对 110 型交叉连接配线架。

(6) 数据网络接入电信 ADSL 网络，语音网接入电信市话网络。使用 VISIO 或 AutoCad 绘制的行政楼综合布线系统结构如图 1-74 所示。

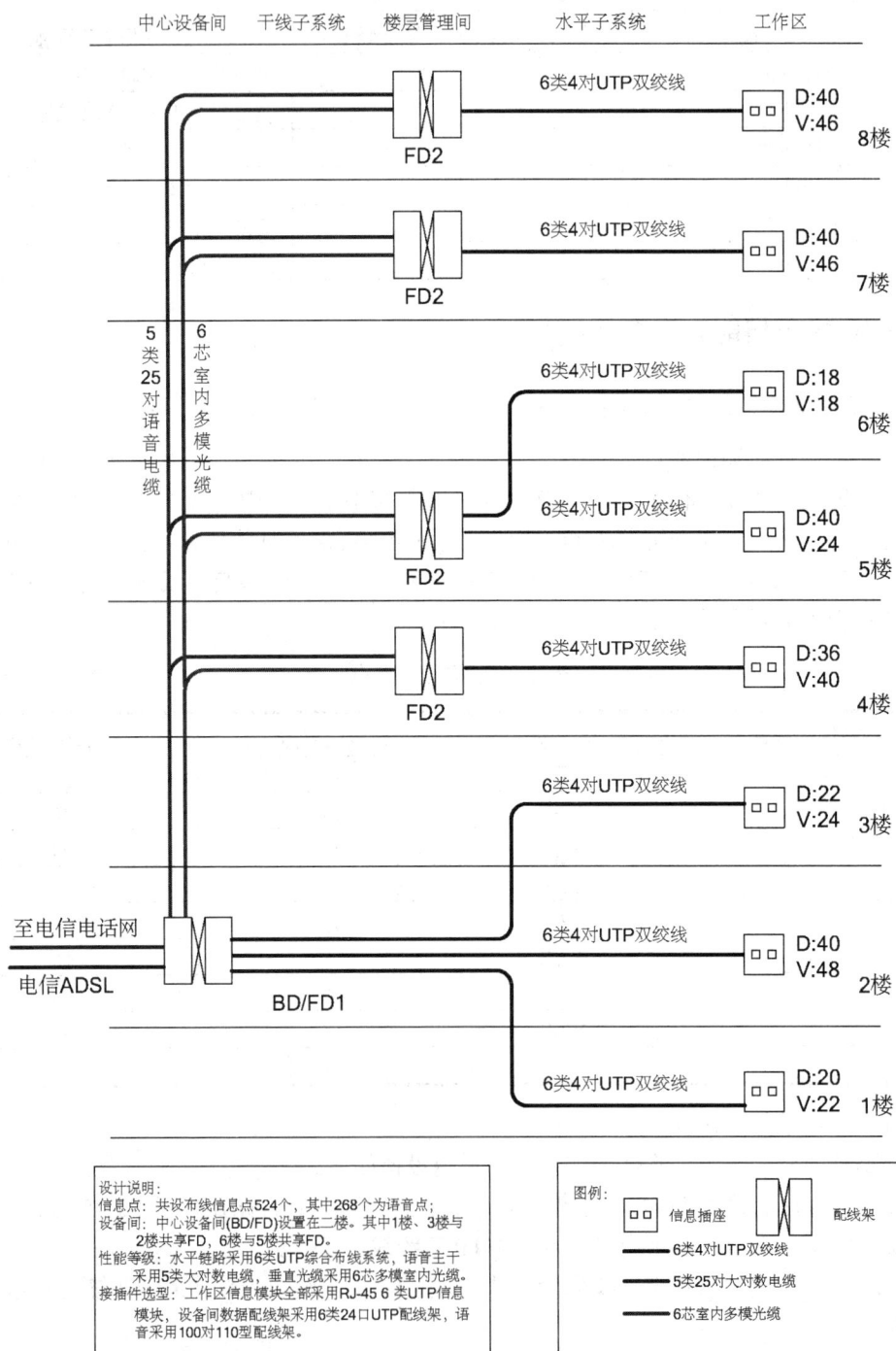

图 1-74　行政楼综合布线系统结构图

2. 使用 VISIO 绘制施工图

1)　本场景的知识要点

根据上述系统图绘制时的需求分析来绘制施工图。

2)　本场景的操作要点

根据 E 港集团办公楼的建筑结构，在每层楼的走廊吊顶上架空线槽布线，由楼层管理间引出来的线缆先走吊顶内的线槽，到各房间后，经分支线槽从槽梁式电缆管道分叉后将电缆穿过一段支管引向墙壁，沿墙而下到房内信息插座。使用 VISIO 或 AutoCad 绘制一层楼的水平子系统布线施工示意图，如图 1-75 所示。其余层与图 1-75 相似。

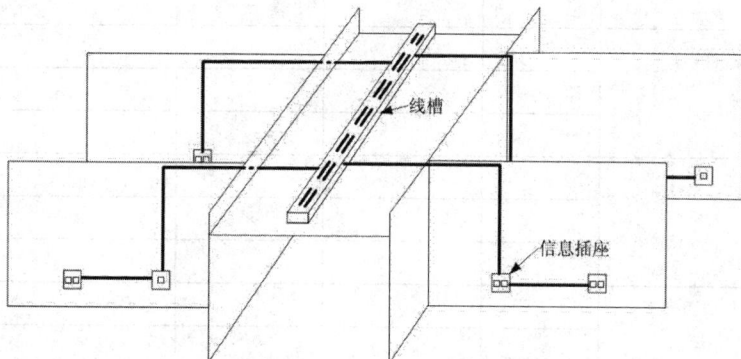

图 1-75　E 港集团办公楼一层水平子系统布线施工示意图

四、学生知识能力评估

1. 自评

开展本任务学习效果评估。

学习路径提示：回答下列问题，撰写个人学情自我分析简报。

(1)　是否按照课程要求进行知识、技能的学习？效果如何？

(2)　对本训练的哪个方面的工作有兴趣？擅长哪部分工作？

(3)　读过哪些计算机网络、综合布线方面的书？

(4)　是否达到你的学习预期或者目标？有哪些困难？对老师和学习团队有什么要求？

(5)　为自己在本训练中的表现给出一个综合评价。

2. 竞争性评估

开展组间竞争性评价从而获得小组整体的评价，本类评估可归入第三方评估类别中，评价规则如下。

列举本组绘图成果的优点，每项得 1 分。能够列举其他组的缺点，每项得 2 分，所列举的缺点必须有一定的标准，允许各组在听完各组汇报后，进行资料的查询和分组讨论，给足 15～20 分钟的时间，查询其他组所汇报成果的不足所需要依托的依据，巩固自己组所提出的优点，防止变成自己组的缺点。

系统图/施工图名称：　　　　　　　　　　　　　　　评价日期：

评价 组信息	优 点	理 由	缺 点	理 由	积 分
组1 组名： 成员：					
组1 组名： 成员：					
组3 组名： 成员：					
组4 组名： 成员：					
组5 组名： 成员：					

总成绩 组名	最终成绩由优点加分和指出他组缺点加分组成
组1	
组2	
组3	
组4	
组5	

评测教师签名：

被评测者评价：

被评测者签名

组1成员：

组2成员：

组3成员：

组4成员：

组5成员：

　　被评测者对于评测结果不满意的可以在 3 日内联系评测者提出异议，评测者根据被评测者的意见和实际评测过程的观察数据进行复评，并在____日内将最终结果和理由告知被评测者，经被评测者确认同意后作为最终结果。如果异议较大，被评测者可以填写相应申请，提请重新测试，经同意后可以进行再一次也就是最后一次评测。

申诉电话：

申诉邮件：

最终评测结果将告知被评测者、评测者和教务办，并由相关人员进行原始资料的保存。

3. 教师评价

教师通过询问法和学生上交的成果予以给分，本方法获得各个小组成员的学习评价结果。

参评的小组/个人：　　　　　评测方法：　　　　　评测工具：

评分项目	分　值	得　分	等　级	评　语	评分人
能正确进行软件安装	10				
与制作系统图和施工图所需的图形绘制能力	20				
平面图中各个元素绘制是否准确、清楚	20				
关键信息点和语音点设计是否符合国家规定	20				
图形说明信息是否填写完整、清晰和规范	30				

评测教师评价：

评测教师签名：

被评测者评价：

被评测者签名：

被评测者对于评测结果不满意的可以在 3 日内联系评测者提出异议，评测者根据被评测者的意见和实际评测过程的观察数据进行复评，并在____日内将最终结果和理由告知被评测者，经被评测者确认同意后作为最终结果。如果异议较大，被评测者可以填写相应申请，提请重新测试，经同意后可以进行再一次也就是最后一次评测。

申诉电话：

申诉邮件：

最终评测结果将告知被评测者、评测者和教务办，并由相关人员进行原始资料的保存。

五、课程评价

1. 课程评价表

训练名称：	班级：	姓名：	年　　月　　日
1. 你理解的本训练的核心知识有：			
2. 你获得本训练的核心技能有：			
3. 下列问题需要进一步了解和帮助：			
4. 完成本训练后最大收获是：			

5. 教师思路是否清晰？是否适应教师的风格？	
6. 教师的教学方法对你的学习是否有帮助？	
7. 你是否有组织、有计划地学习？目标基本达到了吗？	
8. 为了获得更好的学习效果，你对本训练内容和实施有何建议：	
教师签字： 学生签字：	

2. 职业素养核心能力评测表

使用方式：在框中打"√"。

职业素养核心能力	评价指标	自测结果
教师签名：	学生签名：	年 月 日

3. 专业核心能力评测表

职业技能	评价指标	自测结果	备 注
本项目评分			
教师签名：	学生签名：		年 月 日

六、课后训练

在了解 MinCad 软件绘图功能的基本使用方法以及 E 港集团单房间平面图绘制方法和过程的基础上，开始绘制 E 港集团办公区平面图的绘制。

新的提升的训练元素如下。

(1) 通信点和信息点的位置和数量设计；

(2) 新的室内距离的测算，保障设计的关键位置符合国家标准；

(3) 桌椅及相关物品的合理形状和空间位置选择；

(4) 根据需求进行布线材料和工具的合理选择(应用了之前项目任务的知识和技能)。

训练活动四　综合布线工程设计项目中的信息点数表编制

一、了解训练内容

训练任务名称：绘制点数统计表(教师演示、学生训练)						
授课班级	略	上课时间	略	课时	上课地点	略
训练目标	能力目标		知识目标		素质目标	
训练目标	通过项目基本信息，能够分析项目所需要的信息点和语言点的数量，利用合理的统计方法汇总到设计合理的点数统中		1. 了解综合布线工程中的信息点位置和数量设计要点和统计方法； 2. 了解综合布线工程点数统计表的设计和应用方法		1. 通过点数统计表设计和绘制过程的分组讨论和汇报，培养学生书面、口头表达的素养； 2. 通过对新任务的训练，培养学生的系统把握知识、主动寻求工作规律能力和自我解决问题的能力； 3. 通过对绘制的表格的不足进行分析，找寻错误根源，培养学生的工程专业素养	
任务与场景	训练场景		任务成果			
任务与场景	绘制基于 E 港集团三层建筑物的信息点和语音点的具体分布场景进行点数统计表的设计和绘制		各组各学员选择 Excel 软件完成点数统计表的正确设计和绘制，表中点数命名和编号正确、各点数量和规格统计正确、元素完整，标识准确			
能力要求	知识储备要求		基本技能要求			
能力要求	软件的基本安装、计算机使用基本知识、图形标识基本知识、相关国家和行业标准		资料查询、在 Windows 系统下相关软件的正确版本下载、软件安装和运行能力，能使用 VISIO 或者 MinCad 进行基本图形的绘制			
能力要求	学习重点		学习难点			
能力要求	系统图和施工图绘制基本要素，绘制图形所要遵从的相关标准，绘图的规范性和准确性		信息点和语音点的位置估算，系统图和施工图中各要素的正确比例及合理布局，准确的图形信息标识			

通过自学掌握本教学活动学习信息。学习路径提示：你是否理解上述学习信息，把不理解的疑问写出来，然后通过上网查询，或向老师、同学求教排除你的疑问。

二、训练团队组建——导生制分层教育

由于本教学活动无须组员合作完成项目任务，因此适合采用基于导生制的分层教育方式实施教学。

根据分好的小组，进行个人能力和学习目标、期望的定义。按下列要求填写任务岗位分配表。

(1) 根据已经划分的小组，确定完成本训练的组内导生，由导生担任本组学习组长，当然除担任组长的导生外，如果组内人数较多可以根据学生意愿多上浮 1～2 个名额。

(2) 在教师完成演示和讲解后的训练环节，导生需要组织组内同学进行学习，在练习中总结问题和经验，并由组内负责记录的同学进行归纳和总结。

(3) 各组向授课教师反馈训练成果，并提交训练中所遇到的问题、总结的经验，供大组讨论时候使用。

(4) 在答疑解惑和与其他组进行经验交流后，各组在导生带领下开展查漏补缺工作，修改前期不完善的成果，最后获得期望中的结果。

任务岗位分配表

团队名称(虚拟企业名称)				
团队结构	岗　位	姓　名	知识技能	本次训练职责职能
	项目组长(导生)		1. 已有知识： 2. 已会技能：	1. 通过本次训练需要掌握的知识技能： 2. 职业素养要求：
	组内记录员 1		1. 已有知识： 2. 已会技能：	1. 通过本次训练需要掌握的知识技能： 2. 职业素养要求：
	组内记录员 2		1. 已有知识： 2. 已会技能：	1. 通过本次训练需要掌握的知识技能： 2. 职业素养要求：

说明： 表中的组内记录员人数可以由教师或者各组根据教学内容自由拟定，本次训练以学生掌握基本知识、技能和了解基本素养为目标而设置。

三、知识学习与能力训练

训练学生根据单房间平面图案例编制信息点表。

1. 任务知识

以 E 港集团办公楼三层楼为标的，布线信息点共有 53 个，语音点为 17 个。以下为表格设计要点。

(1) 表格设计合理。

(2) 数据正确。

(3) 文件名称正确。

(4) 签字和日期正确。

2. 操作步骤

(1) 创建工作表(使用 Excel 工作表软件)，如图 1-76 所示。

(2) 编制表格，完整填写标准各栏目及数据。

需要把这个通用表格编制为适合使用的点数统计表，通过合并行、列进行。图 1-77 为已经编制好的空白点数统计表。

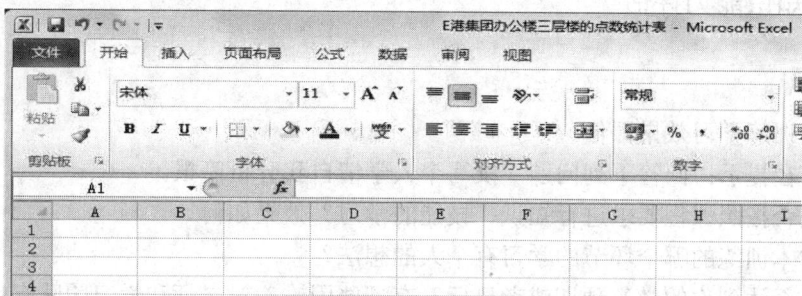

图 1-76　创建点数统计表初始图

E港集团办公楼三层楼的点数统计表																
房间号		Room1		Room2		Room3		Room4		Room5		Room6		合计		
楼层号		TO	TP	TO	TP	TO	TP	TO	TP	TO	TP	TO	TP	TO	TP	总计
一层	TO															
	TP															
二层	TO															
	TP															
三层	TO															
	TP															
合计	TO															
	TP															
总计																
编写		审核			审定				E港集团综合布线有限公司 2014年 11月11日							

图 1-77　空白点数统计表图

首先在表格第一行填写文件名称，第二行填写房间或者区域编号，第三行填写数据点和语音点。一般数据点在左栏，语音点在右栏，其余行对应楼层，注意每个楼层按照两行，其中一行为数据点，一行为语音点。

(3)　合并计算相应的数据和信息点的数量。

表格中不需要设置信息点的位置不能空白，而是填写 0，表示已经考虑过这个点。在图 1-78 中看到该楼共计 70 个信息点，其中数据点 53 个，语音点 17 个。一层数据点 12 个，语音点 6 个；二层数据点 18 个，语音点 4 个；三层数据点 23 个，语音点 7 个。

E港集团办公楼三层楼的点数统计表																
房间号		Room1		Room2		Room3		Room4		Room5		Room6		合计		
楼层号		TO	TP	TO	TP	TO	TP	TO	TP	TO	TP	TO	TP	TO	TP	总计
一层	TO	2		2		2		2		2		2		12		12
	TP		1		1		1		1		1		1		6	6
二层	TO	4		4		4		2		2		2		18		18
	TP		0		0		0		2		2		0		4	4
三层	TO	3		3		6		5		4		2		23		23
	TP		1		1		2		1		0		2		7	7
合计	TO													53		53
	TP														17	17
总计																70
编写：梅章		审核：郭静			审定：张元芳				E港集团综合布线有限公司 2014年 11月11日							

图 1-78　完成可打印的信息点数量统计表

(4)　在表中注明编写、审核、审定、公司、编制时间等基本信息。

完成信息点数量统计表编写后，打印该文件，并且签字确认，正式提交时必须盖章，如图 1-78 为打印出来的文件。

四、学生知识能力评估

1. 自评

开展本训练学习效果评估。

学习路径提示：回答下列问题，撰写个人学情自我分析简报。

(1) 是否按照课程要求进行知识、技能的学习？效果如何？

(2) 对本训练的哪个环节的学习有个人的想法？

(3) 是否达到你的学习预期或者目标？有哪些困难？对老师和学习团队有什么要求？

(4) 为自己在本训练中的表现给出一个综合评价。

2. 教师评价

教师通过询问法和学生上交的成果予以给分，本方法获得各个小组成员的学习评价结果。

参评的小组/个人：　　　　　评测方法：　　　　　评测工具：

评分项目	是否通过	评　语	评分人
表格设计合理，能反映实际工程情况			
数据正确，无遗漏信息，没有相关点的区域填数字 0			
图形说明信息是否填写完整、清晰和规范			
技术文件的编写、审核、审定和批准人员签字正确，日期正确			

评测教师评价：

评测教师签名：

被评测者评价：

被评测者签名：

被评测者对于评测结果不满意的可以在 3 日内联系评测者提出异议，评测者根据被评测者的意见和实际评测过程的观察数据进行复评，并在____日内将最终结果和理由告知被评测者，经被评测者确认同意后作为最终结果。如果异议较大，被评测者可以填写相应申请，提请重新测试，经同意后可以进行再一次也就是最后一次评测。

申诉电话：

申诉邮件：

最终评测结果将告知被评测者、评测者和教务办，并由相关人员进行原始资料的保存。

五、课程评价

1. 课程评价表

训练名称：	班级：	姓名：	年　月　日
1. 你理解的本训练的核心知识有：			

续表

2. 你获得本训练的核心技能有：
3. 下列问题需要进一步了解和帮助：
4. 完成本训练后最大收获是：
5. 教师思路是否清晰？是否适应教师的风格？
6. 教师的教学方法对你的学习是否有帮助？
7. 你是否有组织、有计划地学习？目标基本达到了吗？
8. 为了获得更好的学习效果，你对本训练内容和实施有何建议：
教师签字： 学生签字：

2. 职业素养核心能力评测表

使用方式：在框中打"√"。

职业素养核心能力	评价指标	自测结果
教师签名：	学生签名：	年　月　日

3. 专业核心能力评测表

职业技能	评价指标	自测结果	备　注
本项目评分			
教师签名：	学生签名：		年　月　日

六、课后训练

使用 VISIO 软件完成和本次训练对应的点数统计表相对应的系统图的设计。
新的训练用来巩固学生的所学技能和知识元素如下。

(1) 能进行语音点和信息点的位置和数量再次设计。

(2) 对相关国家标准加深了解。

(3) 能绘制完整正确的图形符号并进行正确标记。

(4) 整个系统图说明完整、图面布局完整合理，标题栏正确。

训练活动五　综合布线工程端口对应表的编制

一、了解训练内容

训练任务名称：绘制端口对应表(教师演示、学生训练)						
授课班级	略	上课时间	略	课时	上课地点	略
训练目标	能力目标		知识目标		素质目标	
训练目标	通过绘制综合布线工程端口对应表的训练，让学生能够获得编制用于项目施工所需要房间、信息点、配线架、端口编号、机柜编号等信息的收集、处理的能力，通过编制的准确的端口对应表来管理工程的系统施工		1. 了解综合布线工程中的端口对应表的基本组成和设计要点和统计方法；2. 了解综合布线端口对应表在工程施工中的作用和应用方法		1. 通过端口对应表设计和绘制过程的分组讨论和汇报、培养学生书面、口头表达的素养；2. 通过对新任务的训练，培养学生的系统把握知识、主动寻求工作规律能力和自我解决问题的能力；3. 通过对绘制的表格的不足分析，找寻错误根源，培养学生的工程专业素养	
任务与场景	训练场景		任务成果			
任务与场景	在本训练场景中，基于前期的点数表和系统图来完成对应端口表的绘制，本表必须在进场施工前完成，并且需要打印到现场，方便现场施工编号		各组各学员选择 Word 软件完成端口对应表的正确设计和绘制，表中命名和编号正确、各个系统间的关系明确，各元素完整，标识准确			
能力要求	知识储备要求		基本技能要求			
能力要求	基本了解施工的流程和内容、图形标识基本知识、相关国家和行业标准		资料查询、在 Windows 系统下相关软件的正确版本下载、软件安装和运行能力，能使用 Word 进行基本图表的绘制			
	学习重点		学习难点			
	施工活动的基本内容，各个工作的相互联系，编号的规范及所要遵从的相关标准，编制的规范性和准确性		施工活动间的联系、表格项的设计，各施工关键元素的正确编号和标识			

通过自学掌握本教学活动学习信息。学习路径提示：你是否理解上述学习信息，把不理解的疑问写出来，然后通过上网查询，或向老师、同学求教排除你的疑问。

二、训练团队组建——导生制分层教育

由于本教学活动无须组员合作完成项目任务，因此适合采用基于导生制的分层教育方式实施教学。

根据分好的小组，进行个人能力和学习目标、期望的定义。按下列要求填写任务岗位分配表。

(1) 根据已经划分的小组，确定完成本训练的组内导生，由导生担任本组学习组长，当然除担任组长的导生外，如果组内人数较多可以根据学生意愿多上浮1~2个名额。

(2) 在教师完成演示和讲解后的训练环节，导生需要组织组内同学进行学习，在练习中总结问题和经验，并由组内负责记录的同学进行归纳和总结。

(3) 各组向授课教师反馈训练成果，并提交训练中所遇到的问题、总结的经验，供大组讨论时候使用。

(4) 在答疑解惑和与其他组进行经验交流后，各组在导生带领下开展查漏补缺工作，修改前期不完善的成果，最后获得期望中的结果。

任务岗位分配

团队名称(虚拟企业名称)				
	岗　位	姓　名	知识技能	本次训练职责职能
团队结构	项目组长(导生)		1. 已有知识：	1. 通过本次训练需要掌握的知识技能：
			2. 已会技能：	2. 职业素养要求：
	组内记录员1		1. 已有知识：	1. 通过本次训练需要掌握的知识技能：
			2. 已会技能：	2. 职业素养要求：
	组内记录员2		1. 已有知识：	1. 通过本次训练需要掌握的知识技能：
			2. 已会技能：	2. 职业素养要求：

说明： 表中的组内记录员人数可以由教师或者各组根据教学内容自由拟定，本次训练以学生掌握基本知识、技能和了解基本素养为目标而设置。

三、知识学习与能力训练

此活动训练学生根据需求分析、信息点表及平面图编制端口对应表。

1. 本场景的知识要点

端口对应表是综合布线施工必需的技术文件，主要规定房间编号、每个信息点的编号、配线架编号、端口编号、机柜编号等，主要用于系统管理、施工方便和后续日常维护。

绘制要点：①表格设计合理；②编号正确；③文件名称正确；④签字和日期正确。

2. 本场景的操作要点

下面为端口对应表的具体绘制步骤，请按照如下步骤进行正确实施。

(1) 文件命名和表头设计。文件题目为"E港集团办公楼1号行政楼端口对应表"，项目所在地为公司的1号行政楼，楼层为3层，管理间位于每一层楼(注：这里暂时不涉及设备间)。文件编号为EG14-1-1。端口对应表如表1-7所示。

表 1-7　E 港集团办公楼 1 号行政楼端口对应表

房间号		01		02		管理间对应接口		信息点合计		
楼层号		TO	TP	TO	TP	TO	TP	TO	TP	总计
一层	TO	2		2		4		4		4
	TP		0		0		0		0	0
二层	TO	2		4		6		6		6
	TP		0		0		0		0	0
三层	TO	4		2		6		6		6
	TP		0		0		0		0	0
合计	TO	8		8		16		16		
	TP		0		0		0		0	
总计										16

编写：郭瑶　　　审核：蒋科　　　审定：元芳

E 港集团综合布线有限公司(EG14-1-1)
2014 年 11 月 12 日

(2) 设计表格。例如表 1-8 中为 8 列，第一列为"序号"，第二列为"机柜号"，第三列为"配线架号"，第四列为"配线架端口编号"，前几列对管理间或者设备间中的设备端口进行了描述；第五列为"房间号"，第六列为"面板号"，第七列为"面板对口号"，这些要素对应的是房间的信息端口，最后一列的"信息点编号"是最终的独立端口编号。

表 1-8　端口对应表格式

序号	机柜号	配线架号	配线架端口号	房间号	面板号	面板端口号	信息点编号
1							
2							
3							
4							

(3) 填写机柜编号。E 港集团办公楼 1 号行政楼为 3 层结构，而且 1 层管理间有 1 个机柜，标记为 FD1，因此就在表格中"机柜号"栏全部行填写"FD1"。

(4) 填写配线架编号。E 港集团办公楼 1 号行政楼 1 层有 4 个信息点。那么所在层中的管理间使用 1 个 24 口配线架进行匹配，把该配线架号命名为 1 号，该层全部信息点将端接到该配线架，因此就在表格中"配线架号"栏全部行填写"1"。

(5) 填写配线架端口编号。一般每个信息点对应一个端口，一个端口只能端接一根双绞线电缆。因此我们就在表格中"配线架端口编号"栏从上向下依次填写"1，2，…，24"数字。

(6) 填写房间编号。一般用 2 位或者 3 位数字编号，第一位表示楼层号，第二位或者第二、三位为房间顺序号。

(7) 填写面板号。一般按照顺时针方向从 1 开始编号。

(8) 填写面板端口号。特别注意双口面板一般安装 2 个信息模块，为了区分这 2 个信息点，一般左边用"Z"，右边用"Y"标记和区分。

(9) 填写信息点编号。把每个单元格用"—"连接起来填写在"信息点编号"栏。

(10) 填写编制人和单位等信息。在端口对应表的下面必须填写"编制人""审核人""审定人""编制单位""日期"和"文件号"等信息。表 1-9 为填好的效果，取前 11 行。

表 1-9　E 港集团办公楼 1 号行政楼端口对应表

序　号	机柜号	配线架号	配线架端口号	房间号	面板号	面板端口号	信息点编号
1	FD1	1	1	101	1	Z	FD1—1—1—101—1Z
2	FD1	1	2	101	1	Y	FD1—1—2—101—1Y
3	FD1	1	3	102	1	Z	FD1—1—3—102—1Z
4	FD1	1	4	102	1	Y	FD1—1—4—102—1Y
5	FD2	1	1	201	1	Z	FD2—1—1—201—1Z
6	FD2	1	2	201	1	Y	FD2—1—2—201—1Y
7	FD2	1	3	202	1	Z	FD2—1—3—202—1Z
8	FD2	1	4	202	1	Y	FD2—1—4—202—1Y
9	FD2	1	5	202	2	Z	FD2—1—5—202—2Z
10	FD2	1	6	202	2	Y	FD2—1—6—202—2Y
11	FD3	1	1	301	1	Z	FD3—1—1—301—1Z

编写：郭瑶　　　　审核：蒋科　　　　审定：元芳　　　　E 港集团综合布线有限公司(EG14-1-1)

2014 年 11 月 12 日

四、学生知识能力评估

1. 自评

开展本训练学习效果评估。

学习路径提示：回答下列问题，撰写个人学情自我分析简报。

(1) 是否按照课程要求进行知识、技能的学习？效果如何？

(2) 对本训练的哪个环节的学习有个人的想法？

(3) 是否达到你的学习预期或者目标？有哪些困难？对老师和学习团队有什么要求？

(4) 为自己在本训练中的表现给出一个综合评价。

2. 教师评价

参评的小组/个人：　　　　评测方法：　　　　评测工具：

评分项目	是否通过	评　语	评 分 人
表格设计合理，能反映实际工程情况			
各级编号正确			
数据正确，文件名称正确，表格说明准确			
技术文件的编写、审核、审定和批准人员签字正确，日期正确			

评测教师评价：

评测教师签名：

被评测者评价：

被评测者签名：

被评测者对于评测结果不满意的可以在 3 日内联系评测者提出异议，评测者根据被评测者的意见和实际评测过程的观察数据进行复评，并在＿＿＿日内将最终结果和理由告知被评测者，经被评测者确认同意后作为最终结果。如果异议较大，被评测者可以填写相应申请，提请重新测试，经同意后可以进行再一次也就是最后一次评测。

申诉电话：

申诉邮件：

最终评测结果将告知被评测者、评测者和教务办，并由相关人员进行原始资料的保存。

五、课程评价

1．课程评价表

训练名称：	班级：	姓名：	年　　月　　日
1．你理解的本训练的核心知识有：			
2．你获得本训练的核心技能有：			
3．下列问题需要进一步了解和帮助：			
4．完成本训练后最大收获是：			
5．教师思路是否清晰？是否适应教师的风格？			
6．教师的教学方法对你的学习是否有帮助？			
7．你是否有组织、有计划地学习？目标基本达到了吗？			
8．为了获得更好的学习效果，你对本训练内容和实施有何建议：			
教师签字： 学生签字：			

2. 职业素养核心能力评测表

使用方式：在框中打"√"。

职业素养核心能力	评价指标	自测结果
教师签名：	学生签名：	年　月　日

3. 专业核心能力评测表

职业技能	评价指标	自测结果	备　注
本项目评分			
教师签名：	学生签名：		年　月　日

六、课后训练

使用 VISIO 软件完成和本次训练对应的点数统计表相对应的系统图的设计。新的训练用来巩固学生的所学技能和知识元素如下。

(1) 能进行语音点和信息点的位置和数量再次设计；

(2) 对相关国家标准加深了解；

(3) 能绘制完整正确的图形符号并进行正确标记；

(4) 整个系统图说明完整、图面布局完整合理，标题栏正确。

训练活动六　综合布线工程材料表编制

一、了解训练内容

训练任务名称：综合布线工程材料表编制						
授课班级	略	上课时间	略	课时		上课地点	略

	能力目标	知识目标	素质目标
训练目标	通过绘制综合布线工程材料表的训练，让学生了解如何对综合布线工程中的材料采购和现场施工所需要的材料表的设计和编制，使学生了解工程中所需要的主材、辅助材料和消耗材料的相关属性，并通过资料查询、需求分析等方式确定材料的来源、规格、品牌和数量，为后续的预算制定和成果施工做好基础工作	1. 了解综合布线工程中的材料表的基本组成和设计要点； 2. 了解综合布线材料表在工程施工中的作用和应用方法； 3. 了解综合布线施工工程中所需要的材料组成； 4. 理解不同工程类别所要的材料规格、作用和应用场景	1. 通过材料表设计和绘制过程的分组讨论和汇报、培养学生书面、口头表达的素养； 2. 通过对新任务的训练，培养学生的系统把握知识、主动寻求工作规律能力和自我解决问题的能力； 3. 通过对绘制的表格的不足分析，找寻错误根源，培养学生的工程专业素养

续表

	训练场景	任务成果
任务与场景	所选择的是 E 港集团总部建筑物的 1 层进行施工所需的全部主材、辅助材料和消耗材料的分析和统计，并正确绘制好相关的材料表	各组各学员选择 Word 软件完成材料表的正确设计和绘制，能在表中命名和清楚标识材料名称、型号、数量、单位、品牌及相关说明信息，各元素完整，标识准确
	知识储备要求	基本技能要求
能力要求	基本了解综合布线施工所需材料的类别、规格和用途，图形标识基本知识、相关国家和行业标准	网上网下资料查询、在 Windows 系统下相关软件的正确版本下载、软件安装和运行能力，能使用 Word 进行基本图表的绘制，对常用材料有一定了解和现场操作经验
	学习重点	学习难点
	对常用材料的各项指标和用途的学习，材料表编制的基本内容和流程学习，编制的规范性和准确性	在特定施工工程和活动中正确选择所需要的材料，清楚所选材料的规格和用途，资源的获取

通过自学掌握本教学活动学习信息。学习路径提示：你是否理解上述学习信息，把不理解的疑问写出来，然后通过上网查询，或向老师、同学求教排除你的疑问。

二、训练团队组建——导生制分层教育

由于本教学活动无须组员合作完成项目任务，因此适合采用基于导生制的分层教育方式实施教学。但是本项训练非团队训练，在团队中个体可以更好地获得老师和导生的帮助，从而更加有效地开展学习和练习。

根据分好的小组，进行个人能力和学习目标、期望的定义。按下列要求填写任务岗位分配表。

(1) 根据已经划分的小组，确定完成本训练的组内导生，由导生担任本组学习组长，当然除担任组长的导生外，如果组内人数较多可以根据学生意愿多上浮 1～2 个名额。

(2) 在教师完成演示和讲解后的训练环节，导生需要组织组内同学进行学习，在练习中总结问题和经验，并由组内负责记录的同学进行归纳和总结。

(3) 各组向授课教师反馈训练成果，并提交训练中所遇到的问题、总结的经验，供大组讨论时候使用。

(4) 在答疑解惑和与其他组进行经验交流后，各组在导生带领下开展查漏补缺工作，修改前期不完善的成果，最后获得期望中的结果。

任务岗位分配表

团队名称(虚拟企业名称)				
	岗　位	姓　名	知识技能	本次训练职责职能
团队结构	项目组长(导生)		1. 已有知识： 2. 已会技能：	1. 通过本次训练需要掌握的知识技能： 2. 职业素养要求：

	岗　位	姓　名	知识技能	本次训练职责职能
团队结构	组内记录员 1		1. 已有知识： 2. 已会技能：	1. 通过本次训练需要掌握的知识技能： 2. 职业素养要求：
	组内记录员 2		1. 已有知识： 2. 已会技能：	1. 通过本次训练需要掌握的知识技能： 2. 职业素养要求：

　　说明：表中的组内记录员人数可以由教师或者各组根据教学内容自由拟定，本次训练以学生掌握基本知识、技能和了解基本素养为目标而设置。

三、知识学习与能力训练

本活动训练学生编制布线工程材料表。

1. 本场景的知识要点

材料表的编制流程与步骤如下。

(1) 打开 Word 软件，根据要求进行文件命名和表头设计；

(2) 根据实际数据填写相关栏目，数据来源于需求分析、现有资料、自主查询；

(3) 核对相关信息，特别是材料的来源、规格、价格和品牌等方面的信息；

(4) 在表中注明编写、审核、审定、公司、编制时间等基本信息。

2. 本场景的操作要点

可参考下表 1-10 填写相应的材料情况，如材料数量、规格和编号等。

表 1-10　E 港集团综合布线工程材料表

序　号	产品编号	规格型号	产品描述	单　位	数　量
			面板及插座芯		
1			超 5 类模块	个	
2			86 双孔面板	个	
			电缆		
3			超 5 类线	箱	
4			超五类大对数主干电缆	轴	
			光缆		
5			室内多模光缆	米	
			配线架		
6			24 口超 5 类配线架(带理线器)	个	
7			100 对无腿配线架	个	
8			110-4 对连接块(10 个/包)	包	
9			110-5 对连接块(10 个/包)	包	
10			透明标签固定器(6 个/包)	包	

序 号	产品编号	规格型号	产品描述	单位	数量
11			110 安装托架(国产)	个	
12			600B 系列防尘盖	个	
13			12 口 ST 耦合器面板(不含耦合器)	个	
14			24 口 ST 耦合器面板(不含耦合器)	个	
15			机架式光纤配线架	个	
16			ST 多模适配器	个	
17			ST 多模连接器(耦合器)	个	
18			P 型 300 对跳线架(挂壁式)	个	
19			300 对垂直过线槽	个	
20			19"标准机柜	台	
21			线槽线管	批	
			工具		
22			五对打线工具	把	
23			单对打线工具(含手柄及刀头)	个	
			辅助材料		
24			86 底盒	个	
25			线槽	米	
26			线管	米	
27			光纤辅助材料	套	
28			室内光缆接续	点	
29			室内光缆中继段测试	点	
30			数据点的测试费	点	

编写：郭瑶　　　审核：蒋科　　　审定：元芳　　　E 港集团综合布线有限公司(EGC-1-1)

2014 年 11 月 10 日

四、学生知识能力评估

1. 自评

开展本训练学习效果评估。

学习路径提示：回答下列问题，撰写个人学情自我分析简报。

(1) 是否按照课程要求进行知识、技能的学习？效果如何？

(2) 对本训练的哪个环节的学习有个人的想法？

(3) 是否达到你的学习预期或者目标？有哪些困难？对老师和学习团队有什么要求？

(4) 为自己在本训练中的表现给出一个综合评价。

2. 教师评价

教师通过询问法和学生上交的成果予以给分，本方法获得各个小组成员的学习评价结果。

参评的小组/个人：　　　　　评测方法：　　　　　评测工具：

评分项目	是否通过	评　语	评　分　人
表格设计合理，能反映实际工程情况			
各材料名称和型号准确			
材料规格齐全，考虑了低值易耗品			
材料数量满足需求			

评测教师评价：

评测教师签名：

被评测者评价：

被评测者签名：

被评测者对于评测结果不满意的可以在 3 日内联系评测者提出异议，评测者根据被评测者的意见和实际评测过程的观察数据进行复评，并在____日内将最终结果和理由告知被评测者，经被评测者确认同意后作为最终结果。如果异议较大，被评测者可以填写相应申请，提请重新测试，经同意后可以进行再一次也就是最后一次评测。

申诉电话：

申诉邮件：

最终评测结果将告知被评测者、评测者和教务办，并由相关人员进行原始资料的保存。

五、课程评价

1. 课程评价表

训练名称：	班级：	姓名：	年　月　日
1. 你理解的本训练的核心知识有：			
2. 你获得本训练的核心技能有：			
3. 下列问题需要进一步了解和帮助：			
4. 完成本训练后最大收获是：			
5. 教师思路是否清晰？是否适应教师的风格？			
6. 教师的教学方法对你的学习是否有帮助？			
7. 你是否有组织、有计划地学习？目标基本达到了吗？			
8. 为了获得更好的学习效果，你对本训练内容和实施有何建议：			
教师签字： 学生签字：			

2. 职业素养核心能力评测表

使用方式：在框中打"√"。

职业素养核心能力	评价指标	自测结果
教师签名：	学生签名：	年　月　日

六、课后训练

1. 预算表编制

1）　任务说明

根据前期的材料表，并考虑其他的成本因素，使用预算软件自动绘制相关预算表，也可以使用 Word 软件进行手工绘制。

2）　场景说明

在本训练场景中，所完成的预算表示考核工程成本、确定工程造价的主要依据，是签订合同的依据，也是工程价款结算、考核施工图设计技术经济性、合理性的依据。在概算完成的情况下所进行的预算，级别更高，更详细。

需要有如下相关的资料才可以启动预算表的编写，请大家首先找齐以下几个重要的资料和文件。

(1)　初步系统设计方案和设计概算；

(2)　平面图、系统图、施工图和材料表；

(3)　工程预算定额及编制说明；

(4)　工程费用定额及有关文件；

(5)　其他，如建设项目所在地政府发布的有关土地征用和赔补费等有关规定。

3）　训练目标说明

本次训练，采用相关的软件进行预算表的编制。让学生了解综合布线工程中所要考虑的基本成本、依据，以及了解如何进行工程预算表的编制及流程。

4）　实施步骤

(1)　收集资料，熟悉图纸；

(2)　计算工程量(制作预算表)

(3)　套用定额，选用价格；

(4)　计算各项费用；

(5)　复核；

(6)　写编制说明；

(7)　审核出版；

(8)　会审。由建设单位主管部门组织会审，并由设计单位出版修正预算。

可参考表 1-11 来制定一个较为简洁的预算表。

表 1-11 E 港集团综合布线预算表

序号	产品编号	规格型号	产品描述	单位	数 量	单 价	小 计
			面板及插座芯				
1	108232745	MPS100E-262	超 5 类模块	个	1049	25	26225
2			AVAYA 单孔面板	个	1049	5	5245
			电缆				
3	106836950	1061004CSL	超 5 类线	箱	197	450	88650
4	107287484	1061025CSL	超 5 类大对数主干电缆	轴	7	7000	49000
			光缆				
5		LGBC-012-LRX	室内多模光缆	m	240	47	11280
			配线架				
6	108320029	PM2150-24	24 口超 5 类配线架(带理线器)	个	25	830	20750
7	107059909	110DW2-100	100 对无腿配线架	个	37	120	4440
8	103801247	110C4	110-4 对连接块(10 个/包)	包	46	50	2300
9	103801254	110C5	110-5 对连接块(10 个/包)	包	37	55	2035
10	103895504	188UT1-50	透明标签固定器(6 个/包)	包	13	18	234
11			110 安装托架(国产)	个	19	80	1520
12	700005010	184U1	600B 系列防尘盖	个	5	180	900
13	700006497	12ST1(FOR 600B)	12 口 ST 耦合器面板(不含耦合器)	个	3	270	810
14	700006455	24ST1(FOR 600B)	24 口 ST 耦合器面板(不含耦合器)	个	2	270	540
15	700007321	600B2	机架式光纤配线架	个	5	790	3950
16	700004864	C2000-A-2	ST 多模适配器	个	96	33	3168
17	700004583	P2020C-C-125	ST 多模连接器(耦合器)	个	96	43	4128
18	107058810	110PB2-300	P 型 300 对跳线架(挂壁式)	个	3	1500	4500
19	107151193	188D3	300 对垂直过线槽	个	3	650	1950
20			19"标准机柜	台	3	1800	4720.5

序号	产品编号	规格型号	产品描述	单位	数 量	单价	小 计
21			线槽线管	批	1	10000	10000
			工具				
22	108062043	788H1	五对打线工具	把	1	1600	1600
23	406477794	AT8762D	单对打线工具(含手柄及刀头)	个	1	830	830
			小计				¥248776
			辅助材料				
24			86 底盒	个	1049	1.5	1573.5
25			线槽	m	288	45	12960
26			线管	m	10490	1.2	12588
27			光纤辅助材料	套	1	1200	1200
28			室内光缆接续	点	96	50	4800
29			室内光缆中继段测试	点	96	50	4800
30			数据点的测试费	点	593	10	5930
			小计				¥43852
			人工费				¥29263
			税金				¥3583
			合计				¥325473

编写：郭瑶　　审核：蒋科　　审定：元芳　　E 港集团综合布线有限公司(EGY-1-1)

2014 年 11 月 18 日

5) 自我评价

学习路径提示：回答下列问题，撰写个人学情自我分析简报。

(1) 是否按照课程要求进行知识、技能的学习？效果如何？

(2) 对本训练的哪个环节的学习有个人的想法？

(3) 是否达到你的学习预期或者目标？有哪些困难？对老师和学习团队有什么要求？

(4) 为自己在本训练中的表现给出一个综合评价。

6) 教师评价

教师通过询问法和学生上交的成果予以给分，本方法可获得各个小组成员的学习评价结果。

组员名称：　　　　　　　　　　　　评价时间：

评分项目	是否通过	评 语	评 分 人
表格设计合理，能反映实际工程情况			
数据正确，需要统计的成本无遗漏			
图形说明信息是否填写完整、清晰和规范			
技术文件的编写、审核、审定和批准人员签字正确，日期正确			

评测教师评价：

评测教师签名：

被评测者评价：

被评测者签名：

被评测者对于评测结果不满意的可以在 3 日内联系评测者提出异议，评测者根据被评测者的意见和实际评测过程的观察数据进行复评，并在____日内将最终结果和理由告知被评测者，经被评测者确认同意后作为最终结果。如果异议较大，被评测者可以填写相应申请，提请重新测试，经同意后可以进行再一次也就是最后一次评测。

申诉电话：

申诉邮件：

最终评测结果将告知被评测者、评测者和教务办，并由相关人员进行原始资料的保存。

2. 基于施工计划编制施工进度表

使用 VISIO 软件完成对应施工进度表的编制。新的训练用来巩固学生的所学技能和知识元素如下。

(1) 能清楚了解所要进行的下一步项目施工工作；

(2) 对相关国家标准加深了解；

(3) 能完整顺利地安排好前后序作业的工序；

(4) 能绘制完整正确的图形符号并进行正确标记；

(5) 整个图表说明完整、工序完整合理，标题栏正确。

1) 任务说明

根据前期的施工目标、内容和计划，进行合理的项目进度管理，因此编制施工进度表。本任务为根据前期的施工管理计划，使用 VISIO 软件中的甘特图模块来绘制进度计划表。

2) 场景说明

以 E 港集团的施工为具体场景，确定和制订施工进度管理计划，计划必须说明确施工时间段、进场顺序、人员调配、每项工作内容和所需资源，从而安排合理的施工顺序，最终利用 VISIO 的甘特图模块来绘制施工进度表。

在综合布线工程中如何安排合理的工作顺序是重中之重，一般的施工顺序如下。

(1) 合同签订；

(2) 完成设计方案并交用户审核；

(3) 审核期间安排施工人员进场进行前期准备工作；

(4) 审核通过后，开始布线、管道铺设并可与房间装修同步进行；

(5) 设备进场，清点完毕后开始安装设备；

(6) 安装完成后，对整个综合布线系统进行全面调试，并完成相关记录；

(7) 对用户进行培训，并由用户组织对整个综合布线系统进行全面验收。

3) 训练目标说明

本次训练，通过对施工计划表编制前期资料收集、编制过程的讨论及编制后的审核，最终让学生了解整个综合布线工程的施工安排、施工顺序和主要内容，让学生进一步考虑通过有效地控制项目的施工顺序和时间，尽可能地节约时间降低整个项目的成本。

4) 实施步骤

(1) 收集资料，熟悉施工进度计划；

(2) 如果没有施工进度计划，则按照一般顺序自主进行编写；

(3) 小组审核施工计划；

(4) 使用 VISIO 软件的甘特图模块编制施工进度表；

(5) 复核；

(6) 写编制说明；

(7) 会审。小组间相互审核。

使用甘特图绘制实例请参考图 1-79 所示。

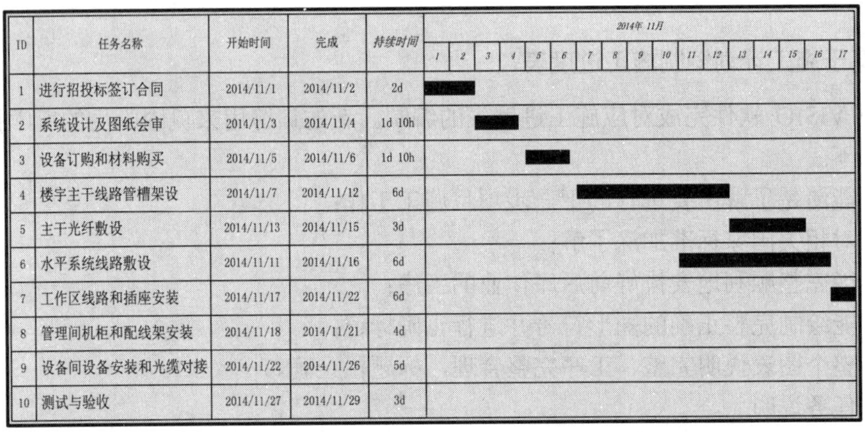

ID	任务名称	开始时间	完成	持续时间
1	进行招投标签订合同	2014/11/1	2014/11/2	2d
2	系统设计及图纸会审	2014/11/3	2014/11/4	1d 10h
3	设备订购和材料购买	2014/11/5	2014/11/6	1d 10h
4	楼宇主干线路管槽架设	2014/11/7	2014/11/12	6d
5	主干光纤敷设	2014/11/13	2014/11/15	3d
6	水平系统线路敷设	2014/11/11	2014/11/16	6d
7	工作区线路和插座安装	2014/11/17	2014/11/22	6d
8	管理间机柜和配线架安装	2014/11/18	2014/11/21	4d
9	设备间设备安装和光缆对接	2014/11/22	2014/11/26	5d
10	测试与验收	2014/11/27	2014/11/29	3d

图 1-79 综合布线工程实施进度表(甘特图)

5) 自我评价

学习路径提示：回答下列问题，撰写个人学情自我分析简报。

(1) 是否按照课程要求进行知识、技能的学习？效果如何？

(2) 对本训练的哪个环节的学习有个人的想法？

(3) 是否达到你的学习预期或者目标？有哪些困难？对老师和学习团队有什么要求？

(4) 为自己在本训练中的表现给出一个综合评价。

6) 教师评价

教师通过询问法和学生上交的成果予以给分，本方法可获得各个小组成员的学习评价结果。

组员名称：　　　　　　　　　　　　　　评价时间：

评分项目	是否通过	评语	评分人
施工计划明确，能反映实际工程情况			
施工顺序正确、翔实			
施工计划表编制完整、清晰和规范			
表的编写、审核、审定和批准人员签字正确，日期正确			

评测教师评价：

评测教师签名：

被评测者评价：

被评测者签名：

被评测者对于评测结果不满意的可以在 3 日内联系评测者提出异议，评测者根据被评测者的意见和实际评测过程的观察数据进行复评，并在＿＿＿日内将最终结果和理由告知被评测者，经被评测者确认同意后作为最终结果。如果异议较大，被评测者可以填写相应申请，提请重新测试，经同意后可以进行再一次也就是最后一次评测。

申诉电话：

申诉邮件：

最终评测结果将告知被评测者、评测者和教务办，并由相关人员进行原始资料的保存。

任务三　综合布线系统招投标训练

1. 任务训练说明

本任务分成多个训练活动，不同的活动将训练学生不同的技能和职业素养，并结合关键理论知识进行讲授或者分组讨论。

2. 任务的训练活动

训练活动一　招投标前准备。

训练活动二　综合布线工程竞标、评标。

训练活动一　招投标前准备

一、了解训练内容

训练任务名称：招投标前准备						
授课班级	略	上课时间	略	课时	上课地点	略
训练目标	能力目标		知识目标		素质目标	
	1. 通过本训练了解招投标过程中每个岗位的工作内容以及评判标准，学生能根据案例进行任务识别、任务分配和资料的积累； 2. 让学生获得资料收集(需求分析)、分析(小组任务)和投标书等文档编撰的能力		1. 了解招投标人员组成和招标实施基本方式； 2. 了解招投标的基本流程； 3. 了解评标方式和标准		1. 通过招投标互动的角色分配、分组实施等，培养学生的组织管理能力和协调能力； 2. 培养学生通过网络获取招投标活动参考案例、文件格式等资料，根据应标要求制订计划，撰写专业文件的职业素养	

续表

	训练场景	任务成果
任务与场景	基于 E 港集团总裁办公室综合布线装修项目开展招投标训练	通过在相应训练场景中的岗位和任务分配，各组根据各自角色完成相应的素材和文档资料，包括需求分析视频、招标公告、招投标文档，评标标准及相关资料
能力要求	知识储备要求	基本技能要求
	招投标概念、相关国家标准、Office 办公软件安装和使用知识	资料查询、需求分析报告撰写能力，项目报告撰写能力，基本的信息发布软件的使用(邮件、QQ 等)
	学习重点	学习难点
	招投标人员组成和流程学习、组内任务分配和制订计划表	招投标内容的需求分析形式确定和结果有效性检验、相关文档的撰写

通过自学掌握本教学活动学习信息。学习路径提示：你是否理解上述学习信息，把不理解的疑问写出来，然后通过上网查询，或向老师、同学求教排除你的疑问。

二、训练团队组建——导生制分层教育

1. 各组角色分派

本任务的训练需要以小组为单位进行实施，且每个小组扮演相应的角色，角色主要有招标方、投标方、中介公司、专家组。分组过程中一般遵循自愿自主原则，如果出现争议或者无法进行合适安排的时候，建议采用抽签的方式。因为后期项目都会涉及招投标环节，那么在后期就可以顺利进行轮换使每个学生都可以有机会扮演这 4 个角色。

角色任务表

团队名称	角色的工作任务	组内成员列表
招标方	设立模拟公司、制定招标书、与投标公司进行交流、作为专家组成员参与招标会、签订合同	学号：　　姓名： 学号：　　姓名：
投标方	设立模拟公司、购买招标书、撰写投标文件、进行投标工作(项目方案展示、答辩)、如果中标签订合同	学号：　　姓名： 学号：　　姓名：
中介公司	设立具有资质的模拟公司、发布招投标信息、进行招标活动的全程通知工作、检验投标方资质、收集指导投标书的规范撰写、主持招标会、促成合同的签订	学号：　　姓名： 学号：　　姓名：
专家组	参与评标、评价投标方、现场记录、做好对投标方的问询工作、为招标方争取一定合法合理的利益	学号：　　姓名： 学号：　　姓名：

2. 组内角色定位

根据分好的小组，进行个人能力和学习目标、期望的定义。按下列要求填写任务岗位分配表。

(1) 根据已经划分的小组，确定完成本训练的组内导生，由导生担任本组学习组长，当然除担任组长的导生外，如果组内人数较多可以根据学生意愿多上浮 1～2 个名额。

(2) 在教师完成演示和讲解后的训练环节，导生需要组织组内同学进行学习，在练习中总结问题和经验，并由组内负责记录的同学进行归纳和总结。

(3) 各组向授课教师反馈训练成果，并提交训练中所遇到的问题、总结的经验，供大组讨论时候使用。

(4) 在答疑解惑和与其他组进行经验交流后，各组在导生带领下开展查漏补缺工作，修改前期不完善的成果，最后获得期望中的结果。

(5) 填写表格。领到不同任务的组的相关角色和岗位有所不同，以此为依据进行分组，如果无法通过自愿或者竞争的方式完成分组，则可以采取抽签方式来决定，因为后期项目中也将包含这些内容。

团队名称				
岗　位	姓　名	职业特长	职责职能	工作任务
项目组长				任务分解及分配、资源整合、实施管理、质量评估
组长助理				文档撰写(可成立新的任务小组，为相关文档的撰写收集和规整资料)
调研员				调研、需求分析
技术人员				搜集和撰写技术文档
记录员				过程记录、反馈和总结
信息处理员				图形绘制、美工、多媒体支持

说明：表中的组内记录员人数可以由教师或者各组根据教学内容自由拟定，本次训练以学生掌握基本知识、技能和了解基本素养为目标而设置。

三、知识学习与能力训练

本步骤是以任务作为训练场景，根据不同的角色组来引入相应知识点，通过实际操作和训练来培养不同角色组成员的能力。因此在实施本步骤前已经完成根据角色任务的分组，每组也清楚了解本组需要完成的基本任务。

1. 需求分析

1) 调研策划

学习路径提示格：填写表格，组建调研计划制定工作团队。

团队名称	调研策划团队			
岗　位	姓　名	职业特长	职责职能	工作任务
项目组长				
知识信息策划				
案例信息策划				

岗　位	姓　名	职业特长	职责职能	工作任务
新闻信息策划				
视频信息策划				
图片信息策划				
文字编辑策划				
美术编辑策划				

团队名称	反思策划团队			
岗　位	姓　名	职业特长	职责职能	工作任务
项目组长				
知识与技能反思策划				
行为与态度反思策划				
价值与情感反思策划				
理想与境界反思策划				
文本撰写策划				
反思交流策划				
文本编辑策划				

团队名称	实践开展策划团队			
岗　位	姓　名	职业特长	职责职能	工作任务
项目组长				
工作人员访谈行动策划				
技术人员施工调查行动策划				
现场资料收集行动策划				
现场信息记录策划				
工具使用调查策划				
耗材工具价格调查策划				
调查报告撰写策划				

团队名称	展示策划团队			
岗　位	姓　名	职业特长	职责职能	工作任务
项目组长				
论点策划				
论据策划(文字说明为主)				
论证策划(视频、图片、网络资源等)				
展示形式和最终资料撰写				
展示实施策划				
分工策划				
策划书撰写策划				

团队名称	评价策划团队			
岗　位	姓　名	职业特长	职责职能	工作任务
项目组长				
调研策划工作量和质量评估				
现场调研工作量和质量评估(有相关证明,比如图片、文字材料等)				
文档撰写工作量和质量评估				
成果展示评估				

2)　需求调研实施

流程参考项目一中任务一中的项目调研部分。

3)　策划书交流考核

学习路径提示:

(1) 项目组长主持,在团队内部交流策划书,项目助理记录。

(2) 根据讨论结果项目组长修改策划书。

(3) 项目组长主持,两个团队交叉评价策划书,项目助理记录。

(4) 组长说明评分标准,分解评分项目,将评分结果填写成绩表。

评分项目	分　值	得　分	等　级	评　语	评分人
活动目标任务明确性	10				
活动过程设计完整性	20				
活动项目任务落实性	20				
活动日程安排合理性	20				
活动路径设计得当性	10				
活动预期成果有创意	10				
文本语言运用水平	10				

2. 根据分组情况了解相关角色工作

1)　本场景的知识要点

(1) 招标。

招标是指招标人(买方)发出招标公告或投标邀请书,说明招标的工程、货物、服务的范围、标段(标包)划分、数量、投标人(卖方)的资格要求等,邀请特定或不特定的投标人(卖方)在规定的时间、地点按照一定的程序进行投标的行为。

(2) 招标公告。

招标公告是指招标人在进行工程建设、货物采购、服务需求、合作经营或大宗商品交易时,公布交易标准和条件,提出价格和要求等项目内容,以期从中选择承包单位或承包人的一种文书。

招标公告内容包括招标人、项目名称、招标时间、报名时间和开标时间以及招标代理机构或业主联系方法等内容，以吸引投资者参加投标。招标公告通常由标题、标号、正文和联系方式 4 个部分组成。

(3) 招标方式。

① 公开招标。公开招标是指招标人以招标公告的方式邀请不特定的法人或者其他组织投标。公开招标，又叫竞争性招标，即由招标人在报刊、电子网络或其他媒体上刊登招标公告，吸引众多企业单位参加投标竞争，招标人从中择优选择中标单位的招标方式。按照竞争程度，公开招标可分为国际竞争性招标和国内竞争性招标。

② 邀请招标。邀请招标是指招标人以投标邀请的方式邀请特定的法人或其他组织投标。邀请招标，也称为有限竞争招标，是一种由招标人选择若干供应商或承包商，向其发出投标邀请，由被邀请的供应商、承包商投标竞争，从中选定中标者的招标方式。邀请招标的特点是：a. 邀请投标不使用公开的公告形式；b. 接受邀请的单位才是合格投标人；c. 投标人的数量有限。

【实施经验】依据的法律法规

为保证投标方式以公开招标为主的原则，并防止和减少招标中的不正当交易和腐败现象的发生，《中华人民共和国投标招标法》第十一条作了限制邀请招标的规定："国务院发展计划部门确定的国家重点项目和省、自治区、直辖市人民政府确定的地方重点项目不适宜公开招标的，经国务院发展计划部门或者省、自治区、直辖市人民政府批准，可以进行邀请招标。"一般不适宜公开招标的项目有：①招标采购的技术要求高度复杂或有专门性质，只能由少数单位完成的；②招标采购价格低，为提高效益和降低费用；③有其他不宜进行公开招标的原因。

【补充】国际上常采用的招标方式还有第三种：议标

议标亦称为非竞争性招标或称指定性招标。这种方式是业主邀请一家，最多不超过两家承包商来直接协商谈判。实际上是一种合同谈判的形式。这种方式适用于工程造价较低、工期紧、专业性强或军事保密工程。其优点是可以节省时间，容易达成协议，迅速展开工作。缺点是无法获得有竞争力的报价。

中国主要采用的招标方式是公开招标、邀请招标两种方式，无特殊情况，应尽量避免议标方式。

(4) 投标。

投标是指投标人应招标人特定或不特定的邀请，按照招标文件规定的要求，在规定的时间和地点主动向招标人递交投标文件并以中标为目的的行为。

① 投标做法。投标人首先取得招标文件，认真分析研究后(在现场实地考察)，编制投标书。投标书实质上是一项有效期至规定开标日期为止的发盘或初步施组编写，内容必须十分明确，中标后与招标人签订合同所要包含的重要内容应全部列入，并在有效期内不得撤回标书、变更标书报价或对标书内容做实质性修改。为防止投标人在投标后撤标或在中标后拒不签订合同，招标人通常都要求投标人提供一定比例或金额的投标保证金。招标人决定中标人后，未中标的投标人已缴纳的保证金即予退还。

招标人或招标代理机构须在签订合同后 2 个工作日内向交易中心提交《退还中标人投标保证金的函》。交易中心在规定的 5 个工作日内办理退还手续。

投标书分为生产经营性投标书和技术投标书。生产经营性投标书有工程投标书、承包投标书、产品销售投标书、劳务投标书；技术投标书包括科研课题投标书、技术引进或技术转让投标书。

【实施经验】投标报价竞争的胜负，能否中标，不仅取决于竞争者的经济实力和技术水平，而且还取决于竞争策略是否正确，以及投标报价的技巧运用是否得当。通常情况下，其他条件相同，报价最低的往往获胜。但是，这不是绝对的，有的报价并不高，但仍然得不到招标单位的信任，其原因在于投标单位提不出有利于招标单位的合理建议，不会运用投标报价的技巧和策略，因而，未能中标。因此，招标投标活动中必须研究在投标报价中的指导思想、报价策略、作标技巧。

② 投标报价策略。投标报价策略是指投标单位在合法竞争条件下，依据自身的实力和条件，确定的投标目标、竞争对策和报价技巧，即决定投标报价行为的决策思维和行动，包含投标报价目标、对策、技巧三要素。对投标单位来说，在掌握了竞争对手的信息动态和有关资料之后，一般是在对投标报价策略因素综合分析的基础上，决定是否参加投标报价；决定参加投标报价后确定什么样的投标目标，在竞争中采取什么对策，以战胜竞争对手，达到中标的目的。这种研究分析，就是制定投标报价策略的具体过程。

2) 本场景的操作要点

为各组分配相应的角色，在组内为完成角色工作进行合理分工。

3. 做好招投标实施计划

1) 本场景的知识要点

(1) 招投标流程。

一般包括发布公告或者邀请书，开标，评标，定标和签订合同。

(2) 评标。

评标是指按照规定的评标标准和方法，对各投标人的投标文件进行评价比较和分析，从中选出最佳投标人的过程。评标是招标投标活动中十分重要的阶段，评标是否真正做到公平、公正，决定着整个招标投标活动是否公平和公正；评标的质量高低决定着能否从众多投标竞争者中选出最能满足招标项目各项要求的中标者。

(3) 评标人员组成(专家组)。

① 招标人的代表。招标人的代表参加评标委员会，以在评标过程中充分表达招标人的意见，与评标委员会的其他成员进行沟通，并对评标的全过程实施必要的监督，都是必要的。

② 相关技术方面的专家。由招标项目相关专业的技术专家参加评标委员会，对投标文件所提方案在技术上的可行性、合理性、先进性和质量可靠性等技术指标进行评审比较，以确定在技术和质量方面确能满足招标文件要求的投标。

③ 经济方面的专家。由经济方面的专家对投标文件所报的投标价格、投标方案的运营成本、投标人的财务状况等投标文件的商务条款进行评审比较，以确定在经济上对招标人最有利的投标。

④ 其他方面的专家。根据招标项目的不同情况，招标人还可聘请除技术专家和经济专家以外的其他方面的专家参加评标委员会。比如，对一些大型的或国际性的招标采购项目，还可聘请法律方面的专家参加评标委员会，以对投标文件的合法性进行审查把关。

【实施经验】评标委员会成员中，有关技术、经济等方面的专家的人数不得少于成员总数的 2/3。参加评标委员会的专家应当同时具备以下条件：①从事相关领域工作满 8 年。②具有高级职称或者具有同等专业水平。具有高级职称，即具有经国家规定的职称评定机构评定，取得高级职称证书的职称。它包括高级工程师，高级经济师，高级会计师，正、副教授，正、副研究员等。对于某些专业水平已达到与本专业具有高级职称的人员相当的水平，有丰富的实践经验，但由于某些原因尚未取得高级职称的专家，也可聘请作为评标委员会成员。

评标委员会成员的名单在中标结果确定前应当保密。

2) 本场景的操作要点

各个角色所要做的工作，具体如下。

(1) 业主向中介公司递交需求报告书；

(2) 中介公司发布招标通告，并约定招投标时间及顺序；

(3) 扮演投标公司的小组要写好投标书；

(4) 选定合适时间，召集专家组、业主代表；

(5) 在实验室进行模拟开标；

(6) 每组投标公司按次序进入议标室，阐述本公司的投标理念、应标情况、本公司的优势和核心竞争力；

(7) 专家从产品应标情况、产品先进性和质量、价格、工程质量、售后服务这几个方面来进行评价打分。

四、学生知识能力评估

1. 自评

开展本任务学习效果评估。

学习路径提示：回答下列问题，撰写个人学情自我分析简报。

(1) 是否按照课程要求进行知识、技能的学习？效果如何？

(2) 对本训练的哪个环节的学习有个人的想法？

(3) 是否达到你的学习预期或者目标？有哪些困难？对老师和学习团队有什么要求？

(4) 为自己在本训练中的表现给出一个综合评价。

2. 教师及第三方评价

根据不同的角色给出相应的评价标准，这些评价标准由观察组和教师共同来进行评价。

参评的小组/个人：　　　　　　评测方法：　　　　　　评测工具：

招标方：

评分项目	分　值	得　分	等　级	评　语	评分人
模拟公司设计合理，资料齐全					
需求明确，表述完整清晰					
招标文档撰写完整、规范、清晰					
图形说明信息是否填写完整、清晰和规范					
与其他角色的沟通交流较多，效率较高					

投标方：

评分项目	分　值	得　分	等　级	评　语	评分人
模拟公司设计合理，资料齐全					
角色任务完成及时、规范和准确					
投标书撰写完整、规范、清晰					
图形说明信息是否填写完整、清晰和规范					
与其他角色的沟通交流较多，效率较高					

中介公司：

评分项目	分　值	得　分	等　级	评　语	评分人
模拟公司设计合理，资料齐全					
公告制作规范明了，发布及时					
对投标公司审核到位，无违规和遗留					
竞标前的流程执行和管理到位					
制定了后续较为详细的竞标实施方案					
与其他角色的沟通交流较多，效率较高					

专家组：

评分项目	分　值	得　分	等　级	评　语	评分人
专家身份设计合理，资料齐全					
评标标准制定完善(此处原本由中介公司提供)					
了解竞标、评标流程和工作内容					
清楚所扮演角色的工作任务					

最终成绩：

评测教师综合评语：

评测教师签名：

被评测者评价：

被评测者签名：

被评测者对于评测结果不满意的可以在 3 日内联系评测者提出异议，评测者根据被评测者的意见和实际评测过程的观察数据进行复评，并在＿＿＿日内将最终结果和理由告知被评测者，经被评测者确认同意后作为最终结果。如果异议较大，被评测者可以填写相应申请，提请重新测试，经同意后可以进行再一次也就是最后一次评测。

申诉电话：

申诉邮件：

最终评测结果将告知被评测者、评测者和教务办，并由相关人员进行原始资料的保存。

五、课程评价

1. 课程评价表

训练名称：	班级：	姓名：	年 月 日
1. 你理解的本训练的核心知识有：			
2. 你获得本训练的核心技能有：			
3. 下列问题需要进一步了解和帮助：			
4. 完成本训练后最大收获是：			
5. 教师思路是否清晰？是否适应教师的风格？			
6. 教师的教学方法对你的学习是否有帮助？			
7. 你是否有组织、有计划地学习？目标基本达到了吗？			
8. 为了获得更好的学习效果，你对本训练内容和实施有何建议：			
教师签字： 学生签字：			

2. 职业素养核心能力评测表

使用方式：在框中打"√"。

职业素养核心能力	评价指标	自测结果
教师签名：	学生签名：	年 月 日

3. 专业核心能力评测表

职业技能	评价指标	自测结果	备 注
本项目评分			
教师签名：	学生签名：		年 月 日

训练活动二　综合布线工程竞标、评标

一、了解训练内容

训练任务名称：综合布线工程竞标、评标						
授课班级	略	上课时间	略	课时	上课地点	略

	能力目标	知识目标	素质目标
训练目标	1. 通过真实综合布线工程的相关文件的制作学习，使学生掌握文件格式和内容规范，便于后期的项目的招投标活动的文档的撰写； 2. 通过本任务的学习，锻炼学生组织和参与招投标活动的能力，从而能独立或者以小组为单位完成包括信息发布、应标、评标和合同的制定和签署一系列的流程	1. 熟悉招标书和投标书的内容和编制方法； 2. 熟悉招投标的主要过程、方式和关键问题	1. 通过招投标活动的角色分配、分组实施等，培养学生的组织管理能力和协调意识； 2. 通过竞赛对抗的开展，通过不断失败和改进，进行职业挫折感的调节，培养职业自信心
任务与场景	**训练场景** 在综合布线一体化实训室中开展具体的招投标环节的训练，设计了开标室、等候室等与招投标活动相关的区域，让扮演不同角色的学生进入相应区域开展训练	**任务成果** 进行流程检查，考核是否完成所扮演的角色所要完成的工作，完成质量如何。提交评标资料，提交整个过程的录像。提交竞标组的现场资料、专家评分结果、合同书等文档资料	
能力要求	**知识储备要求** 了解招投标流程，特别是评标环节的内容；了解相关国家的法律法规和行业标准；了解与工程相关的其他知识	**基本技能要求** 团队合作技能、口头表达及沟通的技能、现场气氛控制的技巧、招投标专业文档撰写技能	
	学习重点 分析工程项目招标文件并进行合理报价，投标方在竞标环节正确阐述招标意向及自己的优势，了解评标方法	**学习难点** 现场竞标流程，主持和管理竞标过程，评标标准设计	

　　通过自学掌握本教学活动学习信息。学习路径提示：你是否理解上述学习信息，把不理解的疑问写出来，然后通过上网查询，或向老师、同学求教排除你的疑问。

二、训练团队组建——导生制分层教育

　　本步骤分组情况延续前一步骤的分组结果。如果在实施过程中进展不顺利，可进行角色和组内分工的适当调整。

三、教学实施流程

综合布线工程竞评标教学实施流程如下。

(1) 选定合适时间，召集专家组、业主代表；

(2) 在实验室进行模拟开标及竞标；

(3) 每组投标公司按次序进入议标室进行技术答辩，阐述本公司的投标理念、应标情况、本公司的优势和核心竞争力；

(4) 专家从产品应标情况、产品先进性和质量、价格、工程质量、售后服务这几个方面来进行评价打分；

(5) 现场评标和合同签署完毕后，上交修改后的招标书、投标书、招标公告、公司企业证明、公司信息、专家打分表，以以上材料为依据给各组进行评分。

下面为几种不同类型的评标标准可供参考。

评分表模板 1

序号	投标单位	技术方案	产品			报价	施工		资质	业绩	培训	售后服务	总分
			指标	可靠性	品牌		措施	计划					
		20	5	5	5	30	5	5	5	5	5	5	100

评分表模板 2

评标项目	评标细则	得 分
投标报价(45)	报价(40)	
	产品品牌、性能、质量(5)	
设计方案(15)	方案的先进性、合理性、扩展性(5)	
	图纸的合理性(3)	
	系统设计的合理性、科学性(4)	
	设备选型合理(3)	
施工组织计划(10)	施工技术措施(2)	
	先进技术应用(2)	
	现场管理(2)	
	施工计划优化及可行性(4)	
工程业绩和项目经理(15)	近两年完成重大项目(3)	
	管理能力和水平(3)	
	近两年工程获奖情况(2)	
	项目经理技术答辩(5)	
	项目经理业绩(2)	

续表

评标项目	评标细则	得　分
质量工期保证措施(5)	工期满足标书要求(2)	
	质量工期保障措施(3)	
履行合同能力(5)	注册资本(1)	
	ISO 体系认证(2)	
	信誉好及银行资信证明(2)	
优惠条件(2)	有实质性并标注的优惠条件(2)	
售后服务承诺(3)	本地有服务部门(2)	
	客户评价良好(1)	
总分(100)		

【备注】完成上述评价标准的小组可以根据具体情况和小组理解(需要理由)，对于评标项目及所占的分数进行合理的修改。

每个学生的考核分数包括组分和个人得分，总分为 100 分，其中组分占 60%，个人得分为 40%。

【实施经验】以模板 2 为例，对相关的标准的应用做些说明。

(1) 本标准可以用来评判扮演投标公司角色小组在竞标环节的得分。

(2) 每组在设计环节所得的等级分作为"设计方案(15)"的评分依据。

(3) 每组在后续的施工环节所得等级分作为"施工技术措施(2)""现场管理(2)""施工计划优化及可行性(4)"。而在施工过程中在规定时间内顺利完成施工项目的，可获得"工程业绩和项目经理(15)""质量工期保证措施(5)"的相关项的加分。比如"近两年完成重大项目(3)"针对本组是否在两次施工过程中至少一次在规定时间内完成施工任务并不犯错或者无严重过失的，"近两年工程获奖情况(2)"则指完全没有犯错。

(4) 如果同时抽到多次扮演投标方角色时，则每次获得分数的平均分作为本组扮演投标公司角色的最终得分。

(5) 由于获得的分数高低直接决定学生成绩，因此在平时的相关任务的过程中，各组形成相互竞争关系，可以以竞赛的方式开展教学。

四、学生知识能力评估

1. 自评

开展本训练学习效果评估。

学习路径提示：回答下列问题，撰写个人学情自我分析简报。

(1) 是否按照课程要求进行知识？技能的学习？效果如何？

(2) 对本训练的哪个环节的学习有个人的想法？

(3) 是否达到你的学习预期或者目标？有哪些困难？对老师和学习团队有什么要求？

(4) 为自己在本训练中的表现给出一个综合评价。

2．教师评价

教师通过询问法和学生上交的成果予以给分，获得各个小组成员的学习评价结果。

参评的小组/个人： 评测方法： 评测工具：

（1）业主：从以下资料来评价。

招标书(30)	小组分工(20)	规范性(15)	完整性(15)	合理性(10)	美观(10)
概述					
网络建设原则					
网络性能要求					
投标须知					

（2）招投标中介公司：从以下资料来评价。

招标公告(30)	所有证件手续(20)	规范性(15)	完整性(15)	合理性(10)	美观(10)

（3）投标公司：对于投标公司表现，通过专家组及教师基于评标标准后形成的评价分数作为评判依据。

评测教师评价：

评测教师签名：

被评测者评价：

被评测者签名：

被评测者对于评测结果不满意的可以在 3 日内联系评测者提出异议，评测者根据被评测者的意见和实际评测过程的观察数据进行复评，并在＿＿＿日内将最终结果和理由告知被评测者，经被评测者确认同意后作为最终结果。如果异议较大，被评测者可以填写相应申请，提请重新测试，经同意后可以进行再一次也就是最后一次评测。

申诉电话：

申诉邮件：

最终评测结果将告知被评测者、评测者和教务办，并由相关人员进行原始资料的保存。

五、课程评价

1. 课程评价表

训练名称：	班级：	姓名：	年 月 日
1. 你理解的本训练的核心知识有：			
2. 你获得本训练的核心技能有：			
3. 下列问题需要进一步了解和帮助：			
4. 完成本训练后最大收获是：			
5. 教师思路是否清晰？是否适应教师的风格？			
6. 教师的教学方法对你的学习是否有帮助？			
7. 你是否有组织、有计划地学习？目标基本达到了吗？			
8. 为了获得更好的学习效果，你对本训练内容和实施有何建议：			
教师签字： 学生签字：			

2. 职业素养核心能力评测表

使用方式：在框中打"√"。

职业素养核心能力	评价指标	自测结果
教师签名：	学生签名：	年 月 日

3. 专业核心能力评测表

职业技能	评价指标	自测结果	备 注
本项目评分			
教师签名：	学生签名：		年 月 日

任务四　综合布线工程测试与验收训练

1. 任务训练说明

本任务分成多个训练活动，不同的活动将训练学生的不同的技能和职业素养，并结合关键理论知识进行讲授或者分组讨论。

2. 任务的训练活动

训练活动一　综合布线工程测试训练(以 E 港集团为例)。

训练活动二　综合布线工程验收训练(以 E 港集团为例)。

训练活动一　综合布线工程测试训练

一、了解训练内容

训练任务名称：综合布线工程测试训练						
授课班级	略	上课时间	略	课时	上课地点	略
训练目标	能力目标		知识目标		素质目标	
训练目标	1. 通过教师的案例讲解和分析，学生能运用所学的测试计划所包含的内容和格式，自主完成综合布线工程的系统测试计划编制(这会在后面的项目中不断重复和验证)； 2. 通过学习教师示范的工程项目测试活动并进行联系，使学生能够较为熟练地使用测试仪对真实项目中测试内容进行测试； 3. 通过完成综合布线系统中的常见线路的测试活动训练，学生能够判别常用线路种类和常用测试工具，从而能够完成永久链路和通道链路的测试工作		1. 熟悉几种常见的测试仪的使用方法(主要是双绞线测试器、理想高端测试仪)； 2. 了解综合布线链路测试标准及分类； 3. 熟悉双绞线链路的测试方法和技巧； 4. 了解光纤链路的测试方法与技巧		1. 通过测试活动的角色分配、分组实施等，培养学生的组织管理能力和协调能力； 2. 要求学生按照国标 GB 50312—2007《综合布线系统工程验收规范》要求，实施测试，并进行考评，培养学生的规范做事的素质和责任意识； 3. 通过对测试流程的严格执行，培养学生良好的作业管理和质量管理意识	
任务与场景	训练场景		任务成果			
任务与场景	基于 E 港集团总裁办公室综合布线装修项目开展测试训练		通过在相应训练场景中的岗位和任务分配，各组提交测试报告和文档			
能力要求	知识储备要求		基本技能要求			
能力要求	网线的类型及性能、相关国家标准、双绞线制作及测试知识		资料查询、需求分析报告撰写能力，项目报告撰写能力，基本的信息发布软件的使用(邮件、QQ 等)、团队合作能力			
	学习重点		学习难点			
	双绞线链路的测试、理解基本测试模型、测试工具的使用，形成测试报告		复杂链路的端接及测试、多种情况下的测试(开路、短路、跨接、反接)，测试报告分析，链路改进			

通过自学掌握本教学活动学习信息。学习路径提示：你是否理解上述学习信息，把不理解的疑问写出来，然后通过上网查询，或向老师、同学求教排除你的疑问。

二、训练团队组建——导生制分层教育

由于本教学活动无须组员合作完成项目任务，因此适合采用基于导生制的分层教育方式实施教学。

根据分好的小组，进行个人能力和学习目标、期望的定义。按下列要求填写任务岗位分配表。

(1) 根据已经划分的小组，确定完成本训练的组内导生，由导生担任本组学习组长，当然除担任组长的导生外，如果组内人数较多可以根据学生意愿多上浮 1～2 个名额。

(2) 在教师完成演示和讲解后的训练环节，导生需要组织组内同学进行学习，在练习中总结问题和经验，并由组内负责记录的同学进行归纳和总结。

(3) 各组向授课教师反馈训练成果，并提交训练中所遇到的问题、总结的经验，供大组讨论时候使用。

(4) 在答疑解惑和与其他组进行经验交流后，各组在导生带领下开展查漏补缺工作，修改前期不完善的成果，最后获得期望中的结果。

(5) 填写下表，领到不同任务的组的相关角色和岗位有所不同，并以此为依据进行分组，如果无法通过自愿或者竞争的方式完成分组，则可以采取抽签方式来决定。因为后期项目中也包含了招投标过程，所以可以根据相应场景进行组间和组内角色和岗位的调换。

任务岗位分配表

团队名称(虚拟企业名称)				
	岗　位	姓　名	知识技能	本次训练职责职能
团队结构	项目组长(导生)		1. 已有知识： 2. 已会技能：	1. 通过本次训练需要掌握的知识技能： 2. 职业素养要求：
	组内记录员 1		1. 已有知识： 2. 已会技能：	1. 通过本次训练需要掌握的知识技能： 2. 职业素养要求：
	组内记录员 2		1. 已有知识： 2. 已会技能：	1. 通过本次训练需要掌握的知识技能： 2. 职业素养要求：

说明：表中的组内记录员人数可以由教师或者各组根据教学内容自由拟定，本次训练以学生掌握基本知识、技能和了解基本素养为目标而设置。

三、知识学习与能力训练

本步骤是以任务作为训练场景，根据不同的角色组来引入相应知识点，通过实际操作和训练来培养不同角色组成员的能力。因此在实施本步骤前已经完成根据角色任务的分组，每组也清楚了解本组需要完成的基本任务。

1. 制作基本网络跳线及端接测试

1) 本场景的知识要点

(1) 线序记忆及快速制作法。

① 4 股线排好：橙、蓝、绿、棕(颜色记法：太阳、天空、草地、土壤，从上到下)。

② 把所有白线放前边。

③ 中间两根白线位置交换就可以了，这就是 568B，一般都用这个。

④ 568A 的 4 股线是绿、蓝、橙、棕，后面方法相同。

⑤ 交叉线就是一头 A 一头 B。直通就是两头 B。

(2) 设备连接技巧。

下面是各种设备的连接情况下，直通线和交叉线的正确选择。其中 HUB 代表集线器，SWITCH 代表交换机，ROUTER 代表路由器。

① PC 连接到 PC：交叉线。

② PC 连接到 HUB：直通线。

③ HUB 普通口连接到 HUB 普通口：交叉线。

④ HUB 级联口连接到 HUB 级联口：交叉线。

⑤ HUB 普通口连接到 HUB 级联口：直通线。

⑥ HUB 连接到 SWITCH：交叉线。

⑦ HUB(级联口)连接到 SWITCH：直通线。

⑧ SWITCH 连接到 SWITCH：交叉线。

⑨ SWITCH 连接到 ROUTER：直通线。

⑩ ROUTER 连接到 ROUTER：交叉线。

2) 本场景的操作要点

基本网络跳线及端接测试要点如下。

(1) 网络跳线的制作并用测试仪测试；

(2) 使用端接设备进行网络跳线的测试；

(3) 测试链路端接。

每组链路有 3 根跳线，端接 6 次，每组链路路由为：仪器 RJ-45 口—通信跳线架模块下层—通信跳线架模块上层—配线架网络模块—配线架则 RJ-45 口—仪器 RJ-45 口。端接测试路由示意图如图 1-80 所示。

要求链路端接正确，每段跳线长度合适，端接处拆开线对长度合适，剪掉牵引线。

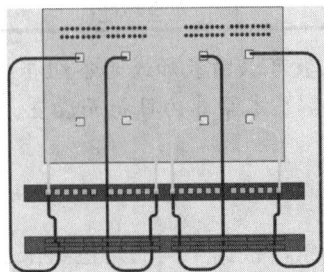

图 1-80　端接测试路由示意图

2. 测试仪器的使用

1)　本场景的知识要点

通过仪器说明了解仪器的使用功能、使用场景及输出方式。

2)　本场景的操作要点

进行测试仪的基本使用和操作练习。

3. 基于基本测试模型的测试

1)　本场景的知识要点

(1)　测试模型。

①　基本链路模型。最长 90m 水平布线,附加两个端接插件和两条 2m 测试跳线(测试仪自带)。

②　信道模型。网络设备跳线到工作区跳线间的端到端的链接,包括 90m 水平布线,附加两个端接插件、一个工作区转接连接器(如插座面板,多个配线架间的链接跳线)和两端测试跳线和用户端接线。总长度不超过 100m。

③　永久链路。90m 水平布线,附加两个端接插件和转接链接器,不包括测试线缆(与基本链路模型的差别),即排除了测试线带来的误差。

(2)　基本链路与通信链路的区别。

基本链路模型在 CAT6 出来后,就被永久链路取代,表示面板模块到机房配线架上的模块之间的水平链路,按照 TIA/EIA 的要求是不能大于 90m,而通道模型是在永久链路的基础上,加入用户跳线和设备跳线后,距离不能大于 100m,所以两者在具体工程验收中一定要区分开来,因为两者在 TIA/EIA 的标准中,测试的要求是不一样的,相对来说永久链路要求比较严格。另外,在具体的验收中,不能只对一个模型进行检测,很多人觉得只测试永久链路就可以了,但实际上这是不科学的。因为永久链路测试过来,通道模型不一定能通过,反过来,通道模型测试通过了,永久链路不一定通过,所以实际工程中,尽量对两个一起测试。

2)　本场景的操作要点

构建不同的测试模型,使用测试仪器,对不同的测试模型进行测试训练,并自动形成测试报告。

4. 复杂链路测试

1)　本场景的知识要点

(1)　测试类型。

①　验证测试:一般是在施工的过程中由施工人员边施工边测试,以保证所完成的每一个连接的正确性。

②　认证测试:对布线系统依照标准进行逐项检测,以确定布线是否达到设计要求,包括连接性能测试和电气性能测试。认证测试通常分为自我认证和第三方认证两种类型。

(2)　错误连接。

①　开路:双绞线中有个别线芯没有正确连接。

② 反接/交叉：双绞线中有个别线芯对交叉连接。

③ 短接：双绞线中有个别线芯对铜芯直接接触。

④ 跨接/错对：双绞线中有个别线芯对线序错接。

(3) 性能测试。

① 传输时延：指被测双绞线的信号在发送端发出后到达接收端所需时间。最大值为555ns。

② 衰减：即为传输链路中传输所造成的信号损耗(以分贝 dB 为单位)，会使线路传输数据变得不可靠。这大多由于电缆材料的电气特性和结构、不恰当的端接和阻抗不匹配的反射造成的。

③ 串扰：是测量来自其他线对漏过来的信号。分为近端串扰(NEXT)和远端串扰(FEXT)。

④ 综合近端串扰(PS NEXT)：是一对线感应到所有其他线对对其的近端串扰的总和。

⑤ 回波损耗：由于缆线阻抗不连续/不匹配所造成的反射，产生原因是特性阻抗之间的偏离，体现在缆线的生产过程中发生的变化、连接器件和缆线的安装过程。

⑥ 衰减串扰比(ACR)：类似信号噪声比，用来表示经过衰减的信号和噪声的比值，数值越大越好。

(4) 测试标准。

① ISO/IEC 11801 通用用户端电缆标准。

② 中国国家与行业标准。

a. GB/T 50312—2007：综合布线工程验收规范。

b. YD/T 1013—1999：综合布线系统电气特性通用测试方法。

③ TIA 标准。

a. 568-B 商业建筑通信布线标准。

b. 569 商业建筑电信通道及空间标准。

④ ANSI-TIA-EIA-568 测试标准。

a. 568-B.1：第一部分(一般要求)。

b. 568-B.2：第二部分(平衡双绞线布线系统)。

2) 本场景的操作要点

采用永久链路测试，使用 5 类线进行铺设，使用测试仪器进行线缆测试，并保存测试数据。根据测试数据生成测试报告，分析测试数据，得出测试结论。

以为 FLUKE-DTX 测试仪为本场景的测试器，操作步骤如下。

(1) 将 FLUKE-DTX 设备的主机和远端机都接好 6 类双绞线永久链路测试模块。

(2) 将 FLUKE-DTX 设备的主机放置在配线间(中央控制室)的配线架前，远端机接入各楼层的信息点进行测试。

(3) 设置 FLUKE-DTX 主机的测试标准，将旋钮旋至 SETUP，选择测试标准为 TIA Cat6 Perm.link。

(4) 接入测试缆线接口。先分别在配线架和远端楼层找到要测试缆线的对应点，然后将主机和远端机的永久链路测试模块 RJ-45 接口插入相应需测试的模块。

(5) 缆线测试。将旋钮旋至 AUTO TEST，按下 TEST，设备将自动开始测试缆线。

(6) 保存评测结果。直接按 SAVE 即可对结果进行保存。

四、学生知识能力评估

1. 自评

开展本任务学习效果评估。

学习路径提示：回答下列问题，撰写个人学情自我分析简报。

(1) 是否按照课程要求进行知识、技能的学习？效果如何？

(2) 对本训练的哪个环节的学习有个人的想法？

(3) 是否达到你的学习预期或者目标？有哪些困难？对老师和学习团队有什么要求？

(4) 为自己在本训练中的表现给出一个综合评价。

2. 教师评价

根据不同的角色给出相应的评价标准。

参评的小组/个人：　　　　评测方法：　　　　评测工具：

评分项目	分值	得分	等级	评语	评分人
能正确选择测试模型(永久链路)	10				
能正确构建测试链路，并进行正确端接	20				
进行正确测试	20				
形成测试报告	20				
正确分析测试数据	30				

最终成绩：

评测教师综合评语：

评测教师签名：

被评测者评价：

被评测者签名：

被评测者对于评测结果不满意的可以在 3 日内联系评测者提出异议，评测者根据被评测者的意见和实际评测过程的观察数据进行复评，并在____日内将最终结果和理由告知被评测者，经被评测者确认同意后作为最终结果。如果异议较大，被评测者可以填写相应申请，提请重新测试，经同意后可以进行再一次也就是最后一次评测。

申诉电话：

申诉邮件：

最终评测结果将告知被评测者、评测者和教务办，并由相关人员进行原始资料的保存。

五、课程评价

1. 课程评价表

训练名称：	班级：		姓名：	年　月　日
1. 你理解的本训练的核心知识有：				
2. 你获得本训练的核心技能有：				
3. 下列问题需要进一步了解和帮助：				
4. 完成本训练后最大收获是：				
5. 教师思路是否清晰？是否适应教师的风格？				
6. 教师的教学方法对你的学习是否有帮助？				
7. 你是否有组织、有计划地学习？目标基本达到了吗？				
8. 为了获得更好的学习效果，你对本训练内容和实施有何建议：				
教师签字： 学生签字：				

2. 职业素养核心能力评测表

使用方式：在框中打"√"。

职业素养核心能力	评价指标	自测结果	
教师签名：	学生签名：	年　月　日	

3. 专业核心能力评测表

职业技能	评价指标	自测结果	备　注
本项目评分			
教师签名：	学生签名：	年　月　日	

训练活动二　综合布线工程验收训练

一、了解训练内容

训练任务名称：综合布线工程验收训练						
授课班级	略	上课时间	略	课时	上课地点	略
训练目标	能力目标		知识目标		素质目标	
训练目标	1. 通过教师的案例讲解和分析，学生能运用所学的验收计划所包含的内容和格式，自主完成综合布线工程的系统验收计划编制(这会在后面的项目中不断重复和验证)； 2. 通过学习教师示范的工程项目验收活动并进行联系，根据验收的分类和内容，按照程序实施验收工作		1. 熟悉综合布线系统验收内容和方法； 2. 掌握综合布线系统验收简单分类及相关基本技术规范； 3. 了解综合布线系统验收相关表格的设计和撰写		1. 通过验收活动的角色分配，分组实施等，培养学生的组织管理能力和协调能力； 2. 要求学生按照国标 GB 50312—2007《综合布线系统工程验收规范》要求，实施验收，并进行考评，培养学生的规范做事的素质和责任意识； 3. 在完成项目验收后，通过学生对工程验收场地的整理和清洁、工具的规范放置等方面的考评，培养学生的现场和设备规范管理意识以及良好的职业习惯	
任务与场景	训练场景		任务成果			
任务与场景	基于 E 港集团总裁办公室综合布线装修项目开展验收训练		通过在相应训练场景中的岗位和任务分配，各组根据各自角色完成相应的验收报告和文档资料			
能力要求	知识储备要求		基本技能要求			
能力要求	工程验收概念、综合布线系统基本知识、相关国家标准、Office 办公软件安装和使用知识		资料查询、需求分析报告撰写能力，项目报告撰写能力，基本的信息发布软件的使用(邮件、QQ 等)；综合布线项目设计、工程安装施工技术，具备一定工程管理知识、掌握了一定的综合布线认证测试的内容和方法			
	学习重点		学习难点			
	综合布线项目验收基本概念、验收流程、验收要求及内容		掌握现场物理验收的内容，会编制竣工技术文档，按照国标 GB 50312—2007《综合布线系统工程验收规范》组织对工程进行规范验收			

通过自学掌握本教学活动学习信息。学习路径提示：你是否理解上述学习信息，把不理解的疑问写出来，然后通过上网查询，或向老师、同学求教排除你的疑问。

二、训练团队组建——导生制分层教育

由于本教学活动无须组员合作完成项目任务，因此适合采用基于导生制的分层教育方式实施教学。

根据分好的小组，进行个人能力和学习目标、期望的定义。按下列要求填写岗位任务分配表。

(1) 根据已经划分的小组，确定完成本训练的组内导生，由导生担任本组学习组长，当然除担任组长的导生外，如果组内人数较多可以根据学生意愿多上浮 1～2 个名额。

(2) 在教师完成演示和讲解后的训练环节，导生需要组织组内同学进行学习，在练习中总结问题和经验，并由组内负责记录的同学进行归纳和总结。

(3) 各组向授课教师反馈训练成果，并提交训练中所遇到的问题、总结的经验，供大组讨论时使用。

(4) 在答疑解惑和与其他组进行经验交流后，各组在导生带领下开展查漏补缺工作，修改前期不完善的成果，最后获得期望中的结果。

(5) 填写下表，领到不同任务的组的相关角色和岗位有所不同，并以此为依据进行分组，如果无法通过自愿或者竞争的方式完成分组，则可以采取抽签方式来决定。因为后期项目中也包含了招投标过程，因此可以根据相应场景进行组间和组内角色和岗位的调换。

岗位任务分配表

团队名称(虚拟企业名称)				
	岗　位	姓　名	知识技能	本次训练职责职能
团队结构	项目组长(导生)		1. 已有知识： 2. 已会技能：	1. 通过本次训练需要掌握的知识技能： 2. 职业素养要求：
	组内记录员 1		1. 已有知识： 2. 已会技能：	1. 通过本次训练需要掌握的知识技能： 2. 职业素养要求：
	组内记录员 2		1. 已有知识： 2. 已会技能：	1. 通过本次训练需要掌握的知识技能： 2. 职业素养要求：

说明： 表中的组内记录员人数可以由教师或者各组根据教学内容自由拟定，本次训练以学生掌握基本知识、技能和了解基本素养为目标而设置。

三、知识学习与能力训练

本步骤是以任务作为训练场景，根据不同的角色组来引入相应知识点，通过实际操作和训练来培养不同角色组成员的能力。因此，在实施本步骤前已经完成根据角色任务的分组，每组也清楚了解本组需要完成的基本任务。

1. 验收基本知识

1) 验收需遵循的相关规定与规范

GB 50312—2007《综合布线工程验收规范》、GB 50311《综合布线系统工程设计规范》配套使用，此外，综合布线系统工程验收还涉及其他标准规范，如：GB 50339《智能建筑工程质量验收规范》、GB 50303《建筑电气工程施工质量验收规范》、GB 50374《通信管道工程施工及验收技术规范》等。

工程技术文件、承包合同文件要求采用国际标准时，应按要求采用适用的国际标准，但不应低于本规范规定。以下国际标准可供参考。

(1) 《用户建筑综合布线》(ISO/IEC 11801)；

(2) 《商业建筑电信布线标准》(EIA/TIA 568)；

(3) 《商业建筑电信布线安装标准》(EIA/TIA 569)；

(4) 《商业建筑通信基础结构管理规范》(EIA/TIA 606)；

(5) 《商业建筑通信接地要求》(EIA/TIA 607)；

(6) 《信息系统通用布线标准》(EN 50173)；

(7) 《信息系统布线安装标准》(EN 50174)。

2) 验收的各个阶段

(1) 开工前检查。

开工前检查包括环境检查和设备材料检验。

(2) 随工验收。

主要考核施工单位的施工水平和质量，部分的验收工作需要在随工中进行，则可以及早发现问题，且尽量完成隐蔽部分的边施工边验收。

(3) 初步验收。

对新建、扩建和改建项目都应在施工完成调测后进行初步验收，时间为原定计划的建设工期内进行，由设计、施工、监理、使用等单位人员参加，内容包括检查工程质量、审查竣工资料，对发现的问题提出处理意见并组织相关责任单位落实解决。

(4) 竣工验收。

主要针对电话交换系统、计算机局域网或者其他弱点系统，在运行了半个月内，由建设单位向上级主管部门报送竣工报告(含工程的初步决算及试运行报告)，主管部门接到报告后，组织相关部门按竣工验收办法对工程进行验收。

2. 环境检验

1) 本场景的知识要点

环境验收主要针对工作区、管理间、设备间进行检查。

(1) 对于土建部分，要求地面干净整洁，门的高度和宽度符合要求。房间预埋的线槽、暗管、孔洞和垂井的位置、数量、尺寸要符合设计要求。

(2) 铺设了地板的场所，活动地板防静电措施及接地应符合设计要求；应该在这些房间提供 220V 带保护接地的单相电源插座。

(3) 房间内应提供可靠的接地装置，接地电阻值及接地装置符合设计要求；管理间、设备间的位置、面积、高度、通风、防火及环境温度、湿度等应符合设计要求。

2) 本场景的操作要点

对验收的房间环境进行仔细检查，并填写如下表格。

检查小组名称：		检查人：	验收审核人：		时间：	
序　号	检查项目	检查内容	是否符合(符合打钩，不符合打叉)		检查人签名	审核人签名
1						
2						

3．器材及测试仪表工具检验

1) 本场景的知识要点

(1) 器材检查。

① 检查相应器材和线材的品牌、型号、规格、数量、质量，要符合设计要求且为正规渠道获得产品。

② 如进口的设备和材料要有产地证明和商检证明。

③ 对检验合格的器材做好相应记录和保管，对不合格的器材要单独存放以备核查和处理。

④ 备品、备件及各类文件资料齐全。

(2) 配套型材、管材与铁件检查。

① 各种型材的材质、规格、型号应符合设计文件的规定，表明应光滑、平整，不得变形断裂。预埋的金属线槽、过线盒、接线盒及桥架等表面涂覆或镀层应均匀、完整，不得变形损坏。

② 室内管材采用金属管或者塑料管时，其管身应光滑、无伤痕，管孔无变形，孔径、壁厚应符合设计要求。检查金属管是否做了防腐措施，塑料管槽必须采用阻燃管槽，外壁有阻燃标志。

③ 室外管道应按照通信管道工程验收的相关规定进行检验。

④ 各类铁件的材质、规格均应符合相应质量标准，无歪斜、扭曲、毛刺、断裂或破损。表面处理和镀层均匀、完整，表面光洁，无脱落、气泡等缺陷。

(3) 线缆检查。

① 使用的线缆光缆型号、规格及线缆的防火等级应符合设计要求。

② 线缆所标标志、标签内容应齐全、清晰，外包装应注明型号和规格。

③ 外包装和外护套完整无损，如破损测试合格后才可以使用。

④ 电缆应附有本批量的电气性能检验报告，施工前应进行链路或信道的电气性能及线缆长度的抽验，并做好测试记录。

⑤ 光缆开盘后应先检查光缆端头封装是否良好。光缆外包装或光缆护套如有损伤，应对该盘光缆进行光纤性能测试，如有断纤，应进行处理，待检查合格才允许使用。检查完毕，端头应该密封固定，恢复外包装。

(4) 连接器检查。

① 配线模块、信息插座模块及其他连接器件的部件应完整，电气和机械性能符合要

求，塑料材质要符合阻燃标准，有阻燃标志。

② 信号线路浪涌保护器各项指标应符合有关规定。

③ 光纤连接器及适配器各项指标如型号、数量和位置应与设计相符。

(5) 配线设备检查。

① 光、电缆配线设备的型号、规格符合设计要求。

② 光、电缆配线设备的编排及标识名称应与设计相符。各类标识名称应统一，标识位置应正确、清晰。

(6) 测试仪表和工具检验。

① 对工程中需要使用的仪表和工具进行测试或检验，线缆测试仪表应附有相应检测机构的证明文件。

② 综合布线系统的测试仪表应能测试相应类别工程的各种电气性能及传输特性，其精度应符合要求。测试仪表的精度应该按照相应的鉴定规程和校准方法进行定期检查和校准，经过相应计量部门校验取得合格证后，方可在有效期内使用。

③ 施工工具，如电缆或光缆的接续工具：剥线器、光缆切断器、光纤熔接机、光纤磨光机、卡接工具等，必须经过检查、合格后方可在工程中使用。

④ 工具器材的电气性能、机械性能、传输性等符合具体的要求。

2) 本场景的操作要点

对验收的工地的工具、器材进行仔细检查，并填写如下表格。

检查小组名称：		检查人：	验收审核人：		时间：	
序　号	检查项目	检查内容	是否符合(符合打钩，不符合打叉)		检查人签名	审核人签名
1						
2						

4. 设备安装检验

1) 本场景的知识要点

(1) 机柜、机架安装要求。

① 机柜、机架安装位置应符合设计要求，垂直偏差度不应大于 3mm。

② 机柜、机架上的各种零件不得脱落或碰坏，漆面不应有脱落及划痕，各种标志应完整、清晰。

③ 机柜、机架、配线设备箱体、电缆桥架及线槽等设备的安装应牢固，如有抗震要求，应按抗震设计进行加固。

(2) 各类配线部件安装要求。

① 各部件应完整，安装就位，标志齐全。

② 安装螺丝必须拧紧，面板应保持在一个平面上。

(3) 信息插座模块安装要求。

① 信息插座模块、多用户信息插座、集合点配线模块安装位置和高度应符合设计要求。

② 安装在活动地板内或地面上时，应固定在接线盒内，插座面板采用直立和水平等形式；接线盒盖可开启，并应具有防水、防尘、抗压功能。接线盒盖面应与地面齐平。

③ 信息插座底盒同时安装信息插座模块和电源插座时，间距及采取的防护措施应符合设计要求。

④ 信息插座模块明装底盒的固定方法根据施工现场条件而定。

⑤ 固定螺丝需拧紧，不应产生松动现象。

⑥ 各种插座面板应有标识，以颜色、图形、文字表示所接终端设备业务类型。

⑦ 工作区内终接光缆的光纤连接器件及适配器安装底盒应具有足够的空间，并应符合设计要求。

(4) 电缆桥架及线槽安装要求。

① 桥架及线槽的安装位置应符合施工图要求，左右偏差不应超过 50mm。

② 桥架及线槽水平度每米偏差不应超过 2mm。

③ 垂直桥架及线槽应与地面保持垂直，垂直度偏差不应超过 3mm。

④ 线槽截断处及两线槽拼接处应平滑、无毛刺。

⑤ 吊架和支架安装应保持垂直，整齐牢固，无歪斜现象。

⑥ 金属桥架、线槽及金属管各段之间应保持连接良好，安装牢固。

⑦ 采用吊顶支撑柱布放缆线时，支撑点宜避开地面沟槽和线槽位置，支撑应牢固。

2) 本场景的操作要点

对验收的设备进行仔细检查，并填写如下表格。

检查小组名称：		检查人：	验收审核人：		时间：	
序　号	检查项目	检查内容	是否符合(符合打钩，不符合打叉)	检查人签名	审核人签名	
1						
2						

5. 线缆敷设检验

1) 本场景的知识要点

(1) 缆线的敷设。

① 缆线的型号、规格应与设计规定相符。

② 缆线在各种环境中的敷设方式、布放间距均应符合设计要求。

③ 缆线的布放应自然平直，不得产生扭绞、打圈、接头等现象，不应受外力的挤压和损伤。

④ 缆线两端应贴有标签，应标明编号，标签书写应清晰、端正和正确。标签应选用不易损坏的材料。

⑤ 缆线应有余量以适应终接、检测和变更。对绞电缆预留长度：在工作区宜为 3～6cm，管理间宜为 0.5～2m，设备间宜为 3～5m；光缆布放路由宜盘留，预留长度宜为 3～5m，有特殊要求的应按设计要求预留长度。

⑥　缆线的弯曲半径应符合下列规定。

a. 非屏蔽 4 对对绞电缆的弯曲半径应至少为电缆外径的 4 倍。

b. 屏蔽 4 对对绞电缆的弯曲半径应至少为电缆外径的 8 倍。

c. 主干对绞电缆的弯曲半径应至少为电缆外径的 10 倍。

d. 2 芯或 4 芯水平光缆的弯曲半径应大于 25mm；其他芯数的水平光缆、主干光缆和室外光缆的弯曲半径应至少为光缆外径的 10 倍。

⑦　缆线间的最小净距应符合设计要求。

a. 电源线、综合布线系统缆线应分隔布放，并应符合表 1-12 的规定。

表 1-12　对绞电缆与电力电缆最小净距

条　件	最小净距/mm		
	380V <2kV·A	380V 2～5kV·A	380V >5kV·A
对绞电缆与电力电缆平行敷设	130	300	600
有一方在接地的金属槽道或钢管中	70	150	300
双方均在接地的金属槽道或钢管中②	10①	80	150

注：①当 380V 电力电缆<2kV·A，双方都在接地的线槽中，且平行长度≤10m 时，最小间距可为 10mm。

②双方都在接地的线槽中，系指两个不同的线槽，也可在同一线槽中用金属板隔开。

b. 综合布线与配电箱、变电室、电梯机房、空调机房之间最小净距宜符合表 1-13 的规定。

表 1-13　综合布线电缆与其他机房最小净距

名　称	最小净距/m	名　称	最小净距/m
配电箱	1	电梯机房	2
变电室	2	空调机房	2

c. 建筑物内电、光缆暗管敷设与其他管线最小净距见表 1-14 的规定。

表 1-14　综合布线缆线及管线与其他管线的间距

管线种类	平行净距/mm	垂直交叉净距/mm
避雷引下线	1000	300
保护地线	50	20
热力管(不包封)	500	500
热力管(包封)	300	300
给水管	150	20
煤气管	300	20
压缩空气管	150	20

d. 综合布线缆线宜单独敷设，与其他弱电系统各子系统缆线间距应符合设计要求。

e. 对于有安全保密要求的工程，综合布线缆线与信号线、电力线、接地线的间距应符合相应的保密规定。对于具有安全保密要求的缆线应采取独立的金属管或金属线槽敷设。

⑧ 屏蔽电缆的屏蔽层端到端应保持完好的导通性。

(2) 预埋线槽和暗管敷设缆线应符合下列规定。

① 敷设线槽和暗管的两端宜标示出编号等内容。

② 预埋线槽宜采用金属线槽，预埋或密封线槽的截面利用率应为 30%～50%。

③ 敷设暗管宜采用钢管或阻燃聚氯乙烯硬质管。布放大对数主干电缆及 4 芯以上光缆时，直线管道的管径利用率应为 50%～60%，弯管道应为 40%～50%。暗管布放 4 对对绞电缆或 4 芯及以下光缆时，管道的截面利用率应为 25%～30%。

(3) 设置缆线桥架和线槽敷设缆线应符合下列规定。

① 密封线槽内缆线布放应顺直，尽量不交叉，在缆线进出线槽部位、转弯处应绑扎固定。

② 缆线桥架内缆线垂直敷设时，在缆线的上端和每间隔 1.5m 处应固定在桥架的支架上；水平敷设时，在缆线的首、尾、转弯及每间隔 5～10m 处进行固定。

③ 在水平、垂直桥架中敷设缆线时，应对缆线进行绑扎。对绞电缆、光缆及其他信号电缆应根据缆线的类别、数量、缆径、缆线芯数分束绑扎。绑扎间距不宜大于 1.5m，间距应均匀，不宜绑扎过紧或使缆线受到挤压。

④ 楼内光缆在桥架敞开敷设时应在绑扎固定段加装垫套。

(4) 吊顶支撑柱为线槽敷设缆线。

采用吊顶支撑柱作为线槽在顶棚内敷设缆线时，每根支撑柱所辖范围内的缆线可以不设置密封线槽进行布放，但应分束绑扎，缆线应阻燃，缆线选用应符合设计要求。

(5) 建筑群子系统线缆敷设。

建筑群子系统采用架空、管道、直埋、墙壁及暗管敷设电、光缆的施工技术要求应按照本地网通信线路工程验收的相关规定执行。

2) 本场景的操作要点

对验收的线缆敷设进行仔细检查，并填写如下表格。

检查小组名称：		检查人：		验收审核人：	时间：	
序 号	检查项目	检查内容	是否符合(符合打钩，不符合打叉)		检查人签名	审核人签名
1						
2						

6. 线缆保护方式检验

1) 本场景的知识要点

(1) 配线子系统缆线敷设保护。

① 预埋金属线槽保护要求。

a. 在建筑物中预埋线槽，宜按单层设置，每一路由进出同一过路盒的预埋线槽均不应超过 3 根，线槽截面高度不宜超过 25mm，总宽度不宜超过 300mm。线槽路由中若包括过线盒和出线盒，截面高度宜在 70～100mm 范围内。

b. 线槽直埋长度超过 30m 或在线槽路由交叉、转弯时，宜设置过线盒，以便于布放缆线和维修。

c. 过线盒盖能开启，并与地面齐平，盒盖处应具有防灰与防水功能。

d. 过线盒和接线盒盒盖应能抗压。

e. 从金属线槽至信息插座模块接线盒间或金属线槽与金属钢管之间相连接时的缆线宜采用金属软管敷设。

②　预埋暗管保护要求。

a. 预埋在墙体中间暗管的最大管外径不宜超过 50 mm，楼板中暗管的最大管外径不宜超过 25mm，室外管道进入建筑物的最大管外径不宜超过 100mm。

b. 直线布管每 30m 处应设置过线盒装置。

c. 暗管的转弯角度应大于 90°，在路径上每根暗管的转弯角不得多于 2 个，并不应有 S 弯出现，有转弯的管段长度超过 20m 时，应设置管线过线盒装置；有 2 个弯时，不超过 15m 应设置过线盒。

d. 暗管管口应光滑，并加有护口保护，管口伸出部位宜为 25～50mm。

e. 至楼层管理间暗管的管口应排列有序，便于识别与布放缆线。

f. 暗管内应安置牵引线或拉线。

g. 金属管明敷时，在距接线盒 300mm 处、弯头处的两端、每隔 3m 处应采用管卡固定。

h. 管路转弯的曲半径不应小于所穿入缆线的最小允许弯曲半径，并且不应小于该管外径的 6 倍，如暗管外径大于 50mm 时，不应小于其 10 倍。

③　设置缆线桥架和线槽保护要求。

a. 缆线桥架底部应高于地面 2.2m 及以上，顶部距建筑物楼板不宜小于 300mm，与梁及其他障碍物交叉处间的距离不宜小于 50 mm。

b. 缆线桥架水平敷设时，支撑间距宜为 1.5～3m。垂直敷设时固定在建筑物结构体上的间距宜小于 2m，距地 1.8m 以下部分应加金属盖板保护，或采用金属走线柜包封，门应可开启。

c. 直线段缆线桥架每超过 15～30m 或跨越建筑物变形缝时，应设置伸缩补偿装置。

d. 金属线槽敷设时，线槽接头处、每间距 3m 处、离开线槽两端出口 0.5m 处、转弯处应设置支架或吊架。

e. 塑料线槽槽底固定点间距宜为 1m。

f. 缆线桥架和缆线线槽转弯半径不应小于槽内线缆的最小允许弯曲半径，线槽直角弯处最小弯曲半径不应小于槽内最粗缆线外径的 10 倍。

g. 桥架和线槽穿过防火墙体或楼板时，缆线布放完成后应采取防火封堵措施。

④　网络地板缆线敷设保护要求。

a. 线槽之间应沟通。

b. 线槽盖板应可开启。

c. 主线槽的宽度宜在 200～400mm，支线槽宽度不宜小于 70mm。

d. 可开启的线槽盖板与明装插座底盒间应采用金属软管连接。

e. 地板块与线槽盖板应抗压、抗冲击和阻燃。

f. 当网络地板具有防静电功能时，地板整体应接地。

g. 网络地板板块间的金属线槽段与段之间应保持良好导通并接地。

⑤ 在架空活动地板下敷设缆线时，地板内净空应为 150～300mm。若空调采用下送风方式则地板内净高应为 300～500mm。

⑥ 吊顶支撑柱中电力线和综合布线缆线合一布放时，中间应有金属板隔开，间距应符合设计要求。

(2) 综合布线缆线与大楼弱电系统缆线采用同一线槽或桥架敷设。

当综合布线缆线与大楼弱电系统缆线采用同一线槽或桥架敷设时，子系统之间应采用金属板隔开，间距应符合设计要求。

(3) 干线子系统缆线敷设保护方式应符合下列要求。

① 缆线不得布放在电梯或供水、供气、供暖管道竖井中，缆线不应布放在强电竖井中。

② 管理间、设备间、进线间之间干线通道应沟通。

(4) 建筑群子系统缆线敷设保护。

建筑群子系统缆线敷设保护方式应符合设计要求。

(5) 电缆从建筑物外进入建筑物。

当电缆从建筑物外面进入建筑物时，应选用适配的信号线路浪涌保护器，信号线路浪涌保护器应符合设计要求。

2) 本场景的操作要点

对验收的线缆保护方式进行仔细检查，并填写如下表格。

检查小组名称：		检查人：	验收审核人：		时间：	
序　号	检查项目	检查内容	是否符合(符合打钩，不符合打叉)		检查人签名	审核人签名
1						
2						

7. 线缆终端检验

1) 本场景的知识要点

(1) 缆线终接。

缆线终接应符合下列要求。

① 缆线在终接前，必须核对缆线标识内容是否正确。

② 缆线中间不应有接头。

③ 缆线终接处必须牢固、接触良好。

④ 对绞电缆与连接器件连接应认准线号、线位色标，不得颠倒和错接。

(2) 对绞电缆终接。

对绞电缆终接应符合下列要求。

① 终接时，每对对绞线应保持扭绞状态，扭绞松开长度对于 3 类电缆不应大于

75mm；对于 5 类电缆不应大于 13mm；对于 6 类电缆应尽量保持扭绞状态，减小扭绞松开长度。

② 对绞线与 8 位模块式通用插座相连时，必须按色标和线对顺序进行卡接。插座类型、色标和编号应符合如图 1-81 所示的规定。

两种连接方式均可采用，但在同一布线工程中两种连接方式不应混合使用。

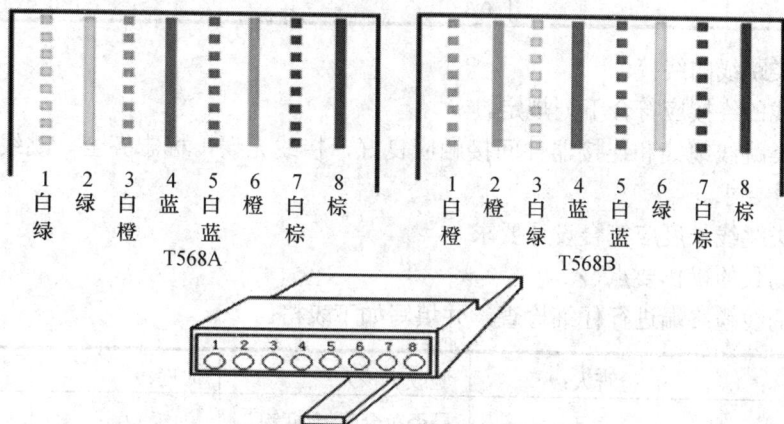

图 1-81　线缆的排列方式

③ 7 类布线系统采用非 RJ-45 方式终接时，连接图应符合相关标准规定。

④ 4 屏蔽对绞电缆的屏蔽层与连接器件终接处屏蔽罩应通过紧固器件可靠接触，缆线屏蔽层应与连接器件屏蔽罩 360° 圆周接触，接触长度不宜小于 10mm。屏蔽层不应用于受力的场合。

⑤ 5 对不同的屏蔽对绞线或屏蔽电缆，屏蔽层应采用不同的端接方法。应对编织层或金属箔与汇流导线进行有效的端接。

⑥ 6 每个 2 口 86 面板底盒宜终接 2 条对绞电缆或 1 根 2 芯/4 芯光缆，不宜兼做过路盒使用。

(3) 光缆终接与接续。

光缆终接与接续应采用下列方式。

① 光纤与连接器件连接可采用尾纤熔接、现场研磨和机械连接方式。

② 光纤与光纤接续可采用熔接和光连接器(机械)连接方式。

(4) 光缆芯线终接。

光缆芯线终接应符合下列要求。

① 采用光纤连接盘对光纤进行连接、保护，在连接盘中光纤的弯曲半径应符合安装工艺要求。

② 光纤熔接处应加以保护和固定。

③ 光纤连接盘面板应有标志。

④ 光纤连接损耗值，应符合表 1-15 的规定。

表 1-15 光纤连接损耗值(dB)

连接类别	多 模		单 模	
	平 均 值	最 大 值	平 均 值	最 大 值
熔接	0.15	0.3	0.15	0.3
机械连接		0.3		0.3

(5) 各类跳线的终接。

各类跳线的终接应符合下列规定。

① 各类跳线缆线和连接器件间接触应良好,接线无误,标志齐全。跳线选用类型应符合系统设计要求。

② 各类跳线长度应符合设计要求。

2) 本场景的操作要点

对验收的线缆终端进行仔细检查,并填写如下表格。

检查小组名称:		检查人:	验收审核人:	时间:	
序 号	检查项目	检查内容	是否符合(符合打钩,不符合打叉)	检查人签名	审核人签名
1					
2					

8. 工程电气检查

1) 本场景的知识要点

(1) 综合布线工程电气测试包括电缆系统电气性能测试及光纤系统性能测试。

电缆系统电气性能测试项目应根据布线信道或链路的设计等级和布线系统的类别要求制定。各项评测结果应有详细记录,作为竣工资料的一部分。测试记录内容和形式宜符合表 1-16 和表 1-17 的要求。

表 1-16 综合布线系统电缆性能指标测试记录

工程项目名称			内 容						备注
序号	编 号		电缆系统						
	地址号	缆线号	设备号	长度	接线图	衰减	近端串音	电缆屏蔽层连通情况	其他项目	
测试日期、人员及测试仪表型号、测试仪表精度									
处理情况									

表 1-17 综合布线系统工程光纤(链路/信道)性能指标测试记录

序号	工程项目名称			光缆系统								备注
	编号			多模				单模				
				850nm		1300nm		1310nm		1550nm		
	地址号	缆线号	设备号	衰减(插入损耗)	长度	衰减(插入损耗)	长度	衰减(插入损耗)	长度	衰减(插入损耗)	长度	
测试日期、人员及测试仪表型号、测试仪表精度												
处理情况												

(2) 对绞电缆及光纤布线系统的现场测试仪。

对绞电缆及光纤布线系统的现场测试仪应符合下列要求。

① 应能测试信道与链路的性能指标。

② 应具有针对不同布线系统等级的相应精度,应考虑测试仪的功能、电源、使用方法等因素。

③ 测试仪精度应定期检测,每次现场测试前仪表厂家应出示测试仪的精度有效期限证明。

(3) 测试仪表应具有评测结果的保存功能并提供输出端口。

测试仪可以将所有存储的测试数据输出至计算机和打印机,测试数据必须不被修改,并进行维护和文档管理。测试仪表应提供所有测试项目、概要和详细的报告。测试仪表宜提供汉化的通用人机界面。

2) 本场景的操作要点

对工程电气进行仔细检查,并填写如下表格。

检查小组名称:		检查人:	验收审核人:	时间:	
序 号	检查项目	检查内容	是否符合(符合打钩,不符合打叉)	检查人签名	审核人签名
1					
2					

9. 验收技术文档的编制

1) 本场景的知识要点

(1) 竣工技术文件的编制要求。

① 工程竣工后,施工单位应在工程验收以前,将工程竣工技术资料交给建设单位。

② 综合布线系统工程的竣工技术资料应包括以下内容。

a. 安装工程量。

b. 工程说明。

c. 设备、器材明细表。

d. 竣工图纸。

e. 测试记录(宜采用中文表示)。

f. 工程变更、检查记录及施工过程中，需更改设计或采取相关措施，建设、设计、施工等单位之间的双方洽商记录。

g. 随工验收记录。

h. 隐蔽工程签证。

i. 工程决算。

③ 竣工技术文件要保证质量，做到外观整洁，内容齐全，数据准确。

(2) 检验项目的确定。

综合布线系统工程，应按"综合布线系统工程验收项目汇总表"所列项目、内容进行检验。检测结论作为工程竣工资料的组成部分及工程验收的依据之一。

① 系统工程安装质量检查，各项指标符合设计要求，则被检项目检查结果为合格；被检项目的合格率为100%，则工程安装质量判为合格。

② 系统性能检测中，对绞电缆布线链路、光纤信道应全部检测，竣工验收需要抽验时，抽样比例不低于10%，抽样点应包括最远布线点。

(3) 系统性能检测单项合格判定。

① 如果一个被测项目的技术参数评测结果不合格，则该项目判为不合格。如果某一被测项目的检测结果与相应规定的差值在仪表准确度范围内，则该被测项目应判为合格。

② 按相应规范的指标要求，采用4对对绞电缆作为水平电缆或主干电缆，所组成的链路或信道有一项指标评测结果不合格，则该水平链路、信道或主干链路判为不合格。

③ 主干布线大对数电缆中按4对对绞线对测试，指标有一项不合格，则判为不合格。

④ 如果光纤信道评测结果不满足相应规范的指标要求，则该光纤信道判为不合格。

⑤ 未通过检测的链路、信道的电缆线对或光纤信道可在修复后复检。

(4) 竣工检测综合合格判定。

① 对绞电缆布线全部检测时，无法修复的链路、信道或不合格线对数量有一项超过被测总数的1%，则判为不合格。

光缆布线检测时，如果系统中有一条光纤信道无法修复，则判为不合格。

② 对绞电缆布线抽样检测时，被抽样检测点(线对)不合格比例不大于被测总数的1%，则视为抽样检测通过，不合格点(线对)应予以修复并复检。被抽样检测点(线对)不合格比例如果大于1%，则视为一次抽样检测未通过，应进行加倍抽样，加倍抽样不合格比例不大于1%，则视为抽样检测通过。若不合格比例仍大于1%，则视为抽样检测不通过，应进行全部检测，并按全部检测要求进行判定。

③ 全部检测或抽样检测的结论为合格，则竣工检测的最后结论为合格；全部检测的结论为不合格，则竣工检测的最后结论为不合格。

(5) 综合布线管理系统检测样本。

标签和标识按 10%抽检，系统软件功能全部检测。检测结果符合设计要求，则判为合格。

2) 本场景的操作要点

根据要求编制下列文档。

(1) 综合布线系统工程验收项目汇总表如表 1-18 所示。

表 1-18　综合布线系统工程验收项目汇总表

阶段	验收项目	验收内容	验收方式
施工前检查	1.环境要求	(1)土建施工情况：地面、墙面、门、电源插座及接地装置；(2)土建工艺：机房面积、预留孔洞；(3)施工电源；(4)地板铺设；(5)建筑物入口设施检查	施工前检查
	2.器材检验	(1)外观检查；(2)型号、规格、数量；(3)电缆及连接器件电气性能测试；(4)光纤及连接器件特性测试；(5)测试仪表和工具的检验	
	3.安全、防火要求	(1)消防器材；(2)危险物的堆放；(3)预留孔洞防火措施	
设备安装	1.管理间、设备间、设备机柜、机架	(1)规格、外观；(2)安装垂直、水平度；(3)油漆不得脱落，标志完整齐全；(4)各种螺丝必须紧固；(5)抗震加固措施；(6)接地措施	随工检验
	2.配线模块及 8 位模式式通用插座	(1)规格、位置、质量；(2)各种螺丝必须拧紧；(3)标志齐全；(4)安装符合工艺要求；(5)屏蔽层可靠连接	
电、光缆布放（楼内）	1.电缆桥架及线槽布放	(1)安装位置正确；(2)安装符合工艺要求；(3)符合布放缆线工艺要求；(4)接地	
	2.缆线暗敷(包括暗管、线槽、地板下等方式)	(1)缆线规格、路由、位置；(2)符合布放缆线的工艺要求；(3)接地	隐蔽工程签证
电、光缆布放(楼间)	1.架空缆线	(1)吊线规格、架设位置、装设规格；(2)吊线垂度；(3)缆线规格；(4)卡、挂间隔；(5)缆线的引入符合工艺要求	随工检验
	2.管道缆线	(1)使用管孔孔位；(2)缆线规格；(3)缆线走向；(4)缆线的防护设施的设置质量	隐蔽工程签证
	3.埋式缆线	(1)缆线规格；(2)敷设位置、深度；(3)缆线的防护设施的设置质量；(4)回土夯实质量	
	4.通道缆线	(1)缆线规格；(2)安装位置，路由；(3)土建设计符合工艺要求	
	5.其他	(1)通信线路与其他设施的间距；(2)进线室设施安装、施工质量	随工检验隐蔽工程签证

阶段	验收项目	验收内容	验收方式
缆线终接	1.8 位模块式通用插座	符合工艺要求	随工检验
	2.光纤连接器件	符合工艺要求	
	3.各类跳线	符合工艺要求	
	4.配线模块	符合工艺要求	
系统测试	1.工程电气性能测试	(1)连接图；(2)长度；(3)衰减；(4)近端串音；(5)近端串音功率和；(6)衰减串音比；(7)衰减串音比功率和；(8)等电平远端串音；(9)等电平远端串音功率和；(10)回波损耗；(11)传播时延；(12)传播时延偏差；(13)插入损耗；(14)直流环路电阻；(15)设计中特殊规定的测试内容；(16)屏蔽层的导通	竣工检验
	2.光纤特性测试	(1)衰减；(2)长度	
管理系统	1.管理系统级别	符合设计要求	竣工检验
	2.标识符与标签设置	(1)专用标识符类型及组成；(2)标签设置；(3)标签材质及色标	
	3.记录和报告	(1)记录信息；(2)报告；(3)工程图纸	
工程总验收	1.竣工技术文件	清点、交接技术文件	
	2.工程验收评价	考核工程质量，确认验收结果	

(2) 施工实施过程的阶段性验收报告。

综合布线系统工程阶段性合格验收报告

工程名称		工程地点	
建设单位		施工单位	
计划开工	年　月　日	实际开工	年　月　日
计划竣工	年　月　日	实际竣工	年　月　日

工程完成情况：

提前和推迟竣工的原因：

工程中出现和遗留的问题：

主抄：	施工单位意见：	建设单位意见：
抄送：	签名：	签名：
报告日期：	日期：	日期：

(3) 工程验收申请。施工单位按照施工合同完成了施工任务后，向用户单位申请工程验收，待用户主管部门答复后组织安排验收，需填写工程验收申请表。

工程验收申请表

工程名称			工程地点		
建设单位			施工单位		
计划开工	年　月　日		实际开工		年　月　日
计划竣工	年　月　日		实际竣工		年　月　日
工程完成情况：					
提前和推迟竣工的原因：					
工程中出现和遗留的问题：					
主抄：		施工单位意见：		建设单位意见：	
抄送：		签名：		签名：	
报告日期：		日期：		日期：	

四、学生知识能力评估

1. 自评

开展本任务学习效果评估。

学习路径提示：回答下列问题，撰写个人学情自我分析简报。

(1) 是否按照课程要求进行知识、技能的学习？效果如何？

(2) 对本训练的哪个环节的学习有个人的想法？

(3) 是否达到你的学习预期或者目标？有哪些困难？对老师和学习团队有什么要求？

(4) 为自己在本训练中的表现给出一个综合评价。

2. 教师评价

根据不同的角色给出相应的评价标准。

参评的小组/个人：　　　　　评测方法：　　　　　评测工具：

评分项目	分　值	得　分	等　级	评　语	评分人
完成环境检验	10				
完成器材及测试仪表工具检验	10				
完成设备安装检验	10				
完成线缆敷设检验	10				
完成线缆保护方式检验	10				

续表

评分项目	分　值	得　分	等　级	评　语	评分人
完成线缆终端检验	10				
完成工程电气检查	10				
完成验收报告编写	30				

最终成绩：_____

评测教师综合评语：

评测教师签名：

被评测者评价：

被评测者签名：

被评测者对于评测结果不满意的可以在 3 日内联系评测者提出异议，评测者根据被评测者的意见和实际评测过程的观察数据进行复评，并在____日内将最终结果和理由告知被评测者，经被评测者确认同意后作为最终结果。如果异议较大，被评测者可以填写相应申请，提请重新测试，经同意后可以进行再一次也就是最后一次评测。

申诉电话：

申诉邮件：

最终评测结果将告知被评测者、评测者和教务办，并由相关人员进行原始资料的保存。

五、课程评价

1. 课程评价表

训练名称：	班级：	姓名：	年　　月　　日
1. 你理解的本训练的核心知识有：			
2. 你获得本训练的核心技能有：			
3. 下列问题需要进一步了解和帮助：			
4. 完成本训练后最大收获是：			
5. 教师思路是否清晰？是否适应教师的风格？			
6. 教师的教学方法对你的学习是否有帮助？			
7. 你是否有组织、有计划地学习？目标基本达到了吗？			
8. 为了获得更好的学习效果，你对本训练内容和实施有何建议：			
教师签字： 学生签字：			

2. 职业素养核心能力评测表

使用方式：在框中打"√"。

职业素养核心能力	评价指标	自测结果
教师签名：	学生签名：	年 月 日

项目二

单层单房间布线系统设计与施工

学习目标

知识目标：

● 了解特定工程项目的工作区子系统的设计的基本方法和步骤；

● 熟悉相关文档的撰写；

● 能熟练地表述计算机网络各组成部分的逻辑组成；

● 能说出特定项目的软件系统和硬件系统，能叙述常用传输介质的特点和使用场合；

● 熟悉计算所需信息点数量和规格，了解工程用量，了解特定工程的预算方法；

● 看懂常用的建筑图纸，并了解绘制相关综合布线系统图的方法和流程；

● 能说出计算预算的方法和流程；

● 了解特定项目的施工方法、步骤和技巧；

● 熟悉特定项目的施工验收的项目和步骤。

能力目标：

● 能进行特定项目的需求分析；

● 能对现有项目进行调查、分析；

● 能实施相关工程的招投标；

● 能针对特定单层单间房的综合布线工程给出具体的设计和施工方案；

● 能根据设计方案进行准确施工(完成各类线缆的制作和测试，信息模块端接和线路设计等)；

● 能在施工过程中进行管理；

● 能进行符合特定要求的单间房的综合布线工程测试与验收；

● 完成相关工程的各类文档的撰写。

素质目标：

● 学生小组组长根据需求分析要求分配工作任务，通过需求分析活动的开展，培养学生的团队合作能力；

● 通过对所设计的对象的现场勘测，撰写勘测报告，培养学生认真的工作态度和真实资讯收集、验证意识和调研论证的职业素养；

● 通过虚心接受他人善意意见(这里指导生和教师)，培养学生良好的职业态度(这里主要是指积极面对挫折和批评的意识)；

● 通过竞赛对抗的开展，通过不断失败和改进，进行职业挫折感的调节，培养职业自信心；

● 进行耗材使用情况登记制度，督促学生遵循够用、用好的原则，培养学生的节约节能意识；

● 通过项目活动的进行，允许学生修改任务计划，培养学生方案改进、思路更新的革新创新意识；

● 通过活动的角色分配、分组实施等，培养学生的组织管理能力和协调能力；

● 要求学生按照国标 GB 50311《综合布线系统工程验收规范》和《综合布线系统工

程设计规范》要求实施，并进行考评，培养学生规范做事的素质和责任意识；

● 在完成任务后，进行场地的整理和清洁、工具的规范放置，培养学生的现场和设备规范管理意识以及良好的职业习惯。

项目学习概要

任务一　单层单房间布线项目需求分析。
任务二　单层单房间综合布线系统设计。
任务三　单层单房间工程招投标训练。
任务四　单层单房间工程施工与管理。
任务五　单层单房间工程测试与验收训练。

单层单房间布线系统设计与施工项目任务书

班级：　　　　　姓名：　　　　　　指导教师：

训练项目名称：单层单房间布线系统设计与施工项目
任务简介
一、项目实施目的

单层单房间工程项目主要指针对一个独立的需要设置终端设备的区域开展的设计与施工，此系统应有配线布线系统的信息插座延伸到终端设备处的连接电缆及适配器组成。按照面积需要 5～10m^2(出处：GB/T 50311 国家标准)。通过本项目训练，让学生认识和熟悉单层单房间类型的综合布线系统的重要概念和原理，识别基本的网络传输介质、设备工具；熟悉各种常用产品性能，主要性能指标，能够独立或者以团队的方式完成整个工程的招投标、设计、施工管理、测试和验收方面的基本任务并培养相应的职业素养。

二、训练内容

任务一　单层单房间布线项目需求分析。
任务二　单层单房间综合布线系统设计。
任务三　单层单房间工程招投标训练。
任务四　单层单房间工程施工与管理。
任务五　单层单房间工程测试与验收训练。

三、训练过程

组建项目团队—分解项目任务—完成学习准备—制订学习预案—项目实操训练—项目绩效评估—项目学习规律探索—再建项目化工作过程。

项目分工与职责要求

(1) 项目组长：总体思路建构、调研需求分析管理、任务分解、全面组织管理、项目质量控制、团队成员学习绩效评估。

(2) 项目组员：信息案例辅助、任务分解辅助、调研实施、资料收集、系统设计、施工实施、组织管理辅助、质量控制辅助、学习绩效评估辅助。

组员涉及的角色有：调研员、企业委托方成员、中介机构、招投标双方、系统设计员、信息助理、施工员、展示助理、评价助理、项目管理员、项目测试员、项目验收员等。

知识能力要求

(1) 组长知识能力要求：熟悉职业认知调研目的、任务、要素、流程和质量标准，能够运用团队合作能力、问题解决能力清晰具体地提出职业认知活动思路，指导团队成员完成工作任务，能够对每一个团队成员的实践活动做出正确的绩效评价，同时具有组内最佳的项目开展的知识与技能，并在相应岗位的职业素养养成方面走在前列。

(2) 其他角色知识能力要求：能够运用信息处理能力、项目调研策划与实施能力、沟通协调能力为组长决策提供信息，资料、文字撰写，沟通协调方面的服务，竞赛组织与实施，信息展示与评价，项目实施专业技能与知识。

项目完成条件配置

(1) 硬件条件：×××集团公司××部现场、项目调研现场、公司培训基地现场、施工现场、一体化实训室、校内外指导教师各 1 名。

(2) 管理条件：按业务部构架建立企业化学习团队，有完善的公司管理制度、岗位职责职能、工作绩效考核标准和办法。

项目成果验收要求

(1) 项目开题报告：按岗位角色填写，每人 1 份。

(2) 工作案例与分析：按岗位角色提交，每人 1 份。

(3) 思路创意概述与说明，按岗位角色提交，每人 1 份。

(4) 能力条件准备报告，按岗位角色提交，每人 1 份。

(5) 组织实施方案：按承担的工作任务填写，每人 1 份。

(6) 项目成果报告，按完成的工作任务填写，每人 1 份。

(7) 项目总结：按岗位角色提交，每人 1 份。

(8) 在项目设计、招投标、施工、测试和验收环节的小组工作相关的成果报告：按环节填写，每组 1 份。

(9) 答辩记录：由评价组成员按每人 1 份完成。

项目成果质量要求

一、形成单层单房间综合布线项目调查分析能力

(1) 明确调查分析目的、对象和任务；

(2) 掌握调查分析内容、方式和方法；

(3) 实施调查分析组织、准备和演练；

(4) 调查分析现场操作、组织和管理；

(5) 调查分析结果核准、整理和发布。

二、形成单层单房间综合布线项目案例借鉴能力

(1) 能选取相关案例；

(2) 能科学分析案例；

(3) 能正确运用案例。

三、形成团队合作能力

(1) 能营造团队合作氛围；

(2) 能搭建合理的团队结构；

(3) 能运用征求团队成员意见技巧；

(4) 能运用综合团队成员意见方法。

四、形成单层单房间综合布线项目表达能力

(1) 文本要素完整，详略得当；

(2) 条理清晰，语言简洁准确；

(3) 格式美观实用，装帧得体。

五、形成单层单房间综合布线项目可行性分析能力

(1) 能对方案进行可行性分析和表述；

(2) 能对方案创新点进行分析和表述。

六、形成单层单房间综合布线项目系统设计能力

七、形成单层单房间综合布线项目可检验的施工成果

八、形成单层单房间综合布线项目测试和验收能力

项目时间安排与要求

(1) 本项目在一周内完成。

(2) 4~5 人自愿组成项目团队共同完成本项目。

(3) 项目团队每个人要有明确的任务和职责。

(4) 项目准备要有明确分工，制订调研方案，做好资料查询和能力准备，进行必要沟通联系。

(5) 在项目实施过程中，认真做好现场调查和记录，详细设计，精细施工，对成果进行重复整理、分析，小组成员保质保量地完成项目任务，项目组长做好管理、实施和监督工作。

(6) 项目完成后，进行仔细检测与验收，根据要求撰写相关文档，借助第三方进行总结分析，组长做好资源成果的整合工作，为后续的相关项目提供书面资料和实施经验。各组通过自评、互评相互学习，互帮互助，共同提高，完成小组和成员的工作业绩评价和分析工作。

任务一　单层单房间布线项目需求分析

任务训练说明：

根据 E 港集团的综合布线项目中的单层单房间布线项目案例，对满足特定需要的单层单房间中的综合布线工程进行需求分析。单层单房间布线系统如图 2-1 所示。

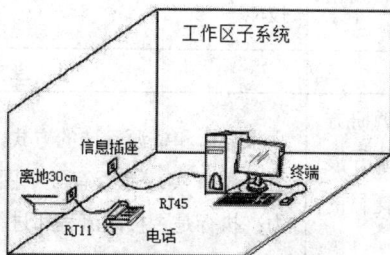

图 2-1　单层单房间系统示意图

一、了解训练内容

<table>
<tr><td colspan="7" align="center">训练任务名称："综合布线工程教学模型案例"导学</td></tr>
<tr><td>授课班级</td><td>略</td><td>上课时间</td><td>略</td><td>课时</td><td>上课地点</td><td>略</td></tr>
<tr><td rowspan="2"></td><td colspan="2" align="center">能力目标</td><td colspan="2" align="center">知识目标</td><td colspan="3" align="center">素质目标</td></tr>
<tr><td rowspan="1" colspan="1">训练目标</td><td colspan="2">1. 通过学习教师提供的单房间示范案例，了解需求分析报告的格式，分析过程获取相关资料，从而获取需求分析关键内容的能力，并获得判定信息点和语音点位置等内容的能力；
2. 通过对教师单房间示范案例的学习，学习能运用所学的对拓扑结构、数据传输、发展需求、性能需求、地理布局、通信类型、总投资的需求分析能力，从而完成相应的需求分析报告</td><td colspan="2">1. 熟悉工作区子系统的概念和划分原则；
2. 了解客户对于单房间布线的需求；
3. 看懂客户提供的单房间建筑工程图纸；
4. 了解单房间的布线工作内容和施工流程；
5. 了解单个房间的布线要求和标准</td><td colspan="3">1. 学生小组组长根据需求分析要求分配工作任务，通过需求分析活动的开展，培养学生的团队合作能力；
2. 通过对所设计的对象的现场勘测，撰写勘测报告，培养学生认真的工作态度和真实资讯收集、验证意识和调研论证的职业素养；
3. 学生通过讨论和互评，相互帮助改进需求分析方案，培养革新和责任意识；
4. 通过查新和咨询校内外教师，确定设计的需求方案的科学性和实用性，来培养学生求真务实的态度和精神；
5. 通过 PPT 展示需求分析成果，培养学生书面表达、演讲等沟通交流素质</td></tr>
</table>

	训练场景	任务成果
任务与场景	1. 根据客户要求进行现场调研 2. 完成需求分析报告	1. 根据项目描述，确定该项目的具体设计目标、设计要求； 2. 根据要求，对拓扑结构、数据传输、发展需求、性能需求、地理布局、通信类型、总投资进行需求分析；编写需求说明书
	知识储备要求	基本技能要求
能力要求	调研知识、需求分析报告撰写知识、团队分工知识，综合布线相关系统的基本知识	资料查询、多媒体资源编辑技能、训练报告撰写、交流沟通技能
	学习重点	学习难点
	需求报告的格式和内容说明，调研方式和记录方式的选择，如何正确开展现场勘测的方法决策，器材和耗材的认知	需求分析和资源筛选的方式，现场勘测的计划；勘测资料是否完整真实，是否有文字图形资料，是否具有信息筛选能力；执行是否按照流程和进行实施

通过自学掌握本任务学习信息。学习路径提示：你是否理解上述学习信息，把不理解的疑问写出来，然后通过上网查询，或向老师、同学求教排除你的疑问。

二、训练团队组建

流程一：组建团队。

学习路径提示：

(1) 全班同学自愿报名产生本次调研活动的组长候选人，建议以导生为组长。

(2) 也可通过推荐和先前的表现产生竞聘产生团队组长。

(3) 项目组长可与全班同学自由组合，按 4～6 人一组产生实施团队。

(4) 项目组内通过协商、竞聘产生学习团队成员岗位角色。

(5) 项目组内通过协商，确定每个团队成员的岗位职能和职责。

流程二：填写团队组建表。

团队组建表

团队名称				
团队结构	**岗 位**	**姓 名**	**职业特长**	**本项目职责职能**
	项目组长			调研策划主持
	信息助理			调研信息、案例查询
	文档处理			进行文档处理、报告编制
	实施助理			负责实地信息的收集和处理
	展示助理			负责汇报材料编写、成果展示
	评价助理			辅助评价和表现观测

流程三：上交团队组建表。

学习路径提示：按上交表格先后和填写质量，讲评并确定团队组建成绩。

流程四：组长宣布调研团队组建结果。

学习路径提示：按礼仪、表达讲评并确定团队组建成绩。

三、知识学习与能力训练

1. 具体项目任务的团队组建

学习路径提示：

填写下列表格，组建调研计划制定工作团队。

团队名称	调研策划团队			
岗 位	**姓 名**	**职业特长**	**职责职能**	**工作任务**
项目组长				
知识信息策划				
案例信息策划				

新闻信息策划				
视频信息策划				
图片信息策划				
文字编辑策划				
美术编辑策划				

团队名称	反思策划团队			
岗　位	姓　名	职业特长	职责职能	工作任务
项目组长				
调研计划反思策划				
调研实施反思策划				
调研报告反思策划				
团队合作反思策划				
行为与态度反思策划				
知识与技能反思策划				

团队名称	实践开展策划团队			
岗　位	姓　名	职业特长	职责职能	工作任务
项目组长				
工作人员访谈行动策划				
技术人员施工调查行动策划				
现场资料收集行动策划				
现场信息记录策划				
调查报告策划				
项目方案策划				
项目汇报策划				

团队名称	展示策划团队			
岗　位	姓　名	职业特长	职责职能	工作任务
项目组长				
论点策划				
论据策划(文字说明为主)				
论证策划(视频、图片、网络资源等)				
展示形式和最终资料撰写				
展示实施策划				
分工策划				
策划书撰写策划				

团队名称	评价策划团队			
岗　位	姓　名	职业特长	职责职能	工作任务
项目组长				
调研策划工作量和质量评估				
现场调研工作量和质量评估 (有相关证明，比如图片、文字材料等)				
文档撰写工作量和质量评估				
成果展示评估				

2. 撰写策划书

1) 撰写策划书准备

撰写策划书前确定以下内容。

(1) 本次调研的目的是什么？需要完成哪些方面的内容？

(2) 为什么要组织这项活动？最终要有什么样的成果产生？

(3) 活动安排在什么时间？什么地点？

(4) 活动分几个阶段、几个项目？每个项目有哪些任务？为什么这样设置？

(5) 每个活动项目任务通过哪些途径完成？

(6) 每项活动项目任务由谁负责？谁配合做哪些辅助工作？

(7) 活动有哪些预期成果？谁负责撰写提供？

(8) 活动需要配置哪些器材？谁负责准备？

2) 按策划书结构要求撰写策划书

策划书题目：《×××公司×××(单层单房间)布线项目调研策划书》。

策划书结构如下。

(1) 活动背景与活动意义。

(2) 主题概念界定与目的。

(3) 活动项目与任务定位。

(4) 活动路径与方法选择。

(5) 活动日程与具体安排。

(6) 活动预期成果与责任。

3. 调研方案设计(策划书撰写)

调研方案设计示例如下。

一、目标任务

1. 了解单层单房间综合布线项目所涉及的技术概况和基本任务。

2. 了解委托公司单层单房间的网络信息化现状。

3. 了解委托公司对于本公司具体的单层单房间的网络信息化的需求状况。

二、活动路径

组建项目团队→分解项目任务→完成能力准备→决定调查方式→活动实施→调研结果

评估→学习规律探索→学习能力提升。

三、活动方式

角色扮演的过程演练。

四、活动方法

1. 组内进行角色分派，组内形成三个角色，两位扮演认知调研团队，另一个为模拟行业企业团队，导生负责进行协调和初步指导，教师进行活动监控及后续的总结评价。

2. 随机抽取另一个小组作为观察组，观看视频和未署名的调研报告，并进行组内评分，并对所评判的小组做必要的评语。

五、活动要求

1. 被评价组成员根据不同角色和完成工作项目任务需要，查询、筛选、整理、存储、理解、运用文献查询、现场模拟调查和定性、定量、比较等分析等知识。

2. 根据不同角色和不同工作项目任务，选择问卷制作、现场采访等方式开展调研、评价组可选择现场记录或者观看录像进行统计分析、结合无记名的调研报告撰写评语后以合适的方法告知被评价人。

六、调研方法

1. 行业企业网站。

2. 问卷调查。

3. 企业关键人物专题访问。

七、拟选择的调研样本

1. 行业样本。

2. 企业样本。

3. 个人样本。

八、调查问卷设计

九、专题访问设计

十、视频剪辑

十一、需求分析报告撰写(参考格式)

分析报告一般分为主标题、副标题、目标任务、样本准备及依据、分析视角与方法准备与依据、问卷设计思路及依据、调查分析实施的过程、问卷发放回收及有效性、调查信息分析及结论、对策建议等部分。

十二、时间安排

调研项目	时 间	地 点	调研方式	具体工作内容
技术现状	调查时间 分析时间 撰写时间 上交时间	调查地点 分析地点	调查问卷、专访、网上资料查询、电话访问	比如发放问卷、网络查询、处理信息
企业现状	调查时间 分析时间 撰写时间 上交时间	调查地点 分析地点		

续表

调研项目	时　间	地　点	调研方式	具体工作内容
企业需求	调查时间 分析时间 撰写时间 上交时间	调查地点 分析地点		
项目需求简报	调查时间 分析时间 撰写时间 上交时间	调查地点 分析地点		

十三、预期调研结果

根据具体的工作内容、分析结果和个人的收获。

十四、调研保障条件

与有关政府部门、企业沟通联系，以及调研课时安排、交通工具安排。

在此阐述目前所拥有的策划和实施调研所需要的各项资源，以及需要的其他资源。

4. 任务组织与实施

1) 任务组织

如果以小组为单位，不同组协同完成项目的情况下，则需要四个小组，两个小组为调研方、一个小组为委托方，另一个小组为观察评测方。同时，通过轮换的方式进行竞赛式训练和评测。任务组织程序如下。

(1) 分组并确定小组负责人(导生)。导生最好满足如下要求。

① 平时能积极参与学校(学院)的社会实践活动；

② 遵章守纪，在校期间无任何违法乱纪记录，成绩优良；

③ 有较好的组织领导能力，善于与人沟通。

(2) 撰写调研活动创意思路，包括调研活动主标题、副标题、实施时间、地点、对象、目标、行动内容和可行性。

(3) 上交团队项目申报表，附调研活动策划书、安全预案和实践单位或个人接待回执。

(4) 按组长、组织策划、外联、媒体联系、项目宣传、拍摄记录、博客发帖、财务管理、生活管理、安全管理等角色进行分工。

(5) 参照案例制订调研活动方案。

2) 任务实施

实施路径提示：

(1) 每一位团队成员根据自己承担的项目任务，制订职业认知调研子方案。

① 技术调研。针对单层单房间系统的综合布线主要技术、施工内容、材料和工具资料。通过技术网站实施技术调研。

② 行业企业调研方案，包括行业企业经营内容、目标、规模、效益、地位、前景、

问题。通过查询行业企业网站实施行业企业调研。

③ 企业需求调研方案，包括企业针对单层单房间综合布线工程所需要改进或者重新建设企业网络的要求。通过问卷调查、专访等方式了解企业的真实需求。

④ 解决方案，满足委托方需求的各项工作。包括所需技术、耗材、工具、成本和简要的平面设计图。通过组内讨论制订初步解决方案，可通过专家咨询、第三方委托等方式进一步完善。

(2) 经团队讨论修改后，由项目组长整合为本组的调研总体方案。

(3) 职业认知调研方案结构如下。

① 调研主题定位；

② 调研对象选择；

③ 调研目标确定；

④ 调研项目设计；

⑤ 调研团队分工；

⑥ 调研行程安排；

⑦ 团队设备配置与管理；

⑧ 团队财务预算与管理；

⑨ 团队生活安排与管理；

⑩ 团队安全预案与管理。

5. 策划书交流考核

实施路径提示：

(1) 项目组长主持，在团队内部交流策划书，项目助理记录。

(2) 根据讨论结果项目组长修改策划书。

(3) 项目组长主持，两个团队交评价策划书，项目助理记录。

(4) 组长说明评分标准，分解评分项目，将评分结果填写成绩表。

评分项目	分　值	得　分	等　级	评　语	评分人
活动目标任务明确性	10				
活动过程设计完整性	20				
活动项目任务落实性	20				
活动日程安排合理性	20				
活动路径设计得当性	10				
活动预期成果有创意	10				
文本语言运用水平	10				

四、学生知识能力评估

1. 自评

开展本任务学习效果评估。

学习路径提示：回答下列问题，撰写个人学情自我分析简报。

(1) 是否按照课程要求进行知识、技能的学习？效果如何？

(2) 对本训练的哪个环节的学习有个人的想法？

(3) 是否达到你的学习预期或者目标？有哪些困难？对老师和学习团队有什么要求？

(4) 为自己在本训练中的表现给出一个综合评价。

2. 教师评价

以小组为单位进行评分。

参评的小组/个人：　　　　　评测方法：　　　　　评测工具：

评分项目	分　值	得　分	等　级	评　语	评分人
调研小组组队评价	5				
项目小组任务分配评价	5				
调研策划评价	20				
调研实施评价	30				
调研成果展示评价	20				
组内成员对耗材和工具使用了解程度评价	20				

最终成绩：_____

评测教师综合评语：

评测教师签名：

被评测者评价：

被评测者签名：

被评测者对于评测结果不满意的可以在 3 日内联系评测者提出异议，评测者根据被评测者的意见和实际评测过程的观察数据进行复评，并在____日内将最终结果和理由告知被评测者，经被评测者确认同意后作为最终结果。如果异议较大，被评测者可以填写相应申请，提请重新测试，经同意后可以进行再一次也就是最后一次评测。

申诉电话：

申诉邮件：

最终评测结果将告知被评测者、评测者和教务办，并由相关人员进行原始资料的保存。

五、课程评价

1. 课程评价表

训练名称：		班级：		姓名：		年　　月　　日
1. 你理解的本训练的核心知识有：						
2. 你获得本训练的核心技能有：						

续表

3. 下列问题需要进一步了解和帮助:
4. 完成本训练后最大收获是:
5. 教师思路是否清晰? 是否适应教师的风格?
6. 教师的教学方法对你的学习是否有帮助?
7. 你是否有组织、有计划地学习? 目标基本达到了吗?
8. 为了获得更好的学习效果,你对本训练内容和实施有何建议:
教师签字: 学生签字:

2. 职业素养核心能力评测表

使用方式: 在框中打"√"。

职业素养核心能力	评价指标	自测结果
教师签名:	学生签名:	年　月　日

3. 专业核心能力评测表

职业技能	评价指标	自测结果	备　注
本项目评分			
教师签名:	学生签名:		年　月　日

任务二 单层单房间综合布线系统设计

任务训练说明：

根据 E 港集团的综合布线项目中的单层单房间项目案例，对满足特定需要的单层单房间中的综合布线工程进行系统设计。

一、了解训练内容

训练任务名称：单层单房间综合布线系统设计						
授课班级	略	上课时间	略	课时	上课地点	略
	能力目标		知识目标		素质目标	
训练目标	1. 通过对单层单房间项目的设计训练，学生能应用信息点、语音点统计和位置设计知识和能力，各自针对上一任务撰写的相关需求分析报告案例进行设计； 2. 通过对教师示范项目案例的工程设计方案各组成元素的学习，能针对特定单层单间房的综合布线工程给出具体的单房间项目的设计方案和文档		1. 了解特定工程项目的工作区子系统的设计的基本方法和步骤； 2. 了解工作区子系统国家标准即 GB 50311 中的第四章的系统配置设计中的 4.1 节内容，方案设计必须遵循此规定； 3. 熟悉相关文档的撰写； 4. 熟练表述工程设计流程和基本方法； 5. 熟悉计算所需信息点数量和规格，了解工程用量，了解特定工程的预算方法； 6. 了解设计和施工图纸的绘制方法		1. 通过小组内的设计文档的各要素完成角色任务分配，并分组实施获取相关资料，培养学生的组织管理能力和协调能力； 2. 进行组内讨论和 PPT 展示，参考组外学生和教师的意见进行设计方案的改进，培养学生的革新创新意识； 3. 通过虚心接受他人善意意见，培养学生良好的职业态度(这里主要是积极面对挫折和批评的意识)	
任务与场景	训练场景		任务成果			
	分组进行特定单层单房间的综合布线系统设计： 1. 统计信息点并制表； 2. 完成综合布线系统图设计并编制端口对应表； 3. 完成施工图并编制材料表； 4. 设计预算表。 确定网络拓扑结构(使用双绞线)、网络布线原则、中心机房规划、网络设备的选型、网络操作系统及应用软件选型等		两图(系统图、施工图)、四表(信息点表、端口对应表、材料表、预算简表)、一方案(方案按照投标书样式撰写)			

续表

能力要求	知识储备要求	基本技能要求
	调研知识、综合布线系统设计基础知识、团队分工知识，综合布线相关系统的基本知识	资料查询、与任务相关的 VISIO 或者 MinCad 软件使用能力、训练报告撰写、交流沟通技能
	学习重点	学习难点
	特定单层单房间项目的图表编写要点，按照要求筛选信息符合国家标准、图标是否绘制正确、图标是否添加、是否具有科学性，执行是否按照流程和进行实施	根据前期的信息资源自主开展两图四表的独立设计，绘制的图表是否完整真实、是否有文字图形资料、是否具有信息筛选能力，执行是否按照流程和进行实施

通过自学掌握本任务学习信息。学习路径提示：你是否理解上述学习信息，把不理解的疑问写出来，然后通过上网查询，或向老师、同学求教排除你的疑问。

二、训练团队组建——导生制分层教育

由于本教学活动无须组员合作完成项目任务，因此，适合采用基于导生制的分层教育方式实施教学。

1. 训练团队模式一

根据分好的小组，进行个人能力和学习目标、期望的定义。按下列要求填写任务岗位分配表。

(1) 根据已经划分的小组，确定完成本训练的组内导生，由导生担任本组学习组长，当然除担任组长的导生外，如果组内人数较多可以根据学生意愿多上浮 1～2 个名额。

(2) 其他组员根据自身的学习基础、前续知识和技能的掌握程度以及个人在本训练环节所希望获得的学习成果等级进行组内分层分组。

(3) 建议组内成员的层次等级为优秀级、中等级别和合格级别，这些层次的学员数量建议为 1：3：1，导生的培养级别应该初定为优秀方向，同时以尽量增加优秀和中等层次级别的学生为基本原则。

(4) 项目组内通过协商，如果选择合格等级的学生人数较多，应该和其他组进行调换，直到符合第 3 项要求。

任务岗位分配表

团队名称(虚拟企业名称)				
团队结构	岗　位	姓　名	知识技能	本次训练职责职能
	项目组长(导生)		1. 已有知识： 2. 已会技能：	1. 通过本次训练需要掌握的知识技能： 2. 职业素养要求：

团队结构	优秀等级学生		1. 已有知识： 2. 已会技能：	1. 通过本次训练需要掌握的知识技能： 2. 职业素养要求：
	中等等级学生		1. 已有知识： 2. 已会技能：	1. 通过本次训练需要掌握的知识技能： 2. 职业素养要求：
	合格等级学生		1. 已有知识： 2. 已会技能：	1. 通过本次训练需要掌握的知识技能： 2. 职业素养要求：

说明： 表中的等级名称可以由教师根据教学对象自由拟定，本次训练职责职能为学生通过训练所要获得的知识、技能和职业素养，不同层次的学生需要训练的重点和要求不同，对于不同层级的学生已经掌握的知识技能则根据具体情况予以直接考核，无须进入重新学习环节。

2. 训练团队模式二

流程一：组建团队。

学习路径提示：

(1) 在已经分组情况下，同学自愿报名产生本次任务的组长候选人，建议以导生为组长。

(2) 也可通过推荐和先前的表现竞聘产生团队组长。

(3) 项目组长可与全班同学自由组合，按 4～5 人一组产生实施团队，或者延续前期的团队组成。

(4) 项目组内通过协商、竞聘产生学习团队成员岗位角色。

(5) 项目组内通过协商，确定每个团队成员的岗位职能和职责。

流程二：填写下表。

团队名称				
	岗 位	姓 名	职业特长	本项目职责职能
团队结构	项目组长			设计环节主持与过程控制，评价和表现观测
	组长助理			协助组长进行工作任务实施管理，进行任务分配和人员的协调，辅助评价和表现观测
	信息助理			进行资料的收集、选择和规整
	实施助理			进行文档处理、报告编制
	展示助理			负责汇报材料编写、成果展示

流程三：上交团队组建表。

学习路径提示：按上交表格先后和填写质量，讲评并确定团队组建成绩。

流程四：组长宣布调研团队组建结果。

学习路径提示：按礼仪、表达讲评并确定团队组建成绩。

三、知识学习与能力训练

1. 获取委托书并进行调研

1) 本场景的知识要点

一般工程的项目设计按照用户设计委托书的需求来进行，在设计前必须认真研究和阅读设计委托书。重点了解网络综合布线项目的内容，例如建筑物用途、数据量的大小、人员数量等，也要熟悉强电、水暖的路由和位置。智能建筑项目设计委托书中一般重点为土建设计内容，对综合布线系统的描述和要求往往较少，这就要求设计者把与综合布线系统有关的问题整理出来，需要与用户再进行需求分析。

2) 本场景的操作要点

仔细阅读和理解任务一中形成的调研报告和需求分析报告中的内容，再次回顾任务一中的调研过程和方法，从而能够更加熟练地完成后期项目的任务一中的工作。

2. 需求分析及技术交流

1) 本场景的知识要点

需求分析是综合布线系统设计的首项重要工作，对后续工作的顺利开展非常重要，也直接影响最终工程造价。需求分析主要掌握用户的当前用途和未来扩展需要，目的是把设计按照写字楼、宾馆、综合办公室、生产车间、会议室、商场等类别进行归类，为后续设计确定方向和重点。

需求分析首先从整栋建筑物的用途开始进行，然后按照楼层进行分析，最后再到楼层的各个工作区或者房间，逐步明确和确认每层和每个工作区的用途和功能，分析这个工作区的需求，规划工作区的信息点数量和位置。

在进行需求分析后，建议与用户进行技术交流，这是非常必要的。不仅要与技术负责人交流，也要与项目或者行政负责人进行交流，进一步充分和广泛的了解用户的需求，特别是未来的发展需求。在交流中重点了解每个房间或者工作区的用途、工作区域、工作台位置、工作台尺寸、设备安装位置等详细信息。在交流过程中必须进行详细的书面记录，每次交流结束后要及时整理书面记录，这些书面记录是初步设计的依据。

2) 本场景的操作要点

仔细阅读和理解任务一中形成的调研报告和需求分析报告中的内容，再次回顾任务一中的调研过程和方法，从而能够更加熟练地完成后期项目的任务一中的工作。

3. 读懂建筑物图纸及各类工程说明并进行初步设计

1) 本场景的知识要点

索取和认真阅读建筑物设计图纸是不能省略的程序，通过阅读建筑物图纸掌握建筑物的土建结构、强电路径、弱电路径，特别是主要电气设备和电源插座的安装位置，重点掌握在综合布线路径上的电气设备、电源插座、暗埋管线等。在阅读图纸时，进行记录或者标记，这有助于将网络和电话等插座设计在合适的位置，避免强电或者电气设备对网络综合布线系统的影响。

工作区信息点命名和编号是非常重要的一项工作，命名首先必须准确表达信息点的位置或者用途，要与工作区的名称相对应，这个名称从项目设计开始到竣工验收及后续维护最好一致。如果出现项目投入使用后用户改变了工作区名称或者编号的情况，必须及时制作名称变更对应表，作为竣工资料保存。

2) 本场景的操作要点

(1) 确定单层单房间面积。

随着智能建筑和数字化城市的普及和快速发展，建筑物的功能呈现多样性和复杂性，建筑物的类型也越来越多，大体上可以分为商业、文化、媒体、体育、医院、学校、交通、住宅、通用工业等类型，因此，对工作区面积的划分应根据应用的场合做具体的分析后确定。工作区面积划分参照表 2-1。

表 2-1 工作区面积划分表(GB 50311—2007)

建筑物类型及功能	工作区面积/m^2
网管中心、呼叫中心、信息中心等终端设备较为密集的场地	3~5
办公区	5~10
会议、会展	10~60
商场、生产机房、娱乐场所	20~60
体育场馆、候机室、公共设施区	20~100
工业生产区	60~200

(2) 配置房间信息点。

信息点数量的配置，不能只按办公楼的模式确定，要考虑多功能和扩展的需要，尤其是对于内外两套网络系统同时存在和使用的情况，更应加强需求分析，合理地配置。工作区信息点配置要素见表 2-2。

表 2-2 工作区信息点配置要素

工作区类型及功能	安装位置	信息点数量	
		数 据	语 音
网管中心、呼叫中心、信息中心等终端设备较为密集的场地	工作台附近的墙面集中布置的隔断或地面	1 个/工位	1 个/工位
集中办公区域的写字楼、开放式工作区等人员密集场所	工作台附近的墙面集中布置的隔断或地面	1 个/工位	1 个/工位
研发室、试制室等科研场所	工作台或试验台处墙面或者地面	1 个/台	1 个/台
董事长、经理、主管等独立办公室	工作台处墙面或者地面	2 个/间	2 个/间
餐厅、商场等服务业	收银区和管理区	1 个/50 m^2	1 个/50mm^2
宾馆标准间	床头或写字台或浴室	1 个/间，写字台	1~3 个/间
学生公寓(4 人间)	写字台处墙面	4 个/间	4 个/间
公寓管理室、门卫室	写字台处墙面	1 个/间	1 个/间

续表

工作区类型及功能	安装位置	信息点数量	
		数 据	语 音
教学楼教室	讲台附近	2 个/间	0
住宅楼	书房	1 个/套	2~3 个/套
小型会议室/商务洽谈室	主席台处地面或者台面 会议桌地面或者台面	2~4 个/间	2 个/间
大型会议室，多功能厅	主席台处地面或者台面 会议桌地面或者台面	5~10 个/间	2 个/间
大于 5000 m^2 的大型超市或者卖场	收银区和管理区	1 个/100 m^2	1 个/100m^2
2000~3000 m^2 中小型卖场	收银区和管理区	1 个/30~50m^2	1 个/30~50m^2

(3) 进行房间信息点点数统计。

工作区信息点点数统计表简称点数表，是设计和统计信息点数量的基本工具和手段。本任务中的点数表制定具体参考项目一任务二中的方法。

【实施经验】在填写点数统计表时，从楼层的第一个房间或者区域开始，逐间分析需求和划分工作区，确认信息点数量和大概位置。在每个工作区首先确定网络数据信息点的数量，然后考虑电话语音信息点的数量，同时还要考虑其他控制设备的需要，例如，在门厅和重要办公室入口位置考虑设置指纹考勤机、门警系统网络接口等。

(4) 进行工程概算。

在初步设计的基础上最后要给出该项目的概算，这个概算是指整个综合布线系统工价概算，当然也包括工作区子系统的造价。工程概算的计算方法公式如下：

$$工程概算=信息点数量×信息点的概算价格$$

例如：假设按照点数表统计的数据信息点数量为 200 个，每个信息点的概算价格按 100 元计算，该工程分项概算=200×100 元=20000 元。

【实施经验】每个信息点的概算中应该包括材料费、工程费、运输费、管理费、税金等全部费用中应该包括机柜、配线架、配线模块、跳线架、理线环、网线、模块、底盒、面板、桥槽、线管等全部材料及配件。

4. 完成正式设计及项目设计报告

1) 本场景的知识要点

(1) 设计方案用户确认流程。

用户进行初步方案确认的一般流程如图 2-2 所示。

整理初步方案 → 准备确认签字文件 → 访问用户沟通交流 → 双方确认签字 → 设计文件验收依据 → 双方存档维护依据

图 2-2 设计方案用户确认流程

(2) 国家规定。

GB 50311—2007《综合布线系统工程设计规范》的规定，从 2007 年 10 月 1 日起新建筑物必须设计网络综合布线系统。

(3) 信息点安装。

信息点安装要点，请参照单层单房间项目的场景四"完成正式设计及项目设计报告"部分。

(4) 多层多房间系统的规划与设计流程。

①　确定线缆类型。垂直子系统缆线主要有光缆和铜缆两种类型，要根据布线环境的限制和用户对综合布线系统设计等级的考虑确定。

②　垂直子系统路径的选择。垂直子系统主干缆线应选择最短、最安全和最经济的路由，一端与建筑物设备间连接，另一端与楼层管理间连接。

③　线缆容量配置。主干电缆和光缆所需的容量要求及配置应符合以下规定。

a. 语音业务，大对数主干电缆的对数应按每一个电话 8 位模块通用插座配置 1 对线，并在总需求线对的基础上至少预留约 10%的备用线对。

b. 对于数据业务每个交换机至少应该配置 1 个主干端口。主干端口为电端口时，应按 4 对线容量，为光端口时则按 2 芯光纤容量配置。

c. 当工作区至电信间的水平光缆延伸至设备间的光配线设备(BD/CD)时，主干光缆的容量应包括所延伸的水平光缆光纤的容量在内。

④　线缆敷设保护方式。线缆敷设保护应符合以下规定。

a. 线缆不得布放在电梯或供水、气、暖管道竖井中，也不应布放在强电竖井中。

b. 电信间、设备间、进线间之间干线通道应沟通。

⑤　垂直子系统干线线缆交接。为了便于综合布线路由管理，干线电缆、干线光缆布线的交接不应多于 2 次。从楼层配线架到建筑群配线架之间只应通过一个配线架，即建筑物配线架(在设备间内)。

⑥　垂直子系统干线线缆端接。干线电缆可采用点对点端接，也可采用分支递减端接连接。点对点端接是最简单、最直接的接合方法，如图 2-3 所示。

干线子系统每根干线电缆直接延伸到指定的楼层配线管理间或二级交接间。分支递减端接是用一根足以支持若干个楼层配线管理间或若干个二级交接间的通信容量的大容量干线电缆，经过电缆接头交接箱分出若干根小电缆，再分别延伸到每个二级交接间或每个楼层配线管理间，最后端接到目的地的连接硬件上，如图 2-4 所示。

⑦　确定干线子系统通道规模。垂直子系统是建筑物内的主干电缆。在大型建筑物内，通常使用的干线子系统通道由一连串穿过管理间地板且垂直对准的通道组成，穿过弱电间地板的线缆井和线缆孔，如图 2-5 所示。如果同一幢大楼的管理间上下不对齐，则可采用大小合适的线缆管道系统将其连通，如图 2-6 所示。

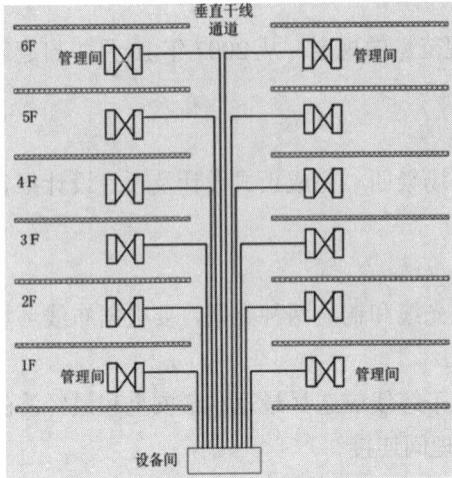

图 2-3　干线电缆点对点端接方式

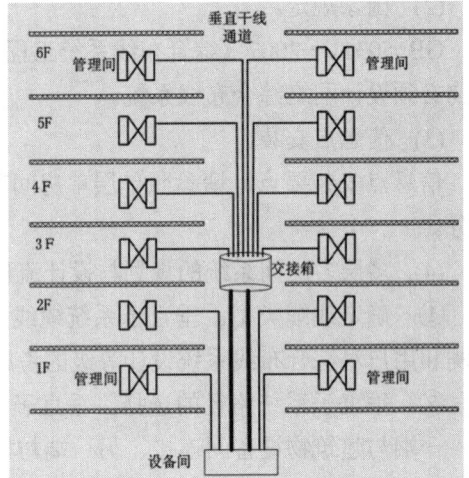

图 2-4　干线电缆分支接合方式

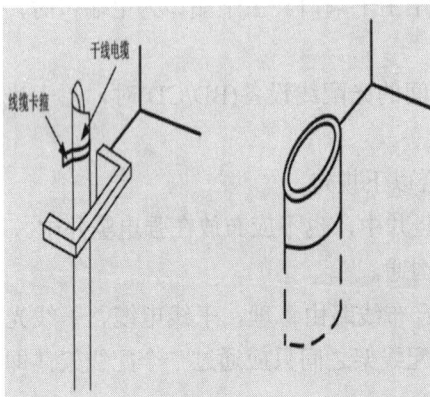

图 2-5　穿过弱电间地板的线缆井和线缆孔

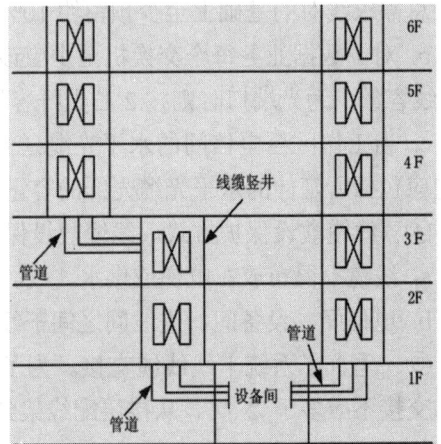

图 2-6　双干线电缆通道

2)　本场景的操作要点

(1)　进行初步方案的确认。

初步设计方案主要包括点数统计表和概算两个文件，因为工作区子系统信息点数量影响综合布线系统工程的造价，信息点数量越多，工程造价越大。

(2)　正式设计。

正式设计过程中所面临的建筑物有两类，分别为新建筑物和旧楼。

①　新建筑物综合布线系统的设计。根据从 2007 年 10 月 1 日开始正式实施的 GB 50311—2007《综合布线系统工程设计规范》的规定，从 2007 年 10 月 1 日起新建筑物必须设计网络综合布线系统，因此建筑物的原始设计图纸中必须有完整的初步设计方案和网络系统图。必须认真研究和读懂设计图纸，特别是与弱电有关的网络系统图、通信系统图、电气图等。

如果土建工程已经开始或者封顶，必须到现场实际勘测，并且与设计图纸对比。

【实施经验】新建建筑物的信息点底盒必须暗埋在建筑物的墙内，一般使用金属底盒。

② 旧楼增加网络综合布线系统的设计。当旧楼改造需要增加网络综合布线系统时，设计人员必须到现场勘察，根据现场使用情况具体设计信息插座的位置、数量。

【实施经验】旧楼增加信息插座一般多为明装 86 系列插座，也可以在墙面开槽暗装信息插座。

③ 信息点安装设计。根据不同情况进行单层单房间的信息点安装位置的选定。一般方法如下。

【实施经验】如果是集中或者开放办公区域，信息点的设计应该以每个工位的工作台和隔断为中心，将信息插座安装在地面或者隔断上。目前市场销售的办公区隔断上都预留有 2 个 86×86 系列信息点插座和电源插座安装孔。新建项目选择在地面安装插座时，有利于一次完成综合布线，适合在办公家具和设备到位前综合布线工程竣工，也适合工作台灵活布局和随时调整，但是地面安装插座施工难度较大，地面插座的安装材料费和工程费成本是墙面插座成本的 10～20 倍。对于已经完成地面铺装的工作区不宜设计地面安装方式。对于办公家具已经到位的工作区宜在隔断安装插座。

在大门入口或者重要办公室门口宜设计门警系统信息点插座。

在公司入口或者门厅宜设计指纹考勤机、电子屏幕使用的信息点插座。

在会议室主席台、发言席、投影机位置宜设计信息点插座。

在各种大卖场的收银区、管理区、出入口宜设计信息点插座。

(3) 形成分析报告。

根据具体情况进行分析形成设计报告(设计表格即可)将文字表述转化为表格形式。

E 港集团总经理室(单层单房间)综合布线项目设计报告			
班级：	姓名：	学号：	组名：
设计需求简述：(背景、目标和要求)			
设计步骤	**设计内容**		
1. 确定施工区人员数量	总经理室 1 人使用，按照单人房间设计信息点		
2. 分析业务需求	总经理向上对董事长负责，管理公司遍布全国各地的办事处和代理商。从 E 港集团企业网络中看到，公司的业务管理系统主要有商务系统、销售系统和市场推广系统等。管理范围覆盖全国，数据和语音需求非常重要，而且这些需求也很频繁和持续，需要经常召开网络会议和电话会议，同时总经理也是公司关键岗位，在信息点设计时要特别关注		
3. 确定信息点数量	根据调研，经理室应分配 2 个数据信息点和 2 个语音信息点，因此我们对总经理室设计 2 个双口信息插座，每个插座安装 1 个 RJ-45 数据口，1 个 RJ-11 语音口		

设计步骤	设计内容
4. 确定材料规划和数量	总经理室办公桌靠墙摆放，我们就把一个双口信息插座设计在办公桌旁边的墙面，距离窗户墙面 3.0m，距离地面高度 0.30m，用网络跳线与计算机连接，用语音跳线与电话机连接。另一个双口信息插座设计在沙发旁边的墙面，距离门口墙面 1.0m，方便在办公室召开小型会议时就近使用计算机，也可以坐在沙发上召开电话会议
5. 详细的图表设计	涉及工程的相关图与表：
6. 概预算	根据获得的材料品种和数量要求，计算总成本

四、学生知识能力评估

1. 自评

开展本任务学习效果评估。

学习路径提示：回答下列问题，撰写个人学情自我分析简报。

(1) 是否按照课程要求进行知识、技能的学习？效果如何？

(2) 对本训练的哪个环节的学习有个人的想法？

(3) 是否达到你的学习预期或者目标？有哪些困难？对老师和学习团队有什么要求？

(4) 为自己在本训练中的表现给出一个综合评价。

2. 教师评价

教师通过询问法和学生上交的成果予以给分，本方法获得各个小组成员的学习评价结果。

参评的小组/个人：　　　　　　评测方法：　　　　　　评测工具：

评分项目	是否通过	评　语	评　分　人
初步方案策划合理			
设计实施有理有据			
表格设计合理，能反映实际工程情况			
数据正确，无遗漏信息，没有相关点的区域填数字 0			
图形说明信息是否填写完整、清晰和规范			
技术文件的编写、审核、审定和批准人员签字正确，日期正确			
概预算完整准确			
设计报告翔实			

评测教师评价：

评测教师签名：

被评测者评价：

被评测者签名：

被评测者对于评测结果不满意的可以在 3 日内联系评测者提出异议，评测者根据被评测者的意见和实际评测过程的观察数据进行复评，并在____日内将最终结果和理由告知被评测者，经被评测者确认同意后作为最终结果。如果异议较大，被评测者可以填写相应申请，提请重新测试，经同意后可以进行再一次也就是最后一次评测。

申诉电话：

申诉邮件：

最终评测结果将告知被评测者、评测者和教务办，并由相关人员进行原始资料的保存。

五、课程评价

1. 课程评价表

训练名称：	班级：	姓名：	年　月　日
1. 你理解的本训练的核心知识有：			
2. 你获得本训练的核心技能有：			
3. 下列问题需要进一步了解和帮助：			
4. 完成本训练后最大收获是：			
5. 教师思路是否清晰？是否适应教师的风格？			
6. 教师的教学方法对你的学习是否有帮助？			
7. 你是否有组织、有计划地学习？目标基本达到了吗？			
8. 为了获得更好的学习效果，你对本训练内容和实施有何建议：			
教师签字： 学生签字：			

2. 职业素养核心能力评测表

使用方式：在框中打"√"。

职业素养核心能力	评价指标	自测结果
教师签名：	学生签名：	年　月　日

3. 专业核心能力评测表

职业技能	评价指标	自测结果	备　注
本项目评分：			
教师签名：	学生签名：		年　月　日

任务三　单层单房间工程招投标训练

任务训练说明：

根据 E 港集团的综合布线项目中的××××项目案例，基于前项任务获得的单层单房间项目的资讯、需求分析资料及设计方案，通过分组角色扮演的方式开展单层单房间项目招投标训练。

一、了解训练内容

<table>
<tr><td colspan="7" align="center">训练任务名称：单层单房间工程招投标训练</td></tr>
<tr><td>授课班级</td><td>略</td><td>上课时间</td><td>略</td><td>课时</td><td>上课地点</td><td>略</td></tr>
<tr><td rowspan="2">训练目标</td><td colspan="3">能力目标</td><td colspan="2">知识目标</td><td>素质目标</td></tr>
<tr><td colspan="3">1. 通过了解每个岗位的工作内容以及评判标准，学生在组内根据真实案例进行任务识别、任务分配和资料的积累；
2. 通过项目一中的招投标案例的学习和训练，学生根据自身情况选择合适的角色，在正确理解实施招投标流程的基础上，实施单房间案例的招投标活动；
3. 通过真实综合布线工程的相关文件的制作学习，学生掌握文件格式和内容规范，便于后期的项目的招投标活动的文档的撰写；
4. 通过本任务的学习，继续强化学生组织和参与招投标活动的能力，从而能独立或者以小组为单位完成包括信息发布、应标、评标和合同的制定和签署一系列的流程</td><td colspan="2">1. 熟悉工作区子系统的基本组成模块和要素；
2. 了解招标书和投标书的内容和编制方法；
3. 熟悉招投标的主要过程、方式和关键问题</td><td>1. 通过单房间招投标活动的角色分配、分组实施等，培养学生的组织管理能力和协调意识；
2. 培养学生通过网络获取单房间的招投标活动案例、文件格式等资料，根据应标要求制订计划，撰写专业文件的职业素养；
3. 通过竞赛对抗的开展，通过不断失败和改进，进行职业挫折感的调节，培养职业自信心</td></tr>
</table>

续表

任务与场景	训练场景		任务成果
	基于 E 港集团总经理办公室综合布线装修项目开展招投标训练		通过在相应训练场景(单层单房间)中的岗位和任务分配，各组根据各自角色完成相应的素材和文档资料，包括需求分析视频、招标公告、招投标文档，评标标准及相关资料
能力要求	知识储备要求		基本技能要求
	招投标概念、相关国家标准、Office 办公软件安装和使用知识		资料查询、需求分析报告撰写能力，项目报告撰写能力，基本的信息发布软件的使用(邮件、QQ 等)
	学习重点		学习难点
	招投标人员组成和流程学习、组内任务分配和制订计划表、招投标过程各角色所需要的资料收集、各组根据所扮演的角色不同撰写和提交相关文档		招投标内容的需求分析形式确定和结果有效性检验、相关文档的撰写

通过自学掌握本任务学习信息。学习路径提示：你是否理解上述学习信息，把不理解的疑问写出来，然后通过上网查询，或向老师、同学求教排除你的疑问。

二、训练团队组建——导生制分层教育

1. 各组角色分派

本任务的训练需要以小组为单位进行实施，且每个小组扮演相应的角色，角色主要有招标方、投标方、中介公司、专家组。分组过程中一般遵循自愿自主原则，如果出现争议或者无法进行合适安排的时候，建议采用抽签的方式。因为后期项目都会涉及招投标环节，那么在后期就可以顺利进行轮换使每位学生都可以有机会扮演这 4 个角色。

团队名称	角色的工作任务	组内成员列表	
招标方	设立模拟公司、制定招标书、与投标公司进行交流、作为专家组成员参与招标会、签订合同	1. 学号： 2. 学号：	姓名： 姓名：
投标方	设立模拟公司、购买招标书、撰写投标文件、进行投标工作(项目方案展示、答辩)、如果中标则签订合同	1. 学号： 2. 学号：	姓名： 姓名：
中介公司	设立具有资质的模拟公司、发布招投标信息、进行招标活动的全程通知工作、检验投标方资质、收集指导投标书的规范撰写、主持招标会、促成合同的签订	1. 学号： 2. 学号：	姓名： 姓名：
专家组	参与评标、评价投标方、现场记录、做好对投标方的问询工作、为招标方争取一定合法合理的利益	1. 学号： 2. 学号：	姓名： 姓名：

2. 组内角色定位

根据分好的小组，进行个人能力和学习目标、期望的定义。按下列要求填写岗位任务分配表。

(1) 根据已经划分的小组，确定完成本训练的组内导生，由导生担任本组学习组长，当然除担任组长的导生外，如果组内人数较多可以根据学生意愿多上浮 1~2 个名额。

(2) 在教师完成演示和讲解后的训练环节，导生需要组织组内同学进行学习，在练习中总结问题和经验，并由组内负责记录的同学进行归纳和总结。

(3) 各组向授课教师反馈训练成果，并提交训练中所遇到的问题、总结的经验，供大组讨论时候使用。

(4) 在答疑解惑和与其他组进行经验交流后，各组在导生带领下开展查漏补缺工作，修改前期不完善的成果，最后获得期望中的结果。

(5) 填写下表，领到不同任务的组，其相关角色和岗位有所不同，并以此为依据进行分组，如果无法通过自愿或者竞争的方式完成分组，则可以采取抽签方式来决定。

岗位任务分配表

团队名称				
岗　位	姓　　名	职业特长	职责职能	工作任务
项目组长				任务分解及分配、资源整合、实施管理、质量评估
组长助理				文档撰写(可成立新的任务小组，为相关文档的撰写收集和规整资料)
调研员				调研、需求分析
技术人员				搜集和撰写技术文档
记录员				过程记录、反馈和总结
信息处理员				图形绘制、美工、多媒体支持

说明：表中的组内记录员人数可以由教师或者各组根据教学内容自由拟定，本次训练以学生掌握基本知识、技能和了解基本素养而设置。

三、知识学习与能力训练

本步骤是以任务作为训练场景，根据不同的角色组来引入相应知识点，通过实际操作和训练来培养不同角色组成员的能力。因此，在实施本步骤前已经完成根据角色任务的分组，每组也清楚了解本组需要完成的基本任务。

1. 需求分析

1) 调研策划

学习路径提示：填写下表，组建调研计划制定工作团队。

团队名称	调研策划团队			
岗　位	姓　　名	职业特长	职责职能	工作任务
项目组长				
知识信息策划				

岗　位	姓　名	职业特长	职责职能	工作任务
案例信息策划				
新闻信息策划				
视频信息策划				
图片信息策划				
文字编辑策划				
美术编辑策划				

团队名称	反思策划团队			
岗　位	姓　名	职业特长	职责职能	工作任务
项目组长				
知识与技能反思策划				
行为与态度反思策划				
价值与情感反思策划				
理想与境界反思策划				
文本撰写策划				
反思交流策划				
文本编辑策划				

团队名称	实践开展策划团队			
岗　位	姓　名	职业特长	职责职能	工作任务
项目组长				
工作人员访谈行动策划				
技术人员施工调查行动策划				
现场资料收集行动策划				
现场信息记录策划				
工具使用调查策划				
耗材工具价格调查策划				
调查报告撰写策划				

团队名称	展示策划团队			
岗　位	姓　名	职业特长	职责职能	工作任务
项目组长				
论点策划				
论据策划(文字说明为主)				

岗　位	姓　名	职业特长	职责职能	工作任务
论证策划(视频、图片、网络资源等)				
展示形式和最终资料撰写				
展示实施策划				
分工策划				
策划书撰写策划				

团队名称	展示策划团队			
岗　位	姓　名	职业特长	职责职能	工作任务
项目组长				
调研策划工作量和质量评估				
现场调研工作量和质量评估(有相关证明,比如图片、文字材料等)				
文档撰写工作量和质量评估				
成果展示评估				

2) 需求调研实施

流程参考项目一中任务一中的项目调研部分。

3) 策划书交流考核

学习路径提示:

(1) 项目组长主持,在团队内部交流策划书,项目助理记录。

(2) 根据讨论结果项目组长修改策划书。

(3) 项目组长主持,两个团队交叉评价策划书,项目助理记录。

(4) 组长说明评分标准,分解评分项目,将评分结果填写成绩表。

评分项目	分　值	得　分	等　级	评　语	评　分　人
活动目标任务明确性	10				
活动过程设计完整性	20				
活动项目任务落实性	20				
活动日程安排合理性	20				
活动路径设计得当性	10				
活动预期成果有创意	10				
文本语言运用水平	10				

2. 根据分组情况了解相关角色工作

为各组分配相应的角色，在组内为完成角色工作进行合理分工。

在各组成员中分配各自角色所要做的工作，比如中介发布、竞标者提出投标申请并购买标书、中介审核。具体如下：

(1) 业主向中介公司递交需求报告书；

(2) 中介公司发布招标通告，并约定招投标时间及顺序；

(3) 扮演投标公司的小组要写好投标书；

(4) 选定合适时间，召集专家组、业主代表；

(5) 在实验室进行模拟开标；

(6) 每组投标公司按次序，进入议标室，阐述本公司的投标理念、应标情况、本公司的优势和核心竞争力；

(7) 专家从产品应标情况、产品先进性和质量、价格、工程质量、售后服务这几个方面来进行评价打分。

3. 进行评标及招投标后续训练

按照相关角色任务进行评标及招标训练。

(1) 选定合适时间，召集专家组、业主代表；

(2) 在实验室进行模拟开标及竞标；

(3) 每组投标公司按次序进入议标室进行技术答辩，阐述本公司的投标理念、应标情况、本公司的优势和核心竞争力；

(4) 专家从产品应标情况、产品先进性和质量、价格、工程质量、售后服务这几个方面来进行评价打分；

(5) 现场评标和合同签署完毕后，上交修改后的招标书、投标书、招标公告、公司企业证明、公司信息、专家打分表，以上述材料为依据给各组进行评分。

四、学生知识能力评估

1. 自评

开展本任务学习效果评估。

学习路径提示：回答下列问题，撰写个人学情自我分析简报。

(1) 是否按照课程要求进行知识、技能的学习？效果如何？

(2) 对本训练的哪个环节的学习有个人的想法？

(3) 是否达到你的学习预期或者目标？有哪些困难？对老师和学习团队有什么要求？

(4) 为自己在本训练中的表现给出一个综合评价。

2. 教师评价

(1) 进行需求分析训练的评价，具体评价标准见"需求分析"部分；

(2) 进行分组分角色评定，各评价表如下。

参评的小组/个人：　　　　　评测方法：　　　　　评测工具：

招标方：

评分项目	分　值	得　分	等　级	评　语	评分人
模拟公司设计合理，资料齐全					
需求明确，表述完整清晰					
招标文档撰写完整、规范、清晰					
图形说明信息是否填写完整、清晰和规范					
与其他角色的沟通交流较多，效率较高					

投标方：

评分项目	分　值	得　分	等　级	评　语	评分人
模拟公司设计合理，资料齐全					
角色任务完成及时、规范和准确					
投标书撰写完整、规范、清晰					
图形说明信息是否填写完整、清晰和规范					
与其他角色的沟通交流较多，效率较高					

中介公司

评分项目	分　值	得　分	等　级	评　语	评分人
模拟公司设计合理，资料齐全					
公告制作规范明了，发布及时					
对投标公司审核到位，无违规和遗留					
竞标前的流程执行和管理到位					
制定了后续较为详细的竞标实施方案					
与其他角色的沟通交流较多，效率较高					

专家组：

评分项目	分　值	得　分	等　级	评　语	评分人
专家身份设计合理，资料齐全					
评标标准制定完善(此处原本由中介公司提供)					
了解竞标、评标流程和工作内容					
清楚所扮演角色的工作任务					

最终成绩：_____

评测教师综合评语：

评测教师签名：

被评测者评价：

被评测者签名：

被评测者对于评测结果不满意的可以在 3 日内联系评测者提出异议，评测者根据被评测者的意见和实际评测过程的观察数据进行复评，并在____日内将最终结果和理由告知被

评测者，经被评测者确认同意后作为最终结果。如果异议较大，被评测者可以填写相应申请，提请重新测试，经同意后可以进行再一次也就是最后一次评测。

申诉电话：

申诉邮件：

最终评测结果将告知被评测者、评测者和教务办，并由相关人员进行原始资料的保存。

3. 对评标过程的评价

1) 投标方

评分表模板 1

序号	投标单位	技术方案	产品			报价	施 工		资质	业绩	培训	售后服务	总分
			指标	可靠性	品牌		措施	计划					
		20	5	5	5	30	5	5	5	5	5	5	100

评分表模板 2

评标项目	评标细则	得 分
投标报价(45)	报价(40)	
	产品品牌，性能，质量(5)	
设计方案(15)	方案的先进性、合理性、扩展性(5)	
	图纸的合理性(3)	
	系统设计的合理性、科学性(4)	
	设备选型合理(3)	
施工组织计划(10)	施工技术措施(2)	
	先进技术应用(2)	
	现场管理(2)	
	施工计划优化及可行性(4)	
工程业绩和项目经理(15)	近两年完成重大项目(3)	
	管理能力和水平(3)	
	近两年工程获奖情况(2)	
	项目经理技术答辩(5)	
	项目经理业绩(2)	
质量工期保证措施(5)	工期满足标书要求(2)	
	质量工期保障措施(3)	

评标项目	评标细则	得　分
履行合同能力(5)	注册资本(1)	
	ISO 体系认证(2)	
	信誉好及银行资信证明(2)	
优惠条件(2)	有实质性并标注的优惠条件(2)	
售后服务承诺(3)	本地有服务部门(2)	
	客户评价良好(1)	
总分(100)		

【备注】完成上述评价标准的小组可以根据具体情况和小组理解(需要理由)，对于评标项目及所占的分数进行合理的修改。

【实施经验】以模板 2 为例，对相关标准的应用做些说明。

(1)　本标准可以用来评判扮演投标公司角色小组在竞标环节的得分；

(2)　每组在设计环节所得的等级分作为"设计方案(15)"的评分依据；

(3)　每组在后续的施工环节所得等级分作为"施工技术措施(2)""现场管理(2)""施工计划优化及可行性(4)"。而在施工过程中在规定时间内顺利完成施工项目的，可获得"工程业绩和项目经理(15)""质量工期保证措施(5)"的相关项的加分。比如"近两年完成重大项目(3)"针对本组是否在两次施工过程中至少一次在规定时间内完成施工任务并不犯错或者无严重过失的，"近两年工程获奖情况(2)"则指完全没有犯错；

(4)　如果同时抽到多次扮演投标方角色时，则每次获得分数的平均分作为本组扮演投标公司角色的最终得分；

(5)　由于获得的分数高低直接决定学生成绩，因此在平时的相关任务的过程中，各组形成相互竞争关系，可以使用竞赛的方式开展教学。

2)　评标专家组表现

从以下方面评价专家组表现。

(1)　根据专家组的提问表现来判断相关学生的技术知识水平；

(2)　通过问询法和独立测试的方式来考核相关的招投标的知识；

(3)　在专家组的同学是否完成评标小组的任务。

五、课程评价

1. 课程评价表

训练名称：	班级：	姓名：	年　月　日
1. 你理解的本训练的核心知识有：			
2. 你获得本训练的核心技能有：			

续表

3. 下列问题需要进一步了解和帮助：
4. 完成本训练后最大收获是：
5. 教师思路是否清晰？是否适应教师的风格？
6. 教师的教学方法对你的学习是否有帮助？
7. 你是否有组织、有计划地学习？目标基本达到了吗？
8. 为了获得更好的学习效果，你对本训练内容和实施有何建议：
教师签字： 学生签字：

2. 职业素养核心能力评测表

使用方式：在框中打"√"。

职业素养核心能力	评价指标	自测结果
教师签名：	学生签名：	年　月　日

3. 专业核心能力评测表

职业技能	评价指标	自测结果	备　注
本项目评分			
教师签名：	学生签名：		年　月　日

任务四　单层单房间工程施工与管理

任务训练说明：

根据 E 港集团的综合布线项目中的××××项目案例，基于前项任务获得的单层单房间项目的资讯、需求分析资料及设计方案，通过分组角色扮演的方式开展单层单房间项目施工训练。

一、了解训练内容

训练任务名称：单层单房间工程施工与管理					
授课班级	略	上课时间	略 课时	上课地点	略

	能力目标	知识目标	素质目标
训练目标	1. 能根据上一个任务所设计的设计方案编制相应的施工计划，并通过方案展示、讨论和指导进行改进，从而为施工实施做充分准备； 2. 通过对项目一的模块、面板和跳线制作能力的训练，根据工作区子系统的施工内容和要求，完成单房间案例的信息模块和语音模块的端接、面板安装、跳线的制作	1. 了解工作区子系统施工所需设备和耗材； 2. 理解工作区子系统的安装和施工技术； 3. 理解语音和信息模块的施工步骤和要点； 4. 了解工作区子系统的布线工艺要求和标准(GB 50311—2007《综合布线系统工程设计规范》6.1 工作区安装工艺的内容)； 5. 了解工作区子系统的布线管理标准(GB 50311—2007《综合布线系统工程设计规范》4.7 管理方面的内容)	1. 根据所需知识和技能，进行单房间案例的分组分任务自主施工，培养学生的协调能力以及主动性和独立性； 2. 通过监督施工过程的耗材使用情况，督促学生遵循够用、用好的原则，培养学生的节约节能意识； 3. 评判学生是否严格按照 GB 50311—2007《综合布线系统工程设计规范》进行施工，培养学生的质量意识； 4. 通过施工活动的进行，允许学生修改施工计划，培养学生方案改进、思路更新的革新创新意识
任务与场景	训练场景		任务成果
	基于 E 港集团总裁办公室综合布线装修项目开展施工训练		现场施工工程成果，相关的文档和报告
能力要求	知识储备要求		基本技能要求
	调研知识、综合布线系统设计基础知识、团队分工知识，综合布线相关系统的基本知识(施工材料识别、施工工具和器材选择与使用知识、单层单房间施工知识与技巧储备、管理文档撰写知识)		资料查询、团队合作、交流沟通技能、单层单房间综合布线项目的基本工具和器材使用技能、必需耗材制作技能、图纸识别技能、相关文档撰写技能
	学习重点		学习难点
	学习单层单房间项目施工流程、单层单房间项目施工标准、规范和技巧、单层单房间项目施工器材和耗材的选择、单层单房间项目施工方法和安装流程学习、单层单房间项目评价指标制定		单层单房间项目施工计划的编制、按照计划进行施工，做好单层单房间项目施工管理并完成基本的工程报表、单层单房间项目施工过程主要流程和文档检查、评价活动的开展

通过自学掌握本任务学习信息。学习路径提示：你是否理解上述学习信息，把不理解的疑问写出来，然后通过上网查询，或向老师、同学求教排除你的疑问。

二、训练团队组建——导生制分层教育

1. 团队合作完成施工项目能力训练

流程一：竞聘产生团队。

(1) 全班学生自愿报名团队组长候选人；

(2) 通过竞聘产生团队组长；

(3) 项目组长与全班社会自由组合，按 4～6 人一组产生学习团队；

(4) 项目组内通过协商、竞聘产生学习团队成员岗位角色；

(5) 项目组内通过协商，确定每个团队成员的岗位职能和职责。

流程二：填写本项目任务角色训练活动内容汇总表。

本项目任务角色训练活动内容汇总表

项目任务名称及目标	任务角色	成员姓名	工作职责(完成目标的途径)
E 港集团总裁室综合布线项目施工	项目组长		统筹各项工作，进行任务分配，进度和质量管理
	资讯助理		项目所需资料收集、设计和协助组长完成施工计划
	施工员 1		进行双绞线制作、测试、管材裁剪与制作
	施工员 2		进行信息插座的安装、面板安装、底盒安装
	评估员		进行施工考核
	展示助理		协助组长进行施工报告的撰写、PPT 设计、接受答辩

各项目组确定项目中所扮演的角色的具体任务，这些角色可以在后续的训练中进行轮换。

流程三：上交团队组建表。

学习路径提示：按上交表格先后和填写质量，讲评并确定团队组建成绩。

流程四：组长宣布团队组建结果。

学习路径提示：按礼仪、表达讲评并确定团队组建成绩。

2. 学生完成施工项目的独立能力训练

本教学活动无须组员合作完成项目任务，因此适合采用基于导生制的分层教育方式实施教学。

根据分好的小组，进行个人能力和学习目标、期望的定义。按下列要求填写任务岗位分配表。

(1) 根据已经划分的小组,确定完成本训练的组内导生,由导生担任本组学习组长,当然除担任组长的导生外,如果组内人数较多可以根据学生意愿多上浮 1～2 个名额。

(2) 其他组员根据自身的学习基础、前续知识和技能的掌握程度以及个人在本训练环节所希望获得的学习成果等级进行组内分层分组。

(3) 建议组内成员的层次等级为优秀级、中等级别和合格级别,这些层次的学员数量建议为 1:3:1,导生的培养级别应该初定为优秀方向,同时以尽量增加优秀和中等层次级别的学生为基本原则。

(4) 项目组内通过协商,如果选择合格等级的学生人数较多,应该和其他组进行调换,直到符合第 3 项要求。

任务岗位分配表

团队名称(虚拟企业名称)				
团队结构	岗 位	姓 名	知识技能	本次训练职责职能
	项目组长(导生)		1. 已有知识: 2. 已会技能:	1. 通过本次训练需要掌握的知识技能: 2. 职业素养要求:
	优秀等级学生		1. 已有知识: 2. 已会技能:	1. 通过本次训练需要掌握的知识技能: 2. 职业素养要求:
	中等等级学生		1. 已有知识: 2. 已会技能:	1. 通过本次训练需要掌握的知识技能: 2. 职业素养要求:
	合格等级学生		1. 已有知识: 2. 已会技能:	1. 通过本次训练需要掌握的知识技能: 2. 职业素养要求:

说明:表中的等级名称可以由教师根据教学对象自由拟定,本次训练职责职能为学生通过训练所要获得的知识、技能和职业素养,不同层次的学生需要训练的重点和要求不同,对于不同层级的学生已经掌握的知识技能则根据具体情况予以直接考核,无须进入重新学习环节。

三、知识学习与能力训练

1. 进行施工进度计划

1) 本场景的知识要点

施工一般流程如下。

(1) 首先进行一次实地勘察,确定有关工程进行时将要遇到的困难,并予以先行解决,例如配线间、设备间、工作间的准备工作是否完成,端口插座等位置是否设置完成,线槽走向走道是否完备,确认后才能开始正式工作;

(2) 如果有干线布线工程则先实施干线(光缆)布线工程;

(3) 实施水平布线工程;

（4）在布线期间，开始为各设备间安装机柜、配线架等；

（5）当水平布线完成后，开始设置设备间的光纤机安装配线架，为端口和跳线做端接；

（6）安装好所有的配线架和用户端口，则进行全面测试，形成测试报告交给用户；

（7）在施工过程一定要进行编号标示。

2）本场景的操作要点

通过 VISIO 的甘特图模块绘制本项目施工组织进度计划表，或者直接选择项目设计环节的进度表。同时填写工程记录表。

工程开工表

工程名称		工程地点	
用户单位		施工单位	
计划开工	年 月 日	计划竣工	年 月 日
工程主要内容：			
工程主要情况：			
主抄：	施工单位意见：		建设单位意见：
抄送：	签名：		签名：
报告日期：	日期：		日期：

工程报停表

工程名称		工程地点	
建设单位		施工单位	
停工日期	年 月 日	计划复工	年 月 日
工程停工主要原因：			
计划采取的措施和建议：			
停工造成的损失和影响：			
主抄：	施工单位意见：		建设单位意见：
抄送：	签名：		签名：
报告日期：	日期：		日期：

工程设计变更表

工程名称		原图名称	
设计单位		原图编号	
原设计规定的内容:		变更后的工作内容:	
变更原因说明:		批准单位及文号:	
原工程量		现工程量	
原材料数		现材料数	
补充图纸编号		日期	年　月　日

工程协调会议纪要

日期:			
工程名称		建设地点	
主持单位		施工单位	
参加协调单位:			
工程主要协调内容:			
工程协调会议决定:			
仍需协调的问题:			
参加会议代表签字:			

2. 单层单房间材料、器材的选用

1) 本场景的知识要点

(1) 单层单房间适配器的选用原则。

网络适配器又称网卡或网络接口卡。选择合适的网络适配器,可以使综合布线系统的输出与用户终端设备之间保持网络兼容。

网络适配器的选用应遵循以下原则。

① 当设备连接器需要使用不同于信息插座的连接器时,可用专用电缆及适配器;

② 当在单一信息插座上进行两种服务时,可使用"Y"形适配器;

③　当在水平子系统中使用的电缆类别不同于设备所需的电缆类别时，可使用适配器；

④　当连接数模转换设备、光电转换设备及数据速率转换设备等使用不同信号的装置时，可使用适配器；

⑤　为了实现某些特殊应用以达到网络兼容时，可使用转换适配器；

⑥　根据工作区内不同的电信终端设备(例如 ADSL 终端)可使用相应的适配器。

(2)　信息插座选用原则。

每个工作区至少要配置 1 个插座。对于难以再增加插座的工作区，要至少安装 2 个分离的插座。信息插座是终端(工作站)与水平子系统连接的接口。其中最常用的为 RJ-45 信息插座，即 RJ-45 连接器。

信息插座的选用应遵循以下原则。

①　对于墙面式安装的信息插座，应选用普通信息插座。一般为 86 系列。分为底盒和面板两部分，在面板中卡装网络模块。一般底盒为钢制或者塑料制品，面板为塑料制品。

②　对于地面式安装的信息插座，应选用地弹信息插座。一般为方形 120 系列和圆形 150 系列。分为底盒和面板两部分，在面板中卡装网络模块。一般底盒为钢制，面板为铸铜制造，具有防水抗压功能。

③　家居布线应注重美观因素，对于墙面安装的信息插座，应采用暗装方式，将底盒暗埋于墙内。

(3)　跳线的选用原则。

跳线的选用应遵循以下原则。

①　跳线使用的缆线必须与水平子系统缆线类别和等级相同，并且符合相关标准的规定。

②　跳线宜使用软跳线，不宜使用单芯跳线。

③　每个信息点需要配置 1 根跳线。

④　跳线的长度通常为 2～3m，最长不超过 5m。

⑤　宜选用工业化专业生产的成品，不宜手工制作。

2)　本场景的操作要点

根据相应的单层单房间类型的 E 港集团总裁办公室的要求和施工计划完成主要耗材、工具、器械的选用；当出现现有成品无法满足具体施工需求时，需要自行制作耗材，另行选择替代工具与设备。在材料到达现场后，由设备材料组负责，技术和质量监理参加，对已经到的设备、材料做外观检查，保障无外伤损坏、无缺件，核对设备、材料、线缆、电线、备件的型号规格及数量是否符合施工设计文件以及清单的要求，同时填写统计表格。

材料入库统计表

序　号	材料名称	型　号	单　位	数　量	备　注
1					
2					

审核：　　　　　　　　　仓管：　　　　　　　　　日期：

材料库存统计表

序　号	材料名称	型　号	单　位	数　量	备　注
1					
2					

审核：　　　　　　仓管：　　　　　　　　日期：

领用材料统计表

工程名称			领料单位		
批料人			领料日期		年　月　日
序　号	材料名称	材料编号	单　位	数　量	备　注
1					
2					

工具表

序　号	设备名称	型号规格	单　位	数　量
1				
2				

审核：　　　　　　仓管：　　　　　　　　日期：

3. 安装信息插座

1）　本场景的知识要点

（1）信息插座安装原则。

信息插座的安装包括底盒安装、模块安装和面板安装。信息插座的安装，需要遵循下列原则。

①　在教学楼、学生公寓、实验楼、住宅楼等不需要进行二次区域分割的工作区，信息插座宜设计在非承重的隔墙上，并靠近设备使用位置。

②　写字楼、商业、大厅等需要进行二次分割和装修的区域，信息点宜设置在四周墙面上，也可以设置在中间的立柱上，但要考虑二次隔断和装修时的扩展方便性和美观性。大厅、展厅、商业收银区在设备安装区域的地面宜设置足够的信息点插座。墙面插座底盒下缘距离地面高度为0.3m，地面插座底盒应低于地面。

③　学生公寓等信息点密集的隔墙，宜在隔墙两面对称设置。

④　银行营业大厅的对公区、对私区和 ATM 自助区信息点的设置要考虑隐蔽性和安全性，特别是离行式 ATM 机的信息插座不能暴露在客户区。

⑤　电子屏幕、指纹考勤机、门警系统信息插座的高度宜参考设备的安装高度设置。

2）　本场景的操作要点

GB 50311—2007《综合布线系统工程设计规范》第6章安装工艺要求内容中，对工作区的安装工艺提出了具体要求。

（1）地面安装的信息插座，必须选用地弹插座，嵌入地面安装，使用时打开盖板，不使用时盖板应该与地面高度相同。

(2) 墙面安装的信息插座底部离地面的高度宜为 0.3m，嵌入墙面安装，使用时打开防尘盖插入跳线，不使用时，防尘盖自动关闭。与电源插座保持一定的距离。

(3) 模块安装步骤。网络数据模块和电话语音模块的安装方法基本相同，一般安装步骤如下。

第一步：准备材料和工具。在每次开工前，必须一次领取当班需要的全部材料和工具，包括网络数据模块、电话语音模块、标记材料、压接工具等。

第二步：清理和标记。清理和标记非常重要，在实际工程施工中，一般在底盒安装和穿线较长时间后，才能开始安装模块，因此安装前要首先清理底盒内堆积的水泥砂浆或者垃圾，然后将双绞线从底盒内轻轻取出，清理表面的灰尘重新做编号标记，标记位置距离管口约 60～80mm，注意做好新标记后才能取消原来的标记。

第三步：剥线。剥线之前需要先确定剥线长度(15mm)，然后使用带剥线功能的压接工具剥掉双绞线的外皮，特别注意不要损伤线芯和线芯绝缘层。

第四步：分线。一般按照 568B 线序将双绞线分为 4 对线，穿过相应的卡线槽，再将每对线分开，分成独立的 8 芯线。

第五步：压线。按照模块上标记的线序色谱，将 8 根线逐一放入对应的线槽内，完成压接，同时裁掉多余的线芯。

第六步：安装防尘盖。压线完成后，将模块配套的防尘盖卡装好，既能防尘又能防止脱落。

第七步：理线。模块安装完毕后，把双绞线整理好，保持较大的曲径半径。

第八步：卡装模块。把模块卡装在面板上，一般数据在左口，语音在右口。

4. 安装面板与底盒

1) 本场景的知识要点

根据设计要求选择合适的面板、模块及底盒，严格按照设计图纸的位置进行施工和布局。

2) 本场景的操作要点

(1) 底盒的安装步骤。

第一步：检查质量和螺丝孔。打开产品包装，检查合格证，目视检查产品的外观质量情况和配套螺丝。重点检查底盒螺丝孔是否正常，如果其中有螺丝孔损坏，坚决不能使用。

第二步：去掉挡板。根据进出线方向和位置，取掉底盒预留孔中的挡板。注意需要保留其他挡板，如果全部去掉，在施工中水泥砂浆会灌入底盒。

第三步：固定底盒。明装底盒按照设计要求用膨胀螺丝直接固定在墙面。暗装底盒首先使用专门的管接头把线管和底盒连接起来，这种专用接头的管口有圆弧，既方便穿线，又能保护线缆不被划伤或者损坏。然后用膨胀螺丝或者水泥砂浆固定底盒。

同时，注意底盒嵌入墙面不能太深，如果太深，配套的螺丝长度不够，将无法固定面板。

第四步：成品保护。暗装底盒的安装一般在土建过程中进行，因此在底盒安装完毕后，必须进行成品保护，特别要保护螺丝孔，防止水泥砂浆灌入螺孔或者穿线管内。一般做法是在底盒外侧盖上纸板，也有用胶带纸保护螺孔的做法。

2) 面板安装步骤。

面板安装是信息插座最后一道工序，一般应该在端接模块后立即进行，以保护模块。安装时将模块卡接到面板接口中。双口面板上有网络和电话插口标记时，按照标记口位置安装。双口面板上没有标记时，宜将网络模块安装在左边，电话模块安装在右边，并且在面板表面做好标记。具体步骤如下。

第一步：固定面板。将卡装好模块的面板用两个螺丝固定在底盒上。要求横平竖直，用力均匀，固定牢固。特别注意墙面安装的面板为塑料制品，不能用力太大，以面板不变形为原则。

第二步：面板标记。面板安装完毕，立即做好标记，将信息点编号粘贴在面板上。

第三步：成品保护。在实际工程施工中，面板安装后，土建还需要修补面板周围的空洞，刷最后一次涂料，因此必须做好面板保护，防止污染。一般常用塑料薄膜保护面板。

5. 完成施工报告

1) 本场景的知识要点

参考附录一施工方案报告。

2) 本场景的操作要点

参考附录一施工方案报告。

6. 施工管理

【实施经验】本场景的内容将分别贯穿于上述场景的实施过程中，因此无须独立进行讲解或者学习。

1) 本场景的知识要点

施工管理中要掌握以下内容。

(1) 项目管理；

(2) 管理机构；

(3) 现场管理制度与要求；

(4) 人员管理；

(5) 技术管理；

(6) 材料与工具管理；

(7) 安全管理。

2) 本场景的操作要点

为保障项目施工的顺利实施，宜在实施过程中形成精细化管理，在每个施工环节或者场景的实施前和完成后都需要制定和填写相关文档，形成书面记录，做好全面的施工管理，为成本和质量控制提供支持。

同时单层单房间材料、器材的选用和安装信息插座实施过程中需要填写以下几个表格。

施工责任人员签到表

项目名称：		项目工程师：		
日　期	**成　员 1**	**成　员 2**	**成　员 3**	**成　员 4**

施工进度日志

组名：	人数：	负责人：	时间	工程名：
工程进度计划				
工程实际进度				
工程情况记录				
时　间	**方位、编号**	**处理情况**	**尚待处理情况**	**备　注**

施工事故报告单

填报单位：	项目工程师：
工程名称：	设计单位：
地点：	施工单位：
事故发生时间：	汇报时间：
事故情况及主要原因：	

四、学生知识能力评估

1. 自评

开展本任务学习效果评估。

学习路径提示：回答下列问题，撰写个人学情自我分析简报。

(1) 是否按照课程要求进行知识、技能的学习？效果如何？

(2) 对本训练的哪个环节的学习有个人的想法？

(3) 是否达到你的学习预期或者目标？有哪些困难？对老师和学习团队有什么要求？

(4) 为自己在本训练中的表现给出一个综合评价。

2. 教师评价

参评的小组/个人：　　　　　评测方法：　　　　　评测工具：

评分项目		分　值	得　分	等　级	评　语	评分人
完成施工计划的质量		10				
模块安装		10				
面板和底盒安装		10				
耗材制作(20)	双绞线制作	10				
	线槽裁制	10				
工程实施管理(50)	施工时间管理能力	10				
	施工质量管理能力	10				
	施工文档撰写能力	10				
	施工报告	20				

最终成绩：_____

评测教师综合评语：

评测教师签名：

被评测者评价：

被评测者签名：

被评测者对于评测结果不满意的可以在 3 日内联系评测者提出异议，评测者根据被评测者的意见和实际评测过程的观察数据进行复评，并在____日内将最终结果和理由告知被评测者，经被评测者确认同意后作为最终结果。如果异议较大，被评测者可以填写相应申请，提请重新测试，经同意后可以进行再一次也就是最后一次评测。

申诉电话：

申诉邮件：

最终评测结果将告知被评测者、评测者和教务办，并由相关人员进行原始资料的保存。

五、课程评价

1. 课程评价表

训练名称：	班级：	姓名：		年　月　日
1. 你理解的本训练的核心知识有：				
2. 你获得本训练的核心技能有：				
3. 下列问题需要进一步了解和帮助：				
4. 完成本训练后最大收获是：				

续表

5. 教师思路是否清晰？是否适应教师的风格？
6. 教师的教学方法对你的学习是否有帮助？
7. 你是否有组织、有计划地学习？目标基本达到了吗？
8. 为了获得更好的学习效果，你对本训练内容和实施有何建议：
教师签字：
学生签字：

2. 职业素养核心能力评测表

职业素养核心能力	评价指标	自测结果
教师签名：	学生签名：	年　月　日

3. 专业核心能力评测表

职业技能	评价指标	自测结果	备　注
本项目评分：			
教师签名：	学生签名：		年　月　日

任务五　单层单房间工程测试与验收训练

任务训练说明：

根据 E 港集团的综合布线项目中的××××项目案例，基于前项任务获得的单层单房间项目的资讯、需求分析资料及设计方案，通过分组角色扮演的方式开展单层单房间项目测试与验收训练。

一、了解训练内容

训练任务名称：单层单房间工程测试与验收训练					
授课班级	略	上课时间	略	课时	上课地点	略

<table>
<tr><th rowspan="7">训练目标</th><th colspan="1">能力目标</th><th>知识目标</th><th>素质目标</th></tr>
<tr>
<td>1. 通过教师对项目一中测试与验收任务的重点内容的回顾讲解和分析，学生讨论针对单房间案例运用所学的测试和验收计划所包含的内容和格式，自主完成单房间综合布线工程的系统测试和验收计划编制(可以让学生先做，完成后点评，从而形成适合学生操作的文档内容模块和格式)；
2. 通过教师对项目一中测试与验收任务的有关内容的回顾，使学生能够较为熟练地使用测试仪对各组单房间项目中的测试项目进行测试，同时根据验收的分类和内容，按照工作区子系统的验收程序实施验收工作；
3. 通过对综合布线系统中的常见线路的测试活动的要点回顾，使学生熟练使用常用测试工具，完成单房间永久链路和通道链路的测试工作</td>
<td>1. 熟悉几种常见的测试仪进行单房间测试时的使用方法(主要是双绞线测试器、理想高端测试仪)；
2. 了解与单房间综合布线链路测试标准及分类，GB 50312—2007《综合布线系统工程验收规范》；
3. 熟悉双绞线链路的测试方法和技巧；
4. 熟悉综合布线系统验收内容和方法；
5. 掌握模拟场景中综合布线系统验收所需的相关基本技术规范；
6. 了解单房间综合布线系统验收和测试相关表格</td>
<td>1. 通过验收和测试活动的角色分配、分组实施等，培养学生的组织管理能力和协调能力；
2. 要求学生按照国标 GB 50312—2007《综合布线系统工程验收规范》要求，实施验收和测试，并进行考评，培养学生规范做事的素质和责任意识；
3. 在完成项目验收后，通过学生对工程验收和测试场地的整理和清洁、工具的规范放置等方面的考评，培养学生的现场和设备规范管理意识以及良好的职业习惯；
4. 通过对测试流程的严格执行，培养学生良好作业管理和质量管理意识</td>
</tr>
<tr><th rowspan="2">任务与场景</th><th>训练场景</th><th colspan="2">任务成果</th></tr>
<tr><td>基于 E 港集团总裁办公室综合布线装修项目开展测试与验收训练</td><td colspan="2">进行项目的测试和验收活动，形成相关的测试文档和验收文档</td></tr>
<tr><th rowspan="2">能力要求</th><th>知识储备要求</th><th colspan="2">基本技能要求</th></tr>
<tr><td>调研知识、综合布线系统设计基础知识、团队分工知识、综合布线相关系统的基本知识</td><td colspan="2">资料查询、与任务相关的 VISIO 或者 MinCad 软件使用能力、训练报告撰写、交流沟通技能</td></tr>
<tr><th rowspan="2"></th><th>学习重点</th><th colspan="2">学习难点</th></tr>
<tr><td>合理安排验收人员和任务、理解基本测试模型、测试模型的选择决策，确定测试标准，确定测试链路标准，确定测试工具和测试点，确定验收内容</td><td colspan="2">熟悉测试流程和验收流程，特别是复杂链路的端接及测试、多种情况下的测试(开路、短路、跨接、反接)，测试报告分析，根据案例明确工程验收人员组成，工程验收分类，撰写验收内容报告和验收的各种表格</td></tr>
</table>

通过自学掌握本任务学习信息。学习路径提示：你是否理解上述学习信息，把不理解的疑问写出来，然后通过上网查询，或向老师、同学求教排除你的疑问。

二、训练团队组建——导生制分层教育

由于本教学活动无须组员合作完成项目任务，因此，适合采用基于导生制的分层教育方式实施教学。

根据分好的小组，进行个人能力和学习目标、期望的定义。按下列要求填写岗位任务分配表。

(1) 根据已经划分的小组，确定完成本训练的组内导生，由导生担任本组学习组长，当然除担任组长的导生外，如果组内人数较多可以根据学生意愿多上浮 1～2 个名额。

(2) 其他组员根据自身的学习基础、前续知识和技能的掌握程度以及个人在本训练环节所希望获得的学习成果等级进行组内分层分组。

(3) 建议组内成员的层次等级为优秀级、中等级别和合格级别，这些层次的学员数量建议为 1∶3∶1，导生的培养级别应该初定为优秀方向，同时以尽量增加优秀和中等层次级别的学生为基本原则。

(4) 项目组内通过协商，如果选择合格等级的学生人数较多，应该和其他组进行调换，直到符合第 3 项要求。

岗位任务分配表

团队名称(虚拟企业名称)				
	岗　位	姓　名	知识技能	本次训练职责职能
团队结构	项目组长(导生)		1. 已有知识： 2. 已会技能：	1. 通过本次训练需要掌握的知识技能： 2. 职业素养要求：
	优秀等级学生		1. 已有知识： 2. 已会技能：	1. 通过本次训练需要掌握的知识技能： 2. 职业素养要求：
	中等等级学生		1. 已有知识： 2. 已会技能：	1. 通过本次训练需要掌握的知识技能： 2. 职业素养要求：
	合格等级学生		1. 已有知识： 2. 已会技能：	1. 通过本次训练需要掌握的知识技能： 2. 职业素养要求：

说明：表中的等级名称可以由教师根据教学对象自由拟定，本次训练职责职能为学生通过训练所要获得的知识、技能和职业素养，不同层次的学生需要训练的重点和要求不同，对于不同层级的学生已经掌握的知识技能则根据具体情况予以直接考核，无须进入重新学习环节。

三、知识学习与能力训练

本步骤是以任务作为训练场景，根据不同的角色组来引入相应知识点，通过实际操作和训练来培养不同角色组成员的能力。因此，在实施本步骤前已经完成根据角色任务的分组，每组也清楚了解本组需要完成的基本任务。

1. 单层单房间基本网络跳线及端接测试

1) 本场景的知识要点

(1) 线序记忆及快速制作法。

① 4股线排好：橙、蓝、绿、棕(颜色记法：太阳、天空、草地、土壤，从上到下)。

② 把所有白线放前边。

③ 中间两根白线位置交换就可以了，这就是568B，一般都用这个。

④ 568A的4股线是绿、蓝、橙、棕，后面方法相同。

⑤ 交叉线就是一头A一头B。直通就是两头B。

(2) 设备连接技巧。

下面是各种设备的连接情况下，直通线和交叉线的正确选择。其中HUB代表集线器，SWITCH代表交换机，ROUTER代表路由器：

① PC-PC：交叉线；

② PC-HUB：直通线；

③ HUB普通口-HUB普通口：交叉线；

④ HUB级联口连接到HUB级联口：交叉线；

⑤ HUB普通口连接到HUB级联口：直通线；

⑥ HUB连接到SWITCH：交叉线；

⑦ HUB(级联口)连接到SWITCH：直通线；

⑧ SWITCH连接到SWITCH：交叉线；

⑨ SWITCH连接到ROUTER：直通线；

⑩ ROUTER连接到ROUTER：交叉线。

2) 本场景的操作要点

单层单房间基本网络跳线及端接测试要点如下。

(1) 网络跳线的制作并用测试仪测试；

(2) 使用端接设备进行网络跳线的测试；

(3) 测试链路端接。

每组链路有3根跳线，端接6次，每组链路路由为：仪器RJ-45口—通信跳线架模块下层—通信跳线架模块上层—配线架网络模块—配线架则RJ-45口—仪器RJ-45口。端接测试路由如图2-7所示。

要求链路端接正确，每段跳线长度合适，端接处拆开线对长度合适，剪掉牵引线。

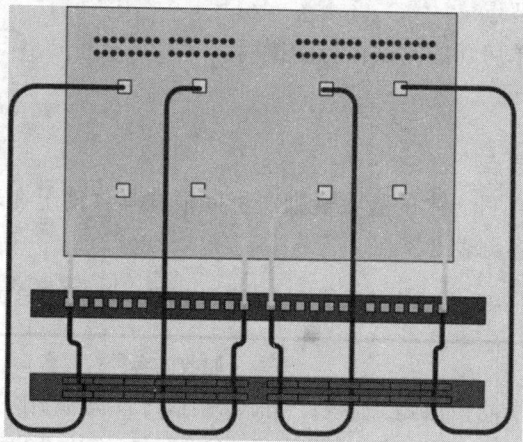

图 2-7 端接测试路由示意图

2. 单层单房间基本测试模型的连通性测试

1) 本场景的知识要点

(1) 测试模型。

① 基本链路模型。最长 90m 水平布线，附加两个端接插件和两条 2m 测试跳线(测试仪自带)。

② 信道模型。网络设备跳线到工作区跳线间的端到端的链接，包括 90m 水平布线，附加两个端接插件、一个工作区转接连接器(如插座面板，多个配线架间的链接跳线)和两端测试跳线和用户端接线。总长度不超过 100m。

③ 永久链路。90m 水平布线，附加两个端接插件和转接链接器，不包括测试线缆(与基本链路模型的差别)，即排除了测试线带来的误差。

(2) 基本链路与通信链路区别。

基本链路模型在 CAT6 出来后，就被永久链路取代，表示面板模块到机房配线架上的模块之间的水平链路，按照 TIA/EIA 的要求是不能大于 90m，而通道模型是在永久链路的基础上，加入用户跳线和设备跳线后，距离不能大于 100m，所以两者在具体工程验收中一定要区分开来，因为两者在 TIA/EIA 的标准中，测试的要求是不一样的，相对来说永久链路要求比较严格。另外，在具体的验收中，不能只对一个模型进行检测。很多人觉得只测试永久链路就可以了，但实际上这是不科学的，因为永久链路测试过来，通道模型不一定能通过，反过来，通道模型测试通过了，永久链路不一定通过，所以实际工程中，尽量对两个一起测试。

2) 本场景的操作要点

构建不同的测试模型，使用测试仪器，对不同的测试模型进行测试训练，并自动形成测试报告。其中就包括了跳线、面板模块、永久链路的测试。

3. 完成测试报告

1) 本场景的知识要点

见项目一中的相关测试报告的要素内容。

2) 本场景的操作要点

根据要求完成单层单房间的测试报告的撰写。

4. 进行项目验收

1) 本场景的知识要点

具体验收标准参考项目一中的验收规则，可以根据具体情况在表格大项的基础上自行决定验收细节，验收内容见表2-3。

表2-3 综合布线系统单层单房间工程验收项目汇总表

阶段	验收项目	验收内容	验收方式
施工前检查	1.环境要求	(1)土建施工情况：地面、墙面、门、电源插座及接地装置；(2)土建工艺：机房面积、预留孔洞；(3)施工电源；(4)地板铺设；(5)建筑物入口设施检查	施工前检查
	2.器材检验	(1)外观检查；(2)型号、规格、数量；(3)电缆及连接器件电气性能测试；(4)测试仪表和工具的检验	
	3.安全、防火要求	(1)消防器材；(2)危险物的堆放；(3)预留孔洞防火措施	
设备安装	1.房间壁挂式机柜的安装	(1)规格、外观；(2)油漆不得脱落，标志完整齐全；(3)各种螺丝必须紧固；(4)抗震加固措施	随工检验
	2.配线模块及8位模块式通用插座	(1)规格、位置、质量；(2)各种螺丝必须拧紧；(3)标志齐全；(4)安装符合工艺要求；(5)屏蔽层可靠连接	
电缆布放(房内)	1.电缆线槽布放	(1)安装位置正确；(2)安装符合工艺要求；(3)符合布放缆线工艺要求；(4)接地	隐蔽工程签证
	2.缆线暗敷(包括暗管、线槽、地板下等方式)	(1)缆线规格、路由、位置；(2)符合布放缆线工艺要求；(3)接地	
缆线终接	1.八位模块式通用插座	符合工艺要求	随工检验
	3.各类跳线	符合工艺要求	随工检验
	4.配线模块	符合工艺要求	
系统测试	1.工程电气性能测试	(1)连接图；(2)长度；(3)衰减；(4)近端串音；(5)近端串音功率和；(6)衰减串音比；(7)衰减串音比功率和；(8)等电平远端串音(9)等电平远端串音功率和；(10)回波损耗；(11)传播时延；(12)传播时延偏差；(13)插入损耗；(14)直流环路电阻；(15)设计中特殊规定的测试内容；(16)屏蔽层的导通	竣工检验
管理系统	1.管理系统级别	符合设计要求	竣工检验
	2.标识符与标签设置	(1)专用标识符类型及组成；(2)标签设置；(3)标签材质及色标	
	3.记录和报告	(1)记录信息；(2)报告；(3)工程图纸	
工程总验收	1.竣工技术文件	清点、交接技术文件	
	2.工程验收评价	考核工程质量，确认验收结果	

2) 本场景的操作要点

根据要求完成单层单房间的验收记录和阶段性验收报告的填写。

验收记录表

检查小组名称：		检查人：	验收审核人：	时间：	
序号	检查项目	检查内容	是否符合 (符合打钩， 不符合打叉)	检查人签名	审核人签名
1					
2					

综合布线系统工程阶段性合格验收报告

工程名称		工程地点	
建设单位		施工单位	
计划开工	年　月　日	实际开工	年　月　日
计划竣工	年　月　日	实际竣工	年　月　日
工程完成情况：			
提前和推迟竣工的原因：			
工程中出现和遗留的问题：			
主抄： 抄送：	施工单位意见： 签名：		建设单位意见： 签名：
报告日期：	日期：		日期：

四、学生知识能力评估

1. 自评

开展本任务学习效果评估。

学习路径提示：回答下列问题，撰写个人学情自我分析简报。

(1) 是否按照课程要求进行知识、技能的学习？效果如何？

(2) 对本训练的哪个环节的学习有个人的想法？

(3) 是否达到你的学习预期或者目标？有哪些困难？对老师和学习团队有什么要求？

(4) 为自己在本训练中的表现给出一个综合评价。

2. 教师评价

1) 测试部分的评价

根据不同的角色给出相应的评价标准。

参评的小组/个人：   评测方法：   评测工具：

评分项目	分 值	得 分	等 级	评 语	评分人
能正确选择测试模型(永久链路)	10				
能正确构建测试链路，并进行正确端接	20				
进行正确测试	20				
形成测试报告	20				
正确分析测试数据	30				

最终成绩：_____

评测教师综合评语：

评测教师签名：

被评测者评价：

被评测者签名：

被评测者对于评测结果不满意可以在 3 日内联系评测者提出异议，评测者根据被评测者的意见和实际评测过程的观察数据进行复评，并在____日内将最终结果和理由告知被评测者，经被评测者确认同意后作为最终结果。如果异议较大，被评测者可以填写相应申请，提请重新测试，经同意后可以进行再一次也就是最后一次评测。

申诉电话：

申诉邮件：

最终评测结果将告知被评测者、评测者和教务办，并由相关人员进行原始资料的保存。

2) 验收部分的评价

根据不同的角色给出相应的评价标准。

参评的小组/个人：   评测方法：   评测工具：

评分项目	分 值	得 分	等 级	评 语	评分人
完成环境检验	10				
完成器材及测试仪表工具检验	10				
完成设备安装检验	10				
完成线缆敷设检验	10				
完成线缆保护方式检验	10				
完成线缆终端检验	10				
完成工程电气检查	10				
完成验收报告编写	30				

最终成绩：_____

评测教师综合评语：

评测教师签名：

被评测者评价：

被评测者签名：

被评测者对于评测结果不满意的可以在 3 日内联系评测者提出异议，评测者根据被评测者的意见和实际评测过程的观察数据进行复评，并在____日内将最终结果和理由告知被评测者，经被评测者确认同意后作为最终结果。如果异议较大，被评测者可以填写相应申请，提请重新测试，经同意后可以进行再一次也就是最后一次评测。

申诉电话：

申诉邮件：

最终评测结果将告知被评测者、评测者和教务办，并由相关人员进行原始资料的保存。

五、课程评价

1. 课程评价表

训练名称：	班级：		姓名：		年 月 日
1. 你理解的本训练的核心知识有：					
2. 你获得本训练的核心技能有：					
3. 下列问题需要进一步了解和帮助：					
4. 完成本训练后最大收获是：					
5. 教师思路是否清晰？是否适应教师的风格？					
6. 教师的教学方法对你的学习是否有帮助？					
7. 你是否有组织、有计划地学习？目标基本达到了吗？					
8. 为了获得更好的学习效果，你对本训练内容和实施有何建议：					
教师签字： 学生签字：					

2. 职业素养核心能力评测表

使用方式：在框中打"√"。

职业素养核心能力	评价指标	自测结果
教师签名：	学生签名：	年　月　日

3. 专业核心能力评测表

职业技能	评价指标	自测结果	备　注
本项目评分			
教师签名：	学生签名：		年　月　日

项目三

单层多房间布线系统设计与施工

学习目标

知识目标：

- 了解特定工程项目的水平子系统和管理间子系统的设计的基本方法和步骤；
- 熟悉相关文档的撰写；
- 能熟练地表述计算机网络各组成部分的逻辑组成；
- 能说出特定项目的软件系统和硬件系统，能叙述常用传输介质的特点和使用场合；
- 熟悉计算所需信息点数量和规格，了解工程用量，了解特定工程的预算方法；
- 看懂常用的建筑图纸，并了解绘制相关综合布线系统图的方法和流程；
- 能说出计算预算的方法和流程；
- 了解特定项目的施工方法、步骤和技巧；
- 熟悉特定项目的施工验收的项目和步骤。

能力目标：

- 能进行特定项目的需求分析；
- 能对现有项目进行调查、分析；
- 能实施相关工程的招投标；
- 能针对单层多房间布线系统施工给出具体的设计和施工方案；
- 能根据设计方案进行准确施工；
- 能在施工过程中进行有效管理；
- 能进行单层多房间的综合布线工程测试与验收；
- 能完成相关工程的各类文档的撰写。

素质目标：

- 学生小组组长根据需求分析要求分配工作任务，通过需求分析活动的开展，培养学生的团队合作能力；
- 通过对所设计的对象的现场勘测，撰写勘测报告，培养学生的认真的工作态度和真实资讯收集、验证意识和调研论证的职业素养；
- 通过虚心接受他人善意意见(这里指导生和教师)，培养学生的良好的职业态度(这里主要是指积极面对挫折和批评的意识)；
- 通过竞赛对抗的开展，通过不断失败和改进，进行职业挫折感的调节，培养职业自信心；
- 进行耗材使用情况登记制度，督促学生遵循够用、用好的原则，培养学生的节约节能意识；
- 通过项目活动的进行，允许学生修改任务计划，培养学生方案改进、思路更新的革新创新意识；
- 通过活动的角色分配、分组实施等，培养学生的组织管理能力和协调能力；
- 要求学生按照国标 GB 50311《综合布线系统工程验收规范》和《综合布线系统工程设计规范》要求实施，并进行考评，培养学生规范做事的素质和责任意识；

- 在完成任务后，进行场地的整理和清洁、工具的规范放置，培养学生的现场和设备规范管理意识以及良好的职业习惯。

项目学习概要

任务一　单层多房间布线项目需求分析；

任务二　单层多房间综合布线系统设计；

任务三　单层多房间工程招投标训练；

任务四　单层多房间工程施工与管理；

任务五　单层多房间工程测试与验收训练。

单层多房间布线系统设计与施工项目任务书

班级：　　　　　　　　　姓名：　　　　　　　　　指导教师：

训练项目名称：单层多房间布线系统设计与施工项目
任务简介
一、项目实施目的
单层多房间工程项目主要指从工作区信息插座至楼层管理间(FD-TO)的部分，本项目的训练内容基于 GB 50311 国家标准中的水平子系统中的相关内容。本项目涉及的范围为一个楼层，主要是从工作区的信息插座开始到管理间子系统的配线架，由用户信息插座、水平电缆、配线设备等组成。由于系统较为复杂、布线路由长、拐弯多、造价高、安装施工时网络电缆承受拉力大，因此本项目的设计和安装质量直接影响信息传输速率，也是网络应用系统最为重要组成部分之一。通过本项目训练，让学生认识和熟悉单层多房间类型的综合布线系统的重要概念和原理，识别基本的网络传输介质、设备工具；熟悉各种常用产品性能，主要性能指标，能够独立或者以团队的方式完成整个工程的招投标、设计、施工管理、测试和验收方面的基本任务并培养相应的职业素养。
二、训练内容
任务一　单层多房间布线项目需求分析；
任务二　单层多房间综合布线系统设计；
任务三　单层多房间工程招投标训练；
任务四　单层多房间工程施工与管理；
任务五　单层多房间工程测试与验收训练。
三、训练过程
组建项目团队—分解项目任务—完成学习准备—制订学习预案—项目实操训练—项目绩效评估—项目学习规律探索—再建项目化工作过程。
项目分工与职责要求
(1) 项目组长：总体思路建构、调研需求分析管理、任务分解、全面组织管理、项目质量控制、团队成员学习绩效评估。
(2) 项目组员：信息案例辅助、任务分解辅助、调研实施、资料收集、系统设计、施工实施、组织管理辅助、质量控制辅助、学习绩效评估辅助。
组员涉及的角色有：调研员、企业委托方成员、中介机构、招投标双方、系统设计员、信息助理、施工员、展示助理、评价助理、项目管理员、项目测试员、项目验收员等。

知识能力要求
(1) 组长知识能力要求：熟悉职业认知调研目的、任务、要素、流程和质量标准，能够运用团队合作能力、问题解决能力清晰具体地提出职业认知活动思路，指导团队成员完成工作任务，能够对每一个团队成员的实践活动做出正确的绩效评价，同时具有组内最佳的项目开展的知识与技能，并在相应岗位的职业素养养成方面走在前列。 (2) 其他角色知识能力要求：能够运用信息处理能力、项目调研策划与实施能力、沟通协调能力为组长决策提供信息，资料、文字撰写，沟通协调方面的服务，竞赛组织与实施，信息展示与评价，项目实施专业技能与知识。
项目完成条件配置
(1) 硬件条件：×××集团公司××部现场、项目调研现场、公司培训基地现场、施工现场、一体化实训室、校内外指导教师各一名。 (2) 管理条件：按业务部构架建立企业化学习团队，有完善的公司管理制度、岗位职责职能、工作绩效考核标准和办法。
项目成果验收要求
(1) 项目开题报告：按岗位角色填写，每人 1 份。 (2) 工作案例与分析：按岗位角色提交，每人 1 份。 (3) 思路创意概述与说明：按岗位角色提交，每人 1 份。 (4) 能力条件准备报告：按岗位角色提交，每人 1 份。 (5) 组织实施方案：按承担的工作任务填写，每人 1 份。 (6) 项目成果报告：按完成的工作任务填写，每人 1 份。 (7) 项目总结：按岗位角色提交，每人 1 份。 (8) 在项目设计、招投标、施工、测试和验收环节的小组工作相关的成果报告：按环节填写每组 1 份。 (9) 答辩记录：由评价组成员按每人 1 份完成。
项目成果质量要求
一、形成单层多房间综合布线项目调查分析能力 (1) 明确调查分析目的、对象和任务； (2) 掌握调查分析内容、方式和方法； (3) 实施调查分析组织、准备和演练； (4) 调查分析现场操作、组织和管理； (5) 调查分析结果核准、整理和发布。 二、形成单层多房间综合布线项目案例借鉴能力 (1) 能选取相关案例； (2) 能科学分析案例； (3) 能正确运用案例。 三、形成团队合作能力 (1) 能营造团队合作氛围；

续表

(2) 能构建合理的团队结构；
(3) 能运用征求团队成员意见技巧；
(4) 能运用综合团队成员意见方法。
四、形成单层多房间综合布线项目表达能力
(1) 文本要素完整，详略得当；
(2) 条理清晰，语言简洁准确；
(3) 格式美观实用，装帧得体。
五、形成单层多房间综合布线项目可行性分析能力
(1) 能对方案进行可行性分析和表述；
(2) 能对方案创新点进行分析和表述。
六、形成单层多房间综合布线项目系统设计能力
七、形成单层多房间综合布线项目可检验的施工成果
八、形成单层多房间综合布线项目测试和验收能力

项目时间安排与要求

(1) 本项目在一周内完成。

(2) 4～5 人自愿组成项目团队共同完成本项目。

(3) 项目团队每个人要有明确的任务和职责。

(4) 项目准备要有明确分工，制订调研方案，做好资料查询和能力准备，进行必要沟通联系。

(5) 在项目实施过程中，认真做好现场调查和记录，详细设计，精细施工，对成果进行重复整理、分析，小组成员保质保量完成项目任务，项目组长做好管理、实施和监督工作。

(6) 项目完成后，进行仔细检测与验收，根据要求撰写相关文档，借助第三方进行总结分析，组长做好资源成果的整合工作，为后续的相关项目提供书面资料和实施经验。各组通过自评、互评相互学习，互帮互助，共同提高，完成小组和成员的工作业绩评价和分析工作。

任务一　单层多房间布线项目需求分析

任务训练说明：

根据 E 港集团的综合布线项目中的××××项目案例，对满足特定需要的单层多房间中的综合布线工程进行需求分析。单层多房间布线系统如图 3-1 所示。

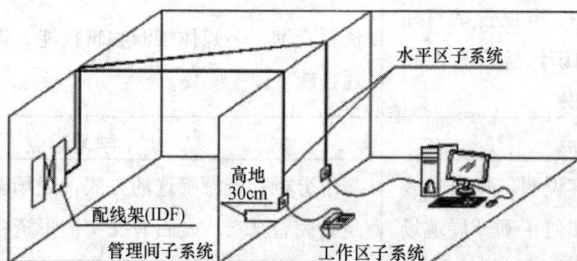

图 3-1　单层多房间系统示意图

一、了解训练内容

训练任务名称：单层多房间布线项目需求分析						
授课班级	略	上课时间	略	课时	上课地点	略

	能力目标	知识目标	素质目标
训练目标	1. 通过学习教师提供的单层多房间示范案例(E 港集团一层布线)，了解需求分析报告的格式，分析过程获取相关资料，从而获取需求分析关键内容的能力，并获得判定信息点和语音点位置等内容的能力； 2. 通过对教师单层多房间示范案例的学习，学生能运用所学的对拓扑结构、数据传输、发展需求、性能需求、地理布局、通信类型、总投资的需求分析能力，从而完成相应的需求分析报告	1. 熟悉水平和管理间子系统的概念和划分原则； 2. 了解客户对于单层多房间布线的需求； 3. 看懂客户提供的单层多房间建筑工程图纸； 4. 了解单层多房间的布线工作内容和施工流程； 5. 了解单层多房间的布线要求和标准	1. 学生小组组长根据需求分析要求分配工作任务，通过需求分析活动的开展，培养学生的团队合作能力； 2. 通过对所设计的对象的现场勘测，撰写勘测报告，培养学生的认真的工作态度和真实资讯收集、验证意识和调研论证的职业素养； 3. 学生通过讨论和互评，相互帮助改进需求分析方案，培养革新和责任意识； 4. 通过查询和咨询校内外教师，确定设计的需求方案的科学性和实用性，来培养学生求真务实的态度和精神； 5. 通过 PPT 展示需求分析成果，培养学生书面表达、演讲等沟通交流素质

	训练场景	任务成果	
任务与场景	1. 根据客户要求进行现场调研； 2. 项目分析完成需求分析报告	1. 根据项目描述，确定该项目的具体设计目标、设计要求； 2. 根据要求，对拓扑结构、数据传输、发展需求、性能需求、地理布局、通信类型、总投资进行需求分析；编写需求说明书	

	知识储备要求	基本技能要求	
能力要求	调研知识、需求分析报告撰写知识、团队分工知识，综合布线相关系统的基本知识	资料查询、多媒体资源编辑技能、训练报告撰写、交流沟通技能	

	学习重点	学习难点	
	需求报告的格式和内容说明，调研方式和记录方式的选择，如何正确开展现场勘测的方法决策，器材和耗材的认知	需求分析和资源筛选的方式，现场勘测的计划；勘测资料是否完整真实，是否有文字图形资料，是否具有信息筛选能力；执行是否按照流程和进行实施	

通过自学掌握本任务学习信息。学习路径提示：你是否理解上述学习信息，把不理解

的疑问写出来，然后通过上网查询，或向老师、同学求教排除你的疑问。

二、训练团队组建

流程一：组建团队。

学习路径提示：

(1) 全班同学自愿报名产生本次调研活动的组长候选人，建议以导生为组长。

(2) 或者通过推荐和先前的表现产生竞聘产生团队组长。

(3) 项目组长可与全班同学自由组合，按4～6人一组产生实施团队。

(4) 项目组内通过协商、竞聘产生学习团队成员岗位角色。

(5) 项目组内通过协商，确定每个团队成员的岗位职能和职责。

流程二：填写任务岗位分配表。

任务岗位分配表

团队名称				
	岗　位	姓　名	职业特长	本项目职责职能
	项目组长			调研策划主持
	信息助理			调研信息、案例查询
团队结构	文档处理			进行文档处理、报告编制
	实施助理			负责实地信息的收集和处理(如照片、视频等)
	展示助理			负责汇报材料编写、成果展示
	评价助理			辅助评价和表现观测

流程三：上交团队组建表。

学习路径提示：按上交表格先后和填写质量，讲评并确定团队组建成绩。

流程四：组长宣布调研团队组建结果。

学习路径提示：按礼仪、表达讲评并确定团队组建成绩。

三、知识学习与能力训练

1. 具体项目任务的团队组建

学习路径提示：填写下列表格，组建调研计划制定工作团队。

团队名称	调研策划团队			
岗　位	姓　名	职业特长	职责职能	工作任务
项目组长				
知识信息策划				
案例信息策划				
新闻信息策划				

续表

岗 位	姓 名	职业特长	职责职能	工作任务
视频信息策划				
图片信息策划				
文字编辑策划				
美术编辑策划				

团队名称	反思策划团队			
岗 位	姓 名	职业特长	职责职能	工作任务
项目组长				
调研计划反思策划				
调研实施反思策划				
调研报告反思策划				
团队合作反思策划				
行为与态度反思策划				
知识与技能反思策划				

团队名称	实践开展策划团队			
岗 位	姓 名	职业特长	职责职能	工作任务
项目组长				
工作人员访谈行动策划				
技术人员施工调查行动策划				
现场资料收集行动策划				
现场信息记录策划				
调查报告策划				
项目方案策划				
项目汇报策划				

团队名称	展示策划团队			
岗 位	姓 名	职业特长	职责职能	工作任务
项目组长				
论点策划				
论据策划(文字说明为主)				
论证策划(视频、图片、网络资源等)				
展示形式和最终资料撰写				
展示实施策划				
分工策划				
策划书撰写策划				

团队名称	评价策划团队			
岗　位	姓　名	职业特长	职责职能	工作任务
项目组长				
调研策划工作量和质量评估				
现场调研工作量和质量评估(有相关证明，比如图片、文字材料等)				
文档撰写工作量和质量评估				
成果展示评估				

2. 撰写策划书

1) 撰写策划书准备

撰写策划书需先确认以下内容。

(1) 本次调研的目的是什么？需要完成哪些方面的内容？

(2) 为什么要组织这项活动？最终要有什么样的成果产生？

(3) 活动安排在什么时间？什么地点？

(4) 活动分几个阶段、几个项目？每个项目有哪些任务？为什么这样设置？

(5) 每个活动项目任务通过哪些途径完成？

(6) 每项活动项目任务由谁负责？谁配合做哪些辅助工作？

(7) 活动有哪些预期成果？谁负责撰写提供？

(8) 活动需要配置哪些器材？谁负责准备？

2) 按策划书结构要求撰写策划书

策划书题目：《×××公司×××(单层多房间)布线项目调研策划方案》。

策划书结构如下。

(1) 活动背景与活动意义。

(2) 主题概念界定与目的。

(3) 活动项目与任务定位。

(4) 活动路径与方法选择。

(5) 活动日程与具体安排。

(6) 活动预期成果与责任。

3. 调研方案设计(策划书撰写)

调研方案设计示例如下。

一、目标任务

1. 了解单层多房间综合布线项目所涉及的技术概况和基本任务。

2. 了解委托公司单层多房间的网络信息化现状。

3. 了解委托公司对于本公司具体的单层多房间的网络信息化的需求状况。

二、活动路径

组建项目团队→分解项目任务→完成能力准备→决定调查方式→活动实施→调研结果评估→学习规律探索→学习能力提升。

三、活动方式

角色扮演的过程演练。

四、活动方法

1. 组内进行角色分派，组内形成三个角色，两位扮演认知调研团队，另一个为模拟行业企业团队，导生负责进行协调和初步指导，教师进行活动监控及后续的总结评价。

2. 随机抽取另一个小组作为观察组，观看视频和未署名的调研报告，并进行组内评分，并对所评判的小组做必要的评语。

五、活动要求

1. 被评价组成员根据不同角色和完成工作项目任务需要，查询、筛选、整理、存储、理解、运用文献查询、现场模拟调查和定性、定量、比较等分析等知识。

2. 根据不同角色和不同工作项目任务，选择问卷制作、现场采访等方式开展调研、评价组可选择现场记录或者观看录像进行统计分析、结合无记名的调研报告撰写评语后以合适的方法告知被评价人。

六、调研方法

1. 行业企业网站。

2. 问卷调查。

3. 企业关键人物专题访问。

七、拟选择的调研样本

1. 行业样本。

2. 企业样本。

3. 个人样本。

八、调查问卷设计

九、专题访问设计

十、视频剪辑

十一、需求分析报告撰写(参考格式)

分析报告一般分为主标题、副标题、目标任务、样本准备及依据、分析视角与方法准备与依据、问卷设计思路及依据、调查分析实施的过程、问卷发放回收及有效性、调查信息分析及结论、对策建议等部分。

十二、时间安排

调研项目	时　间	地　点	调研方式	具体工作内容
技术现状	调查时间 分析时间 撰写时间 上交时间	调查地点 分析地点	调查问卷、专访、网上资料查询、电话访问	比如发放问卷、网络查询、处理信息
企业现状	调查时间 分析时间 撰写时间 上交时间	调查地点 分析地点		

续表

调研项目	时　间	地　点	调研方式	具体工作内容
企业需求	调查时间 分析时间 撰写时间 上交时间	调查地点 分析地点		
项目需求简报	调查时间 分析时间 撰写时间 上交时间	调查地点 分析地点		

十三、预期调研结果

根据具体的工作内容、分析结果和个人的收获。

十四、调研保障条件

与有关政府部门、企业沟通联系，以及调研课时安排、交通工具安排。

在此阐述目前所拥有的策划和实施调研所需要的各项资源，以及需要的其他资源。

4. 任务组织与实施

1)　任务组织

如果以小组为单位，不同组协同完成项目的情况下，则需要四个小组，两个小组为调研方、一个小组为委托方，另一个小组为观察评测方。同时，通过轮换的方式进行竞赛式训练和评测。任务组织程序如下。

(1)　分组并确定小组负责人(导生)。导生最好满足如下要求。

①　平时能积极参与学校(学院)的社会实践活动；

②　遵章守纪，在校期间无任何违法乱纪记录，成绩优良；

③　有较好的组织领导能力，善于与人沟通。

(2)　撰写调研活动创意思路，包括调研活动主标题、副标题、实施时间、地点、对象、目标、行动内容和可行性。

(3)　上交团队项目申报表，附调研活动策划书、安全预案和实践单位或个人接待回执。

(4)　按组长、组织策划、外联、媒体联系、项目宣传、拍摄记录、博客发帖、财务管理、生活管理、安全管理等角色进行分工。

(5)　参照案例制订调研活动方案。

2)　任务实施

实施路径提示：

(1)　每一位团队成员根据自己承担的项目任务，制订职业认知调研子方案。

①　技术调研。针对单层多房间系统的综合布线主要技术、施工内容、材料和工具资料。通过技术网站实施技术调研。

②　行业企业调研方案，包括行业企业经营内容、目标、规模、效益、地位、前景、问题。通过查询行业企业网站实施行业企业调研。

③　企业需求调研方案，包括企业针对单层多房间综合布线工程所需要改进或者重新

建设企业网络的要求。通过问卷调查、专访等方式了解企业的真实需求。

④ 解决方案，满足委托方需求的各项工作。包括所需技术、耗材、工具、成本和简要的平面设计图。通过组内讨论制订初步解决方案，可通过专家咨询、第三方委托等方式进一步完善。

(2) 经团队讨论修改后，由项目组长整合为本组的调研总体方案。

(3) 职业认知调研方案结构如下。

① 调研主题定位；

② 调研对象选择；

③ 调研目标确定；

④ 调研项目设计；

⑤ 调研团队分工；

⑥ 调研行程安排；

⑦ 团队设备配置与管理；

⑧ 团队财务预算与管理；

⑨ 团队生活安排与管理；

⑩ 团队安全预案与管理。

5. 策划书交流考核

实施路径提示：

(1) 项目组长主持，在团队内部交流策划书，项目助理记录。

(2) 根据讨论结果项目组长修改策划书。

(3) 项目组长主持，两个团队交评价策划书，项目助理记录。

(4) 组长说明评分标准，分解评分项目，将评分结果填写成绩表。

评分项目	分　值	得　分	等　级	评　语	评分人
活动目标任务明确性	10				
活动过程设计完整性	20				
活动项目任务落实性	20				
活动日程安排合理性	20				
活动路径设计得当性	10				
活动预期成果有创意	10				
文本语言运用水平	10				

四、学生知识能力评估

1. 自评

开展本任务学习效果评估。

学习路径提示：回答下列问题，撰写个人学情自我分析简报。

(1) 是否按照课程要求进行知识、技能的学习？效果如何？

(2) 对本训练的哪个环节的学习有个人的想法？

(3) 是否达到你的学习预期或者目标？有哪些困难？对老师和学习团队有什么要求？

(4) 为自己在本训练中的表现给出一个综合评价。

2. 教师评价

以小组为单位进行评分。

参评的小组/个人：　　　　　评测方法：　　　　　评测工具：

评分项目	分 值	得 分	等 级	评 语	评分人
调研小组组队评价	5				
项目小组任务分配评价	5				
调研策划评价	20				
调研实施评价	30				
调研成果展示评价	20				
组内成员对耗材和工具使用了解程度评价	20				

最终成绩：＿＿＿＿＿＿＿＿＿＿＿＿＿＿＿＿＿＿

评测教师综合评语：

评测教师签名：

被评测者评价：

被评测者签名：

被评测者对于评测结果不满意的可以在 3 日内联系评测者提出异议，评测者根据被评测者的意见和实际评测过程的观察数据进行复评，并在＿＿＿日内将最终结果和理由告知被评测者，经被评测者确认同意后作为最终结果。如果异议较大，被评测者可以填写相应申请，提请重新测试，经同意后可以进行再一次也就是最后一次评测。

申诉电话：

申诉邮件：

最终评测结果将告知被评测者、评测者和教务办，并由相关人员进行原始资料的保存。

五、课程评价

1. 课程评价表

训练名称：		班级：		姓名：		年　　月　　日
1. 你理解的本训练的核心知识有：						
2. 你获得本训练的核心技能有：						
3. 下列问题需要进一步了解和帮助：						

4. 完成本训练后最大收获是：	
5. 教师思路是否清晰？是否适应教师的风格？	
6. 教师的教学方法对你的学习是否有帮助？	
7. 你是否有组织、有计划地学习？目标基本达到了吗？	
8. 为了获得更好的学习效果，你对本训练内容和实施有何建议：	
教师签字： 学生签字：	

2. 职业素养核心能力评测表

使用方式：在框中打"√"。

职业素养核心能力	评价指标	自测结果
教师签名：	学生签名：	年　月　日

3. 专业核心能力评测表

职业技能	评价指标	自测结果	备　注
本项目评分			
教师签名：	学生签名：		年　月　日

任务二　单层多房间综合布线系统设计

任务训练说明：

根据 E 港集团的综合布线项目中的××××项目案例，对满足特定需要的单层多房间中的综合布线工程进行系统设计。

一、了解训练内容

训练任务名称：单层多房间综合布线系统设计						
授课班级		略	上课时间	略	课时	
				上课地点		略
	能力目标		知识目标		素质目标	
训练目标	1. 通过对教师示范项目案例的学习，学生能应用信息点和语音点统计和位置设计知识和能力，各自针对上一任务撰写的相关需求分析报告案例进行设计； 2. 通过对教师示范项目案例的工程设计方案各组成元素的学习，能针对特定单层多房间的综合布线工程给出具体的单房间项目的设计方案和文档		1. 了解特定工程项目水平和管理间子系统设计基本方法和步骤； 2. 了解水平子系统安装工艺国家标准即 GB 50311 中第四章系统配置设计中 4.2 章节内容，方案设计必须遵循此规定； 3. 熟悉相关文档撰写； 4. 熟练表述工程设计流程和基本方法； 5. 熟悉计算所需信息点数量和规格，了解工程用量，了解特定工程的预算方法； 6. 了解设计和施工图纸的绘制方法		1. 通过小组内的设计文档各要素完成角色任务分配，并分组实施获取相关资料，培养学生的组织管理能力和协调能力； 2. 进行组内讨论和 PPT 展示，参考组外学生和教师的意见进行设计方案改进，培养学生革新创新意识； 3. 通过虚心接受他人善意意见，培养学生良好的职业态度(这里主要是指积极面对挫折和批评的意识)	
	训练场景		任务成果			
任务与场景	分组进行特定单层多房间的综合布线系统设计： 1. 统计信息点并制表； 2. 完成综合布线系统图设计并编制端口对应表； 3. 完成施工图并编制材料表； 4. 设计相关预算表		两图(系统图、施工图)、四表(信息点表、端口对应表、材料表、预算简表)、一方案(方案按照投标书样式撰写)			
	知识储备要求		基本技能要求			
能力要求	调研知识、综合布线系统设计基础知识、团队分工知识，综合布线相关系统的基本知识		资料查询、与任务相关的 VISIO 或者 MinCad 软件使用能力、训练报告撰写、交流沟通技能			
	学习重点		学习难点			
特定单层多房间项目的图表编写要点，按照要求筛选信息符合国家标准，图标是否绘制正确，图标是否添加，是否具有科学性，执行是否按照流程和进行实施			根据前期的信息资源自主开展两图四表的独立设计，绘制的图表是否完整真实，是否有文字图形资料，是否具有信息筛选能力；执行是否按照流程和进行实施			

通过自学掌握本任务学习信息。学习路径提示：你是否理解上述学习信息，把不理解的疑问写出来，然后通过上网查询，或向老师、同学求教排除你的疑问。

二、训练团队组建——导生制分层教育

由于本教学活动无须组员合作完成项目任务，因此适合采用基于导生制的分层教育方式实施教学。

1. 训练团队模式一

根据分好的小组，进行个人能力和学习目标、期望的定义。按下列要求填写岗位任务分配表。

(1) 根据已经划分的小组，确定完成本训练的组内导生，由导生担任本组学习组长，当然除担任组长的导生外，如果组内人数较多可以根据学生意愿多上浮 1～2 个名额。

(2) 其他组员根据自身的学习基础、前续知识和技能的掌握程度以及个人在本训练环节所希望获得的学习成果等级进行组内分层分组。

(3) 建议组内成员的层次等级为优秀级、中等级别和合格级别，这些层次的学员数量建议为 1：3：1，导生的培养级别应该初定为优秀方向，同时尽量增加优秀和中等层次级别的学生为基本原则。

(4) 项目组内通过协商，如果选择合格等级的学生人数较多，应该和其他组进行调换，直到符合第 3 项要求。

任务岗位分配表

团队名称(虚拟企业名称)				
团队结构	**岗　位**	**姓　名**	**知识技能**	**本次训练职责职能**
	项目组长(导生)		1. 已有知识： 2. 已会技能：	1. 通过本次训练需要掌握的知识技能： 2. 职业素养要求：
	优秀等级学生		1. 已有知识： 2. 已会技能：	1. 通过本次训练需要掌握的知识技能： 2. 职业素养要求：
	中等等级学生		1. 已有知识： 2. 已会技能：	1. 通过本次训练需要掌握的知识技能： 2. 职业素养要求：
	合格等级学生		1. 已有知识： 2. 已会技能：	1. 通过本次训练需要掌握的知识技能： 2. 职业素养要求：

说明：表中的等级名称可以由教师根据教学对象自由拟定，本次训练职责职能为学生通过训练所要获得的知识、技能和职业素养，不同层次的学生需要训练的重点和要求不同，对于不同层级的学生已经掌握的知识技能则根据具体情况予以直接考核，无须进入重新学习环节。

2. 训练团队模式二

流程一：组建团队。

学习路径提示：

(1) 在已经分组的情况下，同学自愿报名产生本次任务的组长候选人，建议以导生为组长。

(2) 也可通过推荐和先前的表现竞聘产生团队组长。

(3) 项目组长可与全班同学自由组合，按 4～5 人一组产生实施团队，或者延续前期的团队组成。

(4) 项目组内通过协商、竞聘产生学习团队成员岗位角色。

(5) 项目组内通过协商，确定每个团队成员的岗位职能和职责。

流程二：填写任务岗位分配表。

任务岗位分配表

团队名称				
	岗　位	姓　名	职业特长	本项目职责职能
团队结构	项目组长			设计环节主持与过程控制，评价和表现观测
	组长助理			协助组长进行工作任务实施管理，进行任务分配和人员的协调，辅助评价和表现观测
	信息助理			进行资料的收集、选择和规整
	实施助理			进行文档处理、报告编制
	展示助理			负责汇报材料编写、成果展示

流程三：上交团队组建表。

学习路径提示：按上交表格先后和填写质量，讲评并确定团队组建成绩。

流程四：组长宣布调研团队组建结果。

学习路径提示：按礼仪、表达讲评并确定团队组建成绩。

三、知识学习与能力训练

1. 获取委托书并进行调研

1) 本场景的知识要点

一般工程的项目设计按照用户设计委托书的需求来进行，在设计前必须认真研究和阅读设计委托书。重点了解网络综合布线项目的内容，例如建筑物用途、数据量的大小、人员数量等，也要熟悉强电、水暖的路由和位置。智能建筑项目设计委托书中一般重点为土建设计内容，对综合布线系统的描述和要求往往较少，这就要求设计者把与综合布线系统有关的问题整理出来，需要与用户再进行需求分析。

2) 本场景的操作要点

仔细阅读和理解任务一中形成的调研报告和需求分析报告中的内容，再次回顾任务一中的调研过程和方法，从而能够更加熟练地完成后期项目的任务一中的工作。

2．需求分析及技术交流

1) 本场景的知识要点

需求分析对单层多房间系统(水平子系统为主)的设计尤为重要，因为此系统是综合布线工程中最大的一个子系统，使用材料最多，工期最长，投资最大，也直接决定每个信息点的稳定性和传输速率。它主要涉及布线距离、布线路径、布线方式、避让强电和材料的选择等，对后续的施工是非常重要的，也直接影响网络综合布线工程的质量、工期，甚至影响最终工程造价。

2) 本场景的操作要点

仔细阅读和理解任务一中形成的调研报告和需求分析报告中的内容，再次回顾任务一中的调研过程和方法，从而能够更加熟练地完成后期项目的任务一中的工作。

3．读懂建筑物图纸及各类工程说明并进行初步设计

1) 本场景的知识要点

(1) 水平子系统的拓扑结构。

水平子系统的拓扑结构一般采用星型结构，如图 3-2 所示，每个信息点都必须通过一根独立的缆线与楼层管理间的配线架连接，然后通过跳线与交换机连接。

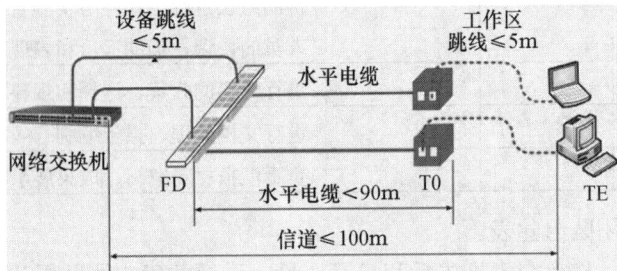

图 3-2　水平子系统拓扑图

(2) 水平子系统的水平电缆和信道长度。

水平子系统的缆线划分方式如图 3-3 所示。

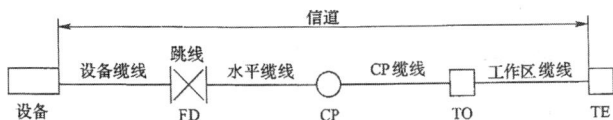

图 3-3　水平子系统的缆线划分方式图

① 水平子系统信道的最大长度不应大于 100m。

② 工作区设备缆线、管理间配线设备的跳线和设备缆线之和不应大于 10m，当大于 10m 时，水平缆线长度(90m)应适当减少。

③ 楼层配线设备(FD)跳线、设备缆线及工作区设备缆线各自的长度不应大于 5m。

2) 本场景的操作要点

(1) 确定布线系统的长度。

① 粗估法(根据对象的类型不同粗略的估算)。对于商用建筑物或公共区域大开间的

办公楼、综合楼等的场地，由于其使用对象数量的不确定性和流动性等因素，宜按开放办公室综合布线系统要求进行设计，并应符合下列规定。

采用多用户信息插座时，每一个多用户插座包括适当的备用量在内，宜能支持 12 个工作区所需的 8 位模块通用插座；各段缆线长度可按表 3-1 选用。

表 3-1　各段缆线长度限值

电缆总长度/m	水平布线电缆 H/m	工作区电缆 W/m	管理间跳线和设备电缆 D/m
100	90	5	5
99	85	9	5
98	80	13	5
97	75	17	5
97	70	22	5

② 公式法。按公式法确定布线长度需要涉及表 3-1。

$$C=(102-H)/1.2$$
$$W=C-5$$

式中：C——工作区电缆、管理间跳线和设备电缆的长度之和，$C=W+D$；

　　　D——管理间跳线和设备电缆的总长度；

　　　W——工作区电缆的最大长度，且 $W \leqslant 22\text{m}$；

　　　H——水平电缆的长度。

(2) 确定 CP 集合点位置。

如果在水平布线系统施工中，需要增加 CP 集合点时，同一个水平电缆上只允许一个 CP 集合点，而且 CP 集合点与 FD 配线架之间水平线缆的长度应大于 15m。

CP 集合点的端接模块或者配线设备应安装在墙体或柱子等建筑物固定的位置，不允许随意放置在线槽或者线管内，更不允许暴露在外边。

CP 集合点只允许在实际布线施工中应用，规范了缆线端接做法，适合解决布线施工中个别线缆穿线困难时中间接续，实际施工中尽量避免出现 CP 集合点。在前期项目设计中不允许出现 CP 集合点。

(3) 确定线槽中缆线的布放根数。

在水平布线系统中，缆线必须安装在线槽或者线管内。

在建筑物墙或者地面内暗埋布线时，一般选择线管，不允许使用线槽。

在建筑物墙面明装布线时，一般选择线槽，很少使用线管。

在楼道或者吊顶上长距离集中布线时，一般选择桥架。

选择线槽时，建议宽高之比为 2∶1，这样布出的线槽较为美观、大方。

选择线管时，建议使用满足布线根数需要的最小直径线管，这样能够降低布线成本。

缆线布放在管与线槽内的管径与截面利用率，应根据不同类型的缆线做不同的选择。管内穿放大对数电缆或 4 芯以上光缆时，直线管路的管径利用率应为 50%～60%，弯管路的管径利用率应为 40%～50%。管内穿放 4 对对绞电缆或 4 芯光缆时，截面利用率应为 25%～35%。布放缆线在线槽内的截面利用率应为 30%～50%。

具体计算方式如下。

① 缆线面积计算。网络双绞线按照线芯数量分，有 4 对、25 对、50 对等多种规格，按照用途分有屏蔽和非屏蔽等多种规格。但是综合布线系统工程中最常见和应用最多的是 4 对双绞线，下面按照外径 6mm 计算双绞线的截面积。

$$S=d^2\times3.14/4=6^2\times3.14/4=28.26$$

式中：S——双绞线截面积；

$\qquad d$——双绞线直径。

② 线管截面积计算。线管规格一般用线管的外径表示，线管内布线容积截面积应该按照线管的内直径计算，以管径 25mm PVC 管为例，管壁厚 1mm，管内部直径为 23mm，其截面积计算如下：

$$S=d^2\times3.14/4=23^2\times3.14/4=415.265$$

式中：S——线管截面积；

$\qquad d$——线管的内直径。

③ 线槽截面积计算。线槽规格一般用线槽的外部长度和宽度表示，线槽内布线容积截面积计算按照线槽的内部长和宽计算，以 40×20 线槽为例，线槽壁厚 1mm，线槽内部长 38mm，宽 18mm，其截面积计算如下：

$$S=L\times W=38\times18=684$$

式中：S——线管截面积；

$\qquad L$——线槽内部长度；

$\qquad W$——线槽内部宽度。

④ 容纳双绞线最多数量计算。布线标准规定，一般线槽(管)内允许穿线的最大面积的 70%，同时考虑线缆之间的间隙和拐弯等因素，考虑浪费空间 40%～50%。因此容纳双绞线根数计算公式如下：

$$N=槽(管)截面积\times70\%\times(40\%～50\%)/线缆截面积$$

式中：N——容纳双绞线最多数量；

$\qquad$ 70%——布线标准规定允许的空间；

$\qquad$ 40%～50%——线缆之间浪费的空间。

(4) 如果涉及布线弯曲的情况，则要考虑合适的弯曲半径。

布线中如果不能满足最低弯曲半径要求，双绞线电缆的缠绕节距会发生变化，严重时，电缆可能会损坏，直接影响电缆的传输性能。例如，在铜缆系统中，布线弯曲半径直接影响回波损耗值，严重时会超过标准规定值。在光纤系统中，则可能会导致高衰减。因此在设计布线路径时，应尽量避免和减少弯曲，增加电缆的拐弯曲率半径值。

缆线的弯曲半径应符合下列规定。

① 非屏蔽 4 对对绞电缆的弯曲半径至少为电缆外径的 4 倍。

② 屏蔽 4 对对绞电缆的弯曲半径应至少为电缆外径的 8 倍。

③ 大对数主干对绞电缆的弯曲半径应至少为电缆外径的 10 倍。

④ 2 芯或 4 芯水平光缆的弯曲半径应大于 25mm。

⑤ 光缆容许的最小曲率半径在施工时应当不小于光缆外径的 20 倍，施工完毕应当不小于光缆外径的 15 倍。

其他芯数的水平光缆、主干光缆和室外光缆的弯曲半径应至少为光缆外径的 10 倍。线管允许的弯曲半径见表 3-2。

表 3-2　管线铺设允许的弯曲半径

缆线类型	弯曲半径
非屏蔽 4 对对绞电缆	不少于电缆外径的 4 倍
屏蔽 4 对对绞电缆	不少于电缆外径的 8 倍
大对数主干对绞电缆	不少于电缆外径的 10 倍
2 芯或 4 芯水平光缆	大于 25mm
其他芯数的水平光缆	不少于光缆外径的 10 倍
室外光缆	不少于光缆外径的 20 倍

（5）设计好网络缆线与电力缆线的间距。

在水平子系统中，经常出现综合布线电缆与电力电缆平行布线的情况，为了减少电力电缆电磁场对网络系统的影响，综合布线电缆与电力电缆接近布线时，必须保持一定的距离。GB 50311—2007 国家标准规定的间距应符合表 3-3。

表 3-3　综合布线电缆与电力电缆的间距

类　别	与综合布线接近状况	最小间距/mm
380V 电力电缆 2kV·A	与缆线平行敷设	130
	有一方在接地的金属线槽或钢管中	70
	双方都在接地的金属线槽或钢管中[①]	10[①]
380V 电力电缆 2～5kV·A	与缆线平行敷设	300
	有一方在接地的金属线槽或钢管中	150
	双方都在接地的金属线槽或钢管中[②]	80
380V 电力电缆>5kV·A	与缆线平行敷设	600
	有一方在接地的金属线槽或钢管中	300
	双方都在接地的金属线槽或钢管中[②]	150

注：①　当 380V 电力电缆<2kV·A，双方都在接地的线槽中，且平行长度≤10m 时，最小间距可为 10mm。②　双方都在接地的线槽中，系指两个不同的线槽，也可在同一线槽中用金属板隔开。

（6）设计好缆线与电气设备间距。

综合布线电缆与附近可能产生高电平电磁干扰的电动机、电力变压器、射频应用设备等电器设备之间应保持必要的间距，为了减少电气设备电磁场对网络系统的影响，综合布线电缆与这些设备布线时，必须保持一定的距离。GB 50311—2007 国家标准规定的综合布线系统缆线与配电箱、变电室、电梯机房、空调机房之间的最小净距宜符合表 3-4 的规定。

表 3-4　综合布线缆线与电气设备的最小净距

名　称	最小净距/m	名　称	最小净距/m
配电箱	1	电梯机房	2
变电室	2	空调机房	2

(7)　墙上敷设的综合布线及管线与其他管线的间距。

墙上敷设的综合布线缆线及管线与其他管线的间距应符合表 3-5 的规定。当墙壁电缆敷设高度超过 6000mm 时，与避雷引下线的交叉间距应按下式计算：

$$S \geqslant 0.05L$$

式中：S——交叉间距(mm)；

L——交叉处避雷引下线距地面的高度(mm)。

表 3-5　综合布线缆线及管线与其他管线的间距

其他管线	平行净距/mm	垂直交叉净距/mm
避雷引下线	1000	300
保护地线	50	20
给水管	150	20
压缩空气管	150	20
热力管(不包封)	500	500
热力管(包封)	300	300
煤气管	300	20

(8)　设计缆线的布线方式——暗埋和明装。

①　暗埋设计。

水平子系统缆线的路径，在新建筑物设计时宜采取暗埋管线。暗管的转弯角度应不小于 90°，在路径上每根暗管的转弯角度不得多于 2 个，并不应有 S 弯出现，有弯头的管段长度超过 20m 时，应设置管线过线盒装置；在有 2 个弯时，不超过 15m 应设置过线盒。

设置在墙面的信息点布线路径宜使用暗埋钢管或 PVC 管，对于信息点较少的区域管线可以直接铺设到楼层的设备间机柜内，对于信息点比较多的区域先将每个信息点管线分别铺设到营道或者吊顶上，然后集中进入楼道或者吊顶上安装的线槽或者桥架。

新建公共建筑物暗埋管路径一般有三种做法，分别是同层暗埋管、跨层暗埋管和地面暗埋管。

第一种同层暗埋管，从信息插座处隔墙向上垂直埋管到横梁或者楼板，然后在横梁或楼板内水平埋管到楼道出口，最后引入楼道桥架，如图 3-4 所示。这种设计方式的优点是工作区信息插座与水平子系统和楼层管理间在同一个楼层，穿线、安装模块和配线架端接等比较方便，检测和维护也很方便。缺点就是穿线路由长，使用材料多，成本高，拐弯多，穿线时拉力大，对施工技术要求高。

第二种跨层暗埋管，从信息插座处隔墙向下垂直埋管到横梁或者楼板，然后在横梁或楼板内水平埋管到下一层楼道出口，最后引入楼道桥架。图 3-5 中 TO-2 信息插座所示。二层信息点对应的管理间机柜不在二层，而是在一层。就整栋楼来说，不仅减少了 1 个机柜，而且布线路由最短，材料用量少，成本低，拐弯少，穿线时拉力也比较小，比图 3-4 中布线路由缩短了约 2.5m。与图 3-4 中 TO-52 信息点布线路由相比减少了"U"字形拐弯。缺点就是工作区信息插座与楼层管理间不在同一个楼层，一般 x 层信息插座的对应管理间和设备在(x-1)层。由于跨越了一个楼层，模块安装和配线架端接等不方便，后期检测和维护更不方便。

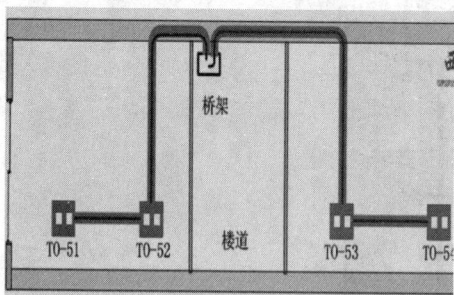

图 3-4　同层暗埋管示意图

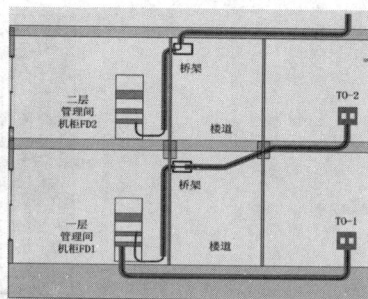

图 3-5　跨层暗埋管示意图

第三种地面暗埋管，从信息插座处隔墙向下垂直埋管到地面，然后在地下水平埋管到一层管理间出口。

②　明装设计。

住宅楼、老式办公楼、厂房进行改造或者需要增加网络布线系统时，一般采取明装布线方式。住宅楼增加网络布线常见的做法是，将机柜安装在每个单元的中间楼层，然后沿墙面安装 PVC 线槽到每户门上方墙面固定插座。使用线槽外观美观，施工方便，但是安全性比较差，使用线管安全性比较好。

(9) 注意设计好接地。

综合布线系统应根据环境条件选用相应的缆线和配线设备，或采取防护措施，并应符合相关规定。

4. 完成正式设计及项目设计报告

1)　本场景的知识要点

(1) 设计方案用户确认流程。

用户进行初步方案确认的一般流程如图 3-6 所示。

图 3-6　设计方案用户确认流程

(2) 国家规定。

GB 50311—2007《综合布线系统工程设计规范》的规定，从 2007 年 10 月 1 日起新建筑物必须设计网络综合布线系统。

(3) 完成材料规格和数量的统计。

综合布线水平子系统材料的概算是指根据施工图纸核算材料使用数量，然后计算造价，这就要求我们熟悉施工图纸，掌握定额。

对于水平子系统材料的计算，首先确定施工使用布线材料类型，列出一个简单的统计表，统计表主要是针对某个项目分别列出了各层使用的材料的名称，对数量进行统计，避免计算材料时漏项，方便材料的核算。以图 3-7 为例简述材料计算方法。

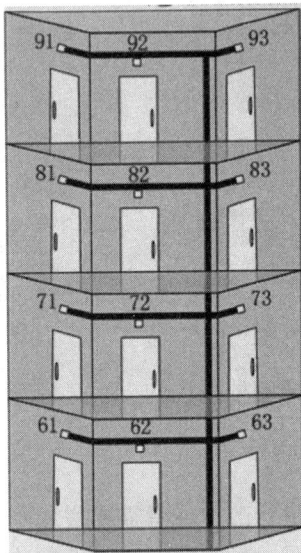

图 3-7　住宅水平子系统布线示意图

从图 3-7 示意图可以看到，这是一个一梯三户的单元，图中表示了 6～9 层结构。按照层高 3.2m，楼道宽度 3m，每户 2 个信息点做材料统计表。使用的主要材料有 PVC 线槽、堵头、内角、三通、四通、网络插座、双口面板、网络模块、网线等。电缆和线槽等从 6 层地面开始计算。线槽按照右边住户水平 2m，中间住户垂直 3.2m，水平 2m，左边住户水平 2m。线槽两端必须安装堵头，中间使用三通或者四通连接，我们看到在 9 层有一个三通，其余各层为四通。表 3-6 所示为完成的材料统计表。

表 3-6　6～9 层信息点材料统计表

信息点 / 材料	4-UTP 电缆	PVC 线槽 (40mm)	堵头 (40mm)	三通 (40mm)	四通 (40mm)	插座底盒	双口面板	网络模块
903	16.6m	2.0m	1	0	0	1	1	2
902	14.6m	5.2m	0	1	0	1	1	2
901	11.6m	2.0m	1	0	0	1	1	2
803	13.0m	2.0m	1	0	0	1	1	2
802	11.4m	5.2m	0	0	1	1	1	2
801	8.4m	2.0m	1	0	0	1	1	2

材料 信息点	4-UTP 电缆	PVC 线槽 (40mm)	堵头 (40mm)	三通 (40mm)	四通 (40mm)	插座 底盒	双口 面板	网络 模块
703	10.2m	2.0m	1	0	0	1	1	2
702	8.2m	5.2m	0	0	1	1	1	2
701	5.2m	2.0m	1	0	0	1	1	2
603	7.0m	2.0m	1	0	0	1	1	2
602	5.0m	5.2m	0	0	1	1	1	2
601	2.0m	2.0m	1	0	0	1	1	2
合计	113.6m	36.8m	8 个	1 个	3 个	12 个	12 个	24 个

2) 本场景的操作要点

(1) 进行初步方案的确认。

初步设计方案主要包括点数统计表和概算两个文件，因为工作区子系统信息点数量影响综合布线系统工程的造价，信息点数量越多，工程造价越大。

(2) 根据具体情况进行分析形成设计报告(设计表格即可)。

E 港集团一层楼(单层多房间)综合布线项目设计报告			
班级：	姓名：	学号：	组名：
设计需求简述：(背景、目标和要求)			
设计步骤	**设计内容**		
1. 确定施工区人员数量	一层楼设置___间房间，以一层楼的所有房间需求设计信息点。以一层楼的所有线缆需求，插座、底盒和连接器等材料来进行计算总的材料使用量及布局		
2. 分析业务需求	此项目中的主楼的一层楼主要用于普通的住宿需求，因此可以参考民用工程的方式来进行设计		
3. 确定信息点数量			
4. 确定材料规划和数量			
5. 详细的图表设计	涉及工程的相关图与表：		
6. 概预算	根据获得的材料品种和数量要求，计算总成本		

四、学生知识能力评估

1. 自评

开展本任务学习效果评估。

学习路径提示：回答下列问题，撰写个人学情自我分析简报。

(1) 是否按照课程要求进行知识、技能的学习？效果如何？

(2) 对本训练的哪个环节的学习有个人的想法？

(3) 是否达到你的学习预期或者目标？有哪些困难？对老师和学习团队有什么要求？

(4) 为自己在本训练中的表现给出一个综合评价。

2. 教师评价

教师通过询问法和学生上交的成果予以给分，本方法获得各个小组成员的学习评价结果。

参评的小组/个人：　　　　　评测方法：　　　　　评测工具：

评分项目	是否通过	评　语	评　分　人
初步方案策划合理			
设计实施有理有据			
表格设计合理，能反映实际工程情况			
数据正确，无遗漏信息			
图形说明信息是否填写完整、清晰和规范			
技术文件的编写、审核、审定和批准人员签字正确，日期正确			
概预算完整准确			
设计报告翔实			

评测教师评价：

评测教师签名：

被评测者评价：

被评测者签名：

被评测者对于评测结果不满意的可以在 3 日内联系评测者提出异议，评测者根据被评测者的意见和实际评测过程的观察数据进行复评，并在____日内将最终结果和理由告知被评测者，经被评测者确认同意后作为最终结果。如果异议较大，被评测者可以填写相应申请，提请重新测试，经同意后可以进行再一次也就是最后一次评测。

申诉电话：

申诉邮件：

最终评测结果将告知被评测者、评测者和教务办，并由相关人员进行原始资料的保存。

五、课程评价

1. 课程评价表

训练名称：	班级：	姓名：	年　　月　　日
1. 你理解的本训练的核心知识有：			
2. 你获得本训练的核心技能有：			
3. 下列问题需要进一步了解和帮助：			
4. 完成本训练后最大收获是：			
5. 教师思路是否清晰？是否适应教师的风格？			
6. 教师的教学方法对你的学习是否有帮助？			
7. 你是否有组织、有计划地学习？目标基本达到了吗？			
8. 为了获得更好的学习效果，你对本训练内容和实施有何建议：			
教师签字： 学生签字：			

2. 职业素养核心能力评测表

使用方式：在框中打"√"。

职业素养核心能力	评价指标	自测结果
教师签名：	学生签名：	年　月　日

3. 专业核心能力评测表

职业技能	评价指标	自测结果	备　　注
本项目评分			
教师签名：	学生签名：		年　月　日

任务三　单层多房间工程招投标训练

任务训练说明：

根据 E 港集团的综合布线项目中的××××项目案例，基于前项任务获得的单层多房间项目的资讯、需求分析资料及设计方案，通过分组角色扮演的方式开展单层多房间项目招投标训练。

一、了解训练内容

训练任务名称：单层多房间工程招投标训练						
授课班级	略	**上课时间**	略	**课时**	**上课地点**	略
	能力目标		**知识目标**		**素质目标**	
训练目标	1. 通过了解每个岗位的工作内容以及评判标准，学生在组内根据真实案例进行任务识别、任务分配和资料的积累； 2. 通过项目一中的招投标案例的学习和训练，学生根据自身情况选择合适的角色，在正确理解实施招投标流程的基础上，实施单层多房间案例的招投标活动； 3. 通过真实综合布线工程的相关文件的制作学习，学生掌握文件格式和内容规范，便于后期的项目的招投标活动的文档的撰写； 4. 通过本任务的学习，继续强化学生组织和参与招投标活动的能力，使其能独立或以小组为单位完成包括信息发布、应标、评标和合同的制定和签署一系列的流程		1. 熟悉水平和管理间(管理间)子系统的基本组成； 2. 熟悉招标书和投标书的内容和编制方法； 3. 熟悉招投标的主要过程、方式和关键问题		1. 通过单层多房间招投标活动的角色分配，分组实施等，培养学生的组织管理能力和协调意识； 2. 培养学生通过网络获取多房间的招投标活动案例、文件格式等资料，根据应标要求制订计划，撰写专业文件的职业素养； 3. 通过竞赛对抗的开展，通过不断失败和改进，进行职业挫折感的调节，培养职业自信心	
任务与场景	**训练场景**		**任务成果**			
	基于 E 港集团一层楼综合布线装修项目开展招投标训练		通过在相应训练场景(单层多房间)中的岗位和任务分配，各组根据各自角色完成相应的素材和文档资料，包括需求分析视频、招标公告、招投标文档、评标标准及相关资料			
能力要求	**知识储备要求**		**基本技能要求**			
	招投标概念、相关国家标准、Office 软件安装和使用知识		资料查询、需求分析报告撰写能力，项目报告撰写能力，基本信息发布软件使用(邮件、QQ 等)			

学习重点	学习难点
招投标人员组成和流程学习、组内任务分配和制订计划表、招投标过程各角色所需要的资料收集、各组根据所扮演的角色不同撰写和提交相关文档	招投标内容的需求分析形式确定和结果有效性检验、相关文档的撰写

通过自学掌握本任务学习信息。学习路径提示：你是否理解上述学习信息，把不理解的疑问写出来，然后通过上网查询，或向老师、同学求教排除你的疑问。

二、训练团队组建——导生制分层教育

1. 各组角色分派

本任务的训练需要以小组为单位进行实施，且每个小组扮演相应的角色，角色主要有招标方、投标方、中介公司、专家组。分组过程中一般遵循自愿自主原则，如果出现争议或者无法进行合适安排的时候，建议采用抽签的方式。因为后期项目都会涉及招投标环节，那么在后期就可以顺利进行轮换使每个学生都可以有机会扮演这 4 个角色。

各组不同角色的基本活动

团队名称	角色的工作任务	组内成员列表	
招标方	设立模拟公司、制定招标书、与投标公司进行交流、作为专家组成员参与招标会、签订合同	1. 学号： 2. 学号：	姓名： 姓名：
投标方	设立模拟公司、购买招标书、撰写投标文件、进行投标工作(项目方案展示、答辩)、如果中标则签订合同	1. 学号： 2. 学号：	姓名： 姓名：
中介公司	设立具有资质的模拟公司、发布招投标信息、进行招标活动的全程通知工作、检验投标方资质、收集指导投标书的规范撰写、主持招标会、促成合同的签订	1. 学号： 2. 学号：	姓名： 姓名：
专家组	参与评标、评价投标方、现场记录、做好对投标方的问询工作、为招标方争取一定合法合理的利益	1. 学号： 2. 学号：	姓名： 姓名：

2. 组内角色定位

根据分好的小组，进行个人能力和学习目标、期望的定义。按下列要求填写岗位任务分配表。

(1) 根据已经划分的小组，确定完成本训练的组内导生，由导生担任本组学习组长，当然除担任组长的导生外，如果组内人数较多可以根据学生意愿多上浮 1～2 个名额。

(2) 在教师完成演示和讲解后的训练环节，导生需要组织组内同学进行学习，在练习中总结问题和经验，并由组内负责记录的同学进行归纳和总结。

(3) 各组向授课教师反馈训练成果，并提交训练中所遇到的问题、总结的经验，供大组讨论时候使用。

(4) 在答疑解惑和与其他组进行经验交流后，各组在导生带领下开展查漏补缺工作，修改前期不完善的成果，最后获得期望中的结果。

(5) 填写下表，领到不同任务的组的相关角色和岗位有所不同，并以此为依据进行分组，如果无法通过自愿或者竞争的方式完成分组，则可以采取抽签方式来决定。

团队名称				
岗　位	姓　名	职业特长	职责职能	工作任务
项目组长				任务分解及分配、资源整合、实施管理、质量评估
组长助理				文档撰写(可成立新的任务小组，为相关文档的撰写收集和规整资料)
调研员				调研、需求分析
技术人员				搜集和撰写技术文档
记录员				过程记录、反馈和总结
信息处理员				图形绘制、美工、多媒体支持

说明：表中的组内记录员人数可以由教师或者各组根据教学内容自由拟定，本次训练以学生掌握基本知识、技能和了解基本素养为目标而设置。

三、知识学习与能力训练

本步骤是以任务作为训练场景，根据不同的角色组来引入相应知识点，通过实际操作和训练来培养不同角色组成员的能力。因此，在实施本步骤前已经完成根据角色任务的分组，每组也清楚了解本组需要完成的基本任务。

1. 需求分析

1) 调研策划

学习路径提示：填写下列表格，组建调研计划制定工作团队。

团队名称	调研策划团队			
岗　位	姓　名	职业特长	职责职能	工作任务
项目组长				
知识信息策划				
案例信息策划				
新闻信息策划				
视频信息策划				
图片信息策划				
文字编辑策划				
美术编辑策划				

团队名称	反思策划团队			
岗 位	**姓 名**	**职业特长**	**职责职能**	**工作任务**
项目组长				
知识与技能反思策划				
行为与态度反思策划				
价值与情感反思策划				
理想与境界反思策划				
文本撰写策划				
反思交流策划				
文本编辑策划				

团队名称	实践开展策划团队			
岗 位	**姓 名**	**职业特长**	**职责职能**	**工作任务**
项目组长				
工作人员访谈行动策划				
技术人员施工调查行动策划				
现场资料收集行动策划				
现场信息记录策划				
工具使用调查策划				
耗材工具价格调查策划				
调查报告撰写策划				

团队名称	展示策划团队			
岗 位	**姓 名**	**职业特长**	**职责职能**	**工作任务**
项目组长				
论点策划				
论据策划(文字说明为主)				
论证策划(视频、图片、网络资源等)				
展示形式和最终资料撰写				
展示实施策划				
分工策划				
策划书撰写策划				

团队名称	评价策划团队			
岗　位	姓　名	职业特长	职责职能	工作任务
项目组长				
调研策划工作量和质量评估				
现场调研工作量和质量评估(有相关证明,比如图片、文字材料等)				
文档撰写工作量和质量评估				
成果展示评估				

2)　需求调研实施

流程参考项目一中任务一中的项目调研部分。

3)　策划书交流考核

学习路径提示:

(1)　项目组长主持,在团队内部交流策划书,项目助理记录。

(2)　根据讨论结果项目组长修改策划书。

(3)　项目组长主持,两个团队交叉评价策划书,项目助理记录。

(4)　组长说明评分标准,分解评分项目,将评分结果填写成绩表。

评分项目	分　值	得　分	等　级	评　语	评分人
活动目标任务明确性	10				
活动过程设计完整性	20				
活动项目任务落实性	20				
活动日程安排合理性	20				
活动路径设计得当性	10				
活动预期成果有创意	10				
文本语言运用水平	10				

2. 根据分组情况了解相关角色工作

为各组分配相应的角色,在组内为完成角色工作进行合理分工。

在各组成员中分配各自角色所要做的工作,比如中介发布,竞标者提出投标申请并购买标书,中介审核,具体如下。

(1)　业主向中介公司递交需求报告书;

(2)　中介公司发布招标通告,并约定招投标时间及顺序;

(3)　扮演投标公司的小组要写好投标书;

(4)　选定合适时间,召集专家组、业主代表;

(5) 在实验室进行模拟开标；

(6) 每组投标公司按次序，进入议标室，阐述本公司的投标理念、应标情况、本公司的优势和核心竞争力；

(7) 专家从产品应标情况、产品先进性和质量、价格、工程质量、售后服务这几个方面来进行评价打分。

3. 进行评标及招投标后续训练

按相关角色任务进行评标及招投标后续训练。

(1) 选定合适时间，召集专家组、业主代表；

(2) 在实验室进行模拟开标及竞标；

(3) 每组投标公司按次序进入议标室进行技术答辩，阐述本公司的投标理念、应标情况、本公司的优势和核心竞争力；

(4) 专家从产品应标情况、产品先进性和质量、价格、工程质量、售后服务这几个方面来进行评价打分；

(5) 现场评标和合同签署完毕后，上交修改后的招标书、投标书、招标公告、公司企业证明、公司信息、专家打分表，以上述材料为依据给各组进行评分。

四、学生知识能力评估

1. 自评

开展本任务学习效果评估。

学习路径提示：回答下列问题，撰写个人学情自我分析简报。

(1) 是否按照课程要求进行知识、技能的学习？效果如何？

(2) 对本训练的哪个环节的学习有个人的想法？

(3) 是否达到你的学习预期或者目标？有哪些困难？对老师和学习团队有什么要求？

(4) 为自己在本训练中的表现给出一个综合评价。

2. 教师评价

进行需求分析训练的评价，具体评价标准见"需求分析"部分。进行分组分角色评定，各评价表如下。

参评的小组/个人：　　　　评测方法：　　　　评测工具：

招标方：

评分项目	分　值	得　分	等　级	评　语	评分人
模拟公司设计合理，资料齐全					
需求明确，表述完整清晰					
招标文档撰写完整、规范、清晰					
图形说明信息是否填写完整、清晰和规范					
与其他角色的沟通交流较多，效率较高					

投标方：

评分项目	分 值	得 分	等 级	评 语	评分人
模拟公司设计合理，资料齐全					
角色任务完成及时、规范和准确					
投标书撰写完整、规范、清晰					
图形说明信息是否填写完整、清晰和规范					
与其他角色的沟通交流较多，效率较高					

中介公司：

评分项目	分 值	得 分	等 级	评 语	评分人
模拟公司设计合理，资料齐全					
公告制作规范明了，发布及时					
对投标公司审核到位，无违规和遗留					
竞标前的流程执行和管理到位					
制订了后续较为详细的竞标实施方案					
与其他角色的沟通交流较多，效率较高					

专家组：

评分项目	分 值	得 分	等 级	评 语	评分人
专家身份设计合理，资料齐全					
评标标准制定完善(此处原本由中介公司提供)					
了解竞标、评标流程和工作内容					
清楚所扮演角色的工作任务					

最终成绩：_____

评测教师综合评语：

评测教师签名：

被评测者评价：

被评测者签名：

被评测者对于评测结果不满意的可以在 3 日内联系评测者提出异议，评测者根据被评测者的意见和实际评测过程的观察数据进行复评，并在____日内将最终结果和理由告知被评测者，经被评测者确认同意后作为最终结果。如果异议较大，被评测者可以填写相应申请，提请重新测试，经同意后可以进行再一次也就是最后一次评测。

申诉电话：

申诉邮件：

最终评测结果将告知被评测者、评测者和教务办，并由相关人员进行原始资料的保存。

3. 对评标过程的评价

1) 投标方

评分表模板 1

序号	投标单位	技术方案	产品			报价	施工		资质	业绩	培训	售后服务	总分
			指标	可靠性	品牌		措施	计划					
		20	5	5	5	30	5	5	5	5	5	5	100

评分表模板 2

评标项目	评标细则	得　分
投标报价(45)	报价(40)	
	产品品牌，性能，质量(5)	
设计方案(15)	方案的先进性、合理性、扩展性(5)	
	图纸的合理性(3)	
	系统设计的合理性、科学性(4)	
	设备选型合理(3)	
施工组织计划(10)	施工技术措施(2)	
	先进技术应用(2)	
	现场管理(2)	
	施工计划优化及可行性(4)	
工程业绩和项目经理(15)	近两年完成重大项目(3)	
	管理能力和水平(3)	
	近两年工程获奖情况(2)	
	项目经理技术答辩(5)	
	项目经理业绩(2)	
质量工期保证措施(5)	工期满足标书要求(2)	
	质量工期保障措施(3)	
履行合同能力(5)	注册资本(1)	
	ISO 体系认证(2)	
	信誉好及银行资信证明(2)	
优惠条件(2)	有实质性并标注的优惠条件(2)	
售后服务承诺(3)	本地有服务部门(2)	
	客户评价良好(1)	
总分(100)		

【**备注**】完成上述评价标准的小组可以根据具体情况和小组理解(需要理由),对于评标项目及所占的分数进行合理的修改。

【**实施经验**】以模板 2 为例,对相关标准的应用做些说明。

(1) 本标准可以用来评判扮演投标公司角色小组在竞标环节的得分。

(2) 每组在设计环节所得的等级分作为"设计方案(15)"的评分依据。

(3) 每组在后续的施工环节所得等级分作为"施工技术措施(2)""现场管理(2)""施工计划优化及可行性(4)"。而在施工过程中在规定时间内顺利完成施工项目的,可获得"工程业绩和项目经理(15)""质量工期保证措施(5)"的相关项的加分。比如"近两年完成重大项目(3)"针对本组是否在两次施工过程中至少一次在规定时间内完成施工任务并不犯错或者无严重过失的,"近两年工程获奖情况(2)"则指完全没有犯错。

(4) 如果同时抽到多次扮演投标方角色时,则每次获得分数的平均分作为本组扮演投标公司角色的最终得分。

(5) 由于获得的分数高低直接决定学生成绩,因此在平时相关任务的实施过程中,各组形成相互竞争关系,可以使用竞赛的方式开展教学。

2) 评标专家组表现

从以下方面评价专家组表现。

(1) 根据专家组的提问表现来判断相关学生的技术知识水平;

(2) 通过问询法和独立测试的方式来考核相关的招投标的知识;

(3) 在专家组的同学是否完成评标小组的任务。

五、课程评价

1. 课程评价表

训练名称:	班级:	姓名:	年　　月　　日
1. 你理解的本训练的核心知识有:			
2. 你获得本训练的核心技能有:			
3. 下列问题需要进一步了解和帮助:			
4. 完成本训练后最大收获是:			
5. 教师思路是否清晰?是否适应教师的风格?			
6. 教师的教学方法对你的学习是否有帮助?			
7. 你是否有组织、有计划地学习?目标基本达到了吗?			
8. 为了获得更好的学习效果,你对本训练内容和实施有何建议:			
教师签字: 学生签字:			

2. 职业素养核心能力评测表

使用方式：在框中打"√"。

职业素养核心能力	评价指标	自测结果
教师签名：	学生签名：	年　月　日

3. 专业核心能力评测表

职业技能	评价指标	自测结果	备　注
本项目评分			
教师签名：	学生签名：	年　月　日	

任务四　单层多房间工程施工与管理

任务训练说明：

根据 E 港集团的综合布线项目中的××××项目案例，基于前项任务获得的单层多房间项目的资讯、需求分析资料及设计方案，通过分组角色扮演的方式开展单层多房间项目施工训练。

一、了解训练内容

训练任务名称：单层多房间工程施工与管理						
授课班级	略	上课时间	略	课时	上课地点	略
训练目标	能力目标		知识目标		素质目标	

能力目标	知识目标	素质目标
1. 能根据上一个任务所设计的设计方案编制相应的施工计划，并通过方案展示、讨论和指导进行改进，从而为施工实施做充分准备； 2. 通过对项目一的打线、PVC 管槽制作能力的训练，根据水平和管理间(管理间)子系统的施工内容和要求，完成单层多房间案例的布置水平电缆、PVC 管线铺设，模块打线、开放式机架的施工	1. 了解单层多房间案例施工所需设备和耗材； 2. 理解水平和管理间(管理间)子系统的安装和施工技术； 3. 理解语音和信息模块的施工步骤和要点； 4. 了解管理间子系统的布线工艺要求和标准(GB 50311—2007《综合布线系统工程设计规范》6.2 管理间安装工艺的内容)； 5. 了解综合布线工程管理标准(GB 50311—2007《综合布线系统工程设计规范》4.7 管理方面的内容)	1. 根据所需知识和技能，进行单层多房间案例的分组分任务自主施工，培养学生的协调能力以及主动性和独立性； 2. 通过监督施工过程的耗材使用情况，督促学生遵循够用、用好的原则，培养学生的节约节能意识； 3. 评判学生是否严格按照 GB 50311—2007《综合布线系统工程设计规范》进行施工，培养学生的质量意识； 4. 通过施工活动的进行，允许学生修改施工计划，培养学生方案改进、思路更新的革新创新意识

任务与场景	训练场景	任务成果
	基于 E 港集团一层楼的综合布线装修项目开展施工	现场施工工程成果，相关的文档和报告

能力要求	知识储备要求	基本技能要求
	调研知识、综合布线系统设计基础知识、团队分工知识，综合布线相关系统的基本知识(施工材料识别、施工工具和器材选择与使用知识、单层多房间施工知识与技巧储备、管理文档撰写知识)	资料查询、团队合作、交流沟通技能、单层多房间综合布线项目的基本工具和器材使用技能、必需耗材制作技能、图纸识别技能、相关文档撰写技能

学习重点	学习难点
学习单层多房间项目施工流程、单层多房间项目施工标准、规范和技巧、单层多房间项目施工器材和耗材的选择、单层多房间项目施工方法和安装流程学习、单层多房间项目评价指标制定	单层多房间项目施工计划的编制、按照计划进行施工，做好单层多房间项目施工管理并完成基本的工程报表、单层多房间项目施工过程主要流程和文档检查、评价活动的开展

通过自学掌握本任务学习信息。学习路径提示：你是否理解上述学习信息，把不理解的疑问写出来，然后通过上网查询，或向老师、同学求教排除你的疑问。

二、训练团队组建——导生制分层教育

1. 团队合作完成施工项目能力训练

流程一：竞聘产生团队。

(1) 全班学生自愿报名团队组长候选人；

(2) 通过竞聘产生团队组长；

(3) 项目组长与全班社会自由组合，按4～6人一组产生学习团队；

(4) 项目组内通过协商、竞聘产生学习团队成员岗位角色；

(5) 项目组内通过协商，确定每个团队成员的岗位职能和职责。

流程二：填写本项目任务角色训练活动内容汇总表。

本项目任务角色训练活动内容汇总表

项目任务名称及目标	任务角色	成员姓名	工作职责(完成目标的途径)
E港集团一层楼综合布线项目施工	项目组长		统筹各项工作，进行任务分配，进度和质量管理
	资讯助理		项目所需资料收集、设计和协助组长完成施工计划
	施工员1		进行双绞线制作、测试、管材裁剪与制作
	施工员2		进行信息插座的安装、面板安装、底盒安装
	评估员		进行施工考核
	展示助理		协助组长进行施工报告的撰写、PPT设计、接受答辩

各项目组确定项目中所扮演的角色的具体任务，这些角色可以在后续的训练中进行轮换。

流程三：上交团队组建表。

学习路径提示：按上交表格先后和填写质量，讲评并确定团队组建成绩。

流程四：组长宣布团队组建结果。

学习路径提示：按礼仪、表达讲评并确定团队组建成绩。

2. 学生完成施工项目的独立能力训练

本教学活动无须组员合作完成项目任务，因此适合采用基于导生制的分层教育方式实施教学。

根据分好的小组，进行个人能力和学习目标、期望的定义。按下列要求填写岗位任务分配表。

(1) 根据已经划分的小组，确定完成本训练的组内导生，由导生担任本组学习组长，当然除担任组长的导生外，如果组内人数较多可以根据学生意愿多上浮 1～2 个名额。

(2) 其他组员根据自身的学习基础、前续知识和技能的掌握程度以及个人在本训练环节所希望获得的学习成果等级进行组内分层分组。

(3) 建议组内成员的层次等级为优秀级、中等级别和合格级别，这些层次的学员数量建议为 1∶3∶1，导生的培养级别应该初定为优秀方向，同时尽量增加优秀和中等层次级别的学生为基本原则。

(4) 项目组内通过协商，如果选择合格等级的学生人数较多，应该和其他组进行调换，直到符合第 3 项要求。

任务岗位分配表

团队名称(虚拟企业名称)				
团队结构	岗　位	姓　名	知识技能	本次训练职责职能
	项目组长(导生)		1. 已有知识： 2. 已会技能：	1. 通过本次训练需要掌握的知识技能： 2. 职业素养要求：
	优秀等级学生		1. 已有知识： 2. 已会技能：	1. 通过本次训练需要掌握的知识技能： 2. 职业素养要求：
	中等等级学生		1. 已有知识： 2. 已会技能：	1. 通过本次训练需要掌握的知识技能： 2. 职业素养要求：
	合格等级学生		1. 已有知识： 2. 已会技能：	1. 通过本次训练需要掌握的知识技能： 2. 职业素养要求：

说明： 表中的等级名称可以由教师根据教学对象自由拟定，本次训练职责职能为学生通过训练所要获得的知识、技能和职业素养，不同层次的学生需要训练的重点和要求不同，对于不同层级的学生已经掌握的知识技能则根据具体情况予以直接考核，无须进入重新学习环节。

三、知识学习与能力训练

在综合布线工程中，水平子系统的管路非常多，与电气等其他管路交叉也多，这些在图纸中很难标注得非常清楚，就需要在安装阶段根据现场实际情况安排管线，设计出最优敷设管路的施工方案，满足管线路由最短、便于安装的要求。在新建建筑物的水平安装施工中，一般涉及线管暗埋和桥架安装等，有时也会涉及少量线槽，因此主要进行的是线管、桥架和线槽的安装与施工。

1. 进行施工进度计划

1) 本场景的知识要点

施工一般流程如下。

(1) 首先进行一次实地勘察，确定有关工程进行时将要遇到的困难，并予以先行解决，例如配线间、设备间、工作间的准备工作是否完成，端口插座等位置是否设置完成，线槽走向走道是否完备，确认后才能开始正式工作；

(2) 如果有干线布线工程则先实施干线(光缆)布线工程；

(3) 实施水平布线工程；

(4) 在布线期间，开始为各设备间安装机柜、配线架等；

(5) 当水平布线完成后，开始设置设备间的光纤机安装配线架，为端口和跳线做端接；

    (6) 安装好所有的配线架和用户端口，则进行全面测试，形成测试报告交给用户；

    (7) 在施工过程一定要进行编号标示。

  2) 本场景的操作要点

    通过 VISIO 的甘特图模块绘制本项目施工组织进度计划表，或者直接选择项目设计环节的进度表。同时填写工程记录表。

工程开工表

工程名称		工程地点	
用户单位		施工单位	
计划开工	年　月　日	计划竣工	年　月　日
工程主要内容：			
工程主要情况：			
主抄：	施工单位意见：		建设单位意见：
抄送：	签名：		签名：
报告日期：	日期：		日期：

工程报停表

工程名称		工程地点	
建设单位		施工单位	
停工日期	年　月　日	计划复工	年　月　日
工程停工主要原因：			
计划采取的措施和建议：			
停工造成的损失和影响：			
主抄：	施工单位意见：		建设单位意见：
抄送：	签名：		签名：
报告日期：	日期：		日期：

工程设计变更表

工程名称		原图名称	
设计单位		原图编号	
原设计规定的内容：		变更后的工作内容：	
变更原因说明：		批准单位及文号：	
原工程量		现工程量	
原材料数		现材料数	
补充图纸编号		日期	年　月　日

工程协调会议纪要

日期：			
工程名称		建设地点	
主持单位		施工单位	
参加协调单位：			
工程主要协调内容：			
工程协调会议决定：			
仍需协调的问题：			
参加会议代表签字：			

2. 单层多房间线管的安装与施工

1) 本场景的知识要点

线管使用原则如下。

(1) 埋管最大直径原则。预埋在墙体中间暗管的最大管外径不宜超过 50mm，预埋在楼板中暗埋管的最大管外径不宜超过 25mm，室外管道进入建筑物的最大管外径不宜超过 100mm。

(2) 穿线数量原则。不同规格的线管，根据拐弯的多少和穿线长度的不同，管内布放线缆的最大条数也不同。同一个直径的线管内如果穿线太多则拉线困难，如果穿线太少则增加布线成本，这就需要根据现场实际情况确定穿线数量，一般按照表 3-7 "线管规格型号与容纳的双绞线最多条数表"进行选择。

表 3-7　线管规格型号与容纳的双绞线最多条数表

线管类型	线管规格/mm	容纳最多条数	截面利用率/%
PVC、金属	16	2	30
PVC	20	3	30
PVC、金属	25	5	30
PVC、金属	32	7	30
PVC	40	11	30
PVC、金属	50	15	30
PVC、金属	63	23	30
PVC	80	30	30
PVC	100	40	30

(3) 保证管口光滑和安装护套原则。在钢管现场截断和安装施工中，两根钢管对接时必须保证同轴度和管口整齐，没有错位，焊接时不要焊透管壁，避免在管内形成焊渣。金属管内的毛刺、错口、焊渣、垃圾等必须清理干净，否则会影响穿线，甚至损伤缆线的护套或内部结构，钢管接头如图 3-8 所示。

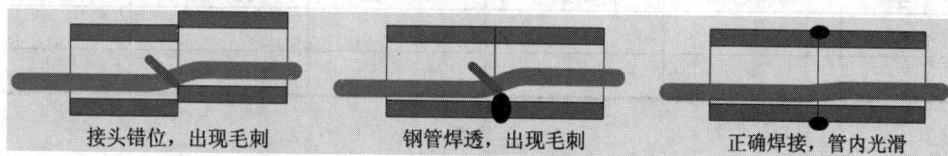

接头错位，出现毛刺　　　　　钢管焊透，出现毛刺　　　　　正确焊接，管内光滑

图 3-8　钢管接头示意图

【施工经验】暗埋钢管一般都在现场用切割机裁断，如果裁断太快，在管口会出现大量毛刺，这些毛刺非常容易划破电缆外皮，因此必须对管口进行去毛刺工序，保持截断端面的光滑。在与插座底盒连接的钢管出口，需要安装专用的护套，保护穿线时顺畅，不会划破缆线。这点非常重要，在施工中要特别注意。

(4) 横平竖直原则。土建预埋管一般都在隔墙和楼板中，为了垒砌隔墙方便，一般按照横平竖直的方式安装线管，不允许将线管斜放，如果在隔墙中倾斜放置线管，需要异形砖，影响施工进度。

(5) 平行布管原则。平行布管就是同一走向的线管应遵循平行原则，不允许出现交叉或者重叠。因为智能建筑的工作区信息点非常密集，楼板和隔墙中有许多线管，必须合理为这些线管进行布局，避免出现线管重叠。

2) 本场景的操作要点

根据相应的单层多房间类型的 E 港集团楼层布线的要求和施工计划完成主要耗材、工具、器械的选用；当出现现有成品无法满足具体施工需求时，需要自行制作耗材，另行选择替代工具与设备。在材料到达现场后，由设备材料组负责，技术和质量监理参加，对已经到的设备、材料做外观检查，保障无外伤损坏、无缺件，核对设备、材料、线缆、电线、备件的型号规格及数量是否符合施工设计文件以及清单的要求，同时填写统计表格。

材料入库统计表

序 号	材料名称	型 号	单 位	数 量	备 注
1					
2					

审核: 仓管: 日期:

材料库存统计表

序 号	材料名称	型 号	单 位	数 量	备 注
1					
2					

审核: 仓管: 日期:

领用材料统计表

工程名称		领料单位			
批料人		领料日期	年 月 日		
序 号	材料名称	材料编号	单 位	数 量	备 注
1					
2					

工具表

序 号	设备名称	型号规格	单 位	数 量
1				
2				

审核: 仓管: 日期:

3. 安装桥架

1) 本场景的知识要点

信息插座的安装包括底盒安装、模块安装和面板安装。信息插座的安装,需要遵循下列原则。

(1) 在教学楼、学生公寓、实验楼、住宅楼等不需要进行二次区域分割的工作区,信息插座宜设计在非承重的隔墙上,并靠近设备使用位置。

(2) 写字楼、商业大厅等需要进行二次分割和装修的区域,信息点宜设置在四周墙面上,也可以设置在中间的立柱上,但要考虑二次隔断和装修时的扩展方便性和美观性。大厅、展厅、商业收银区在设备安装区域的地面宜设置足够的信息点插座。墙面插座底盒下缘距离地面高度为0.3m,地面插座底盒应低于地面。

(3) 学生公寓等信息点密集的隔墙,宜在隔墙两面对称设置。

(4) 银行营业大厅的对公区、对私区和 ATM 自助区信息点的设置要考虑隐蔽性和安全性,特别是离行式ATM机的信息插座不能暴露在客户区。

（5）电子屏幕、指纹考勤机、门禁系统信息插座的高度宜参考设备的安装高度设置。

2）本场景的操作要点

（1）桥架吊装安装方式。

在楼道有吊顶时水平子系统桥架一般吊装在楼板下，如图3-9所示。

第一步：确定桥架安装高度和位置。

第二步：安装膨胀螺栓、吊杆、桥架挂片，调整好高度。

第三步：安装桥架，并且用固定螺栓把桥架与挂片固定。

第四步：安装电缆和盖板。

（2）桥架壁装安装方式。

在楼道没有吊顶的情况下，桥架一般采用壁装方式，如图3-10所示。

第一步：确定桥架安装高度和位置，并且标记安装高度。

第二步：安装膨胀螺栓、三脚支架、调整好高度。

第三步：安装桥架，并且用固定螺栓把桥架与三脚支架固定牢固。

第四步：安装电缆和盖板。

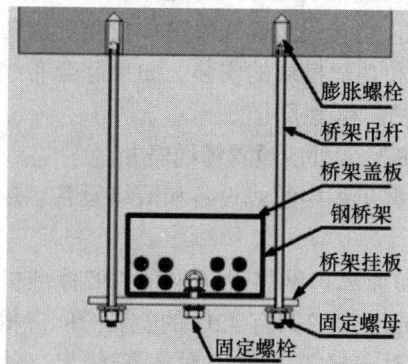

图 3-9　桥架吊装安装方式

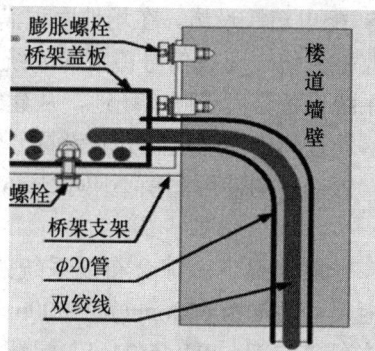

图 3-10　桥架壁装安装方式

（3）楼道大型线槽安装方式。

在一般小型工程中，有时采取暗管明槽布线方式，在楼道使用较大的 PVC 线槽代替桥架，不仅成本低，而且比较美观。

第一步：根据线管出口高度，确定线槽安装高度，并且画线。

第二步：固定线槽。

第三步：布线。

第四步：安装盖板。

4．安装线槽

1）本场景的知识要点

根据设计要求选择合适的线槽、曲率半径和线槽拐弯所需配件，严格按照设计图纸的位置进行施工和布局。

2) 本场景的操作要点

在线槽布线施工一般从安装信息点插座底盒开始，具体步骤如下。

第一步：安装插座底盒，给线槽起点定位。

第二步：钉线槽。

第三步：布线和盖板。

5. 管理间安装与施工

1) 本场景的知识要点

根据设计要求和施工标准进行管理间的安装与施工。

(1) 管理间的数量应按所服务的楼层范围及工作区面积来确定。如果该层信息点数量不大于 400 个，水平缆线长度在 90m 范围以内，宜设置 1 个管理间；当超出这一范围时宜设 2 个或多个管理间；每层的信息点数量数较少，且水平缆线长度不大于 90m 的情况下，宜几个楼层合设 1 个管理间。

(2) 管理间主要为楼层安装配线设备(为机柜、机架、机箱等安装方式)和楼层计算机网络设备(HUB 或 SW)的场地，并可考虑在该场地设置缆线竖井、等电位接地体、电源插座、UPS 配电箱等设施。在场地面积满足的情况下，也可设置建筑物诸如安防、消防、建筑设备监控系统、无线信号覆盖等系统的布缆线槽和功能模块的安装。如果综合布线系统与弱电系统设备合设于同一场地，从建筑的角度出发，称为弱电间。

(3) 管理间应与强电间分开设置，管理间内或其紧邻处应设置缆线竖井。

(4) 管理间的使用面积不应小于 $5m^2$，也可根据工程中配线设备和网络设备容量进行调整。

(5) 一般情况下，综合布线系统的配线设备和计算机网络设备采用 19"标准机柜安装。机柜尺寸通常为 600mm(宽)×900mm(深)×2000mm(高)，共有 42U 的安装空间。机柜内可安装光纤连接盘、RJ-45(24 口)配线模块、多线对卡接模块(100 对)、理线架、计算机HUB/SW 设备等。如果按建筑物每层电话和数据信息点各为 200 个考虑配置上述设备，大约需要有 2 个 19"(42U)的机柜空间，以此测算管理间面积至少应为 $5m^2$(2.5m×2.0m)。对于涉及布线系统设置内网、外网或专用网时，19"机柜应分别设置，并在保持一定间距的情况下预测管理间的面积。

(6) 管理间的设备安装和电源要求，应符合 GB 50311—2007 第 6.3.8 条和第 6.3.9 条的规定。

(7) 管理间应采用外开丙级防火门，门宽大于 0.7m。管理间内温度应为 10～35℃，相对湿度宜为 20%～80%。如果安装信息网络设备时，应符合相应的设计要求。

(8) 管理间温、湿度按配线设备要求提供，如在机柜中安装计算机网络设备(HUB/SW)时的环境应满足设备提出的要求，温、湿度的保证措施由空调专业负责解决。

2) 本场景的操作要点

(1) 机柜安装。

一般情况下，综合布线系统的配线设备和计算机网络设备采用 19"标准机柜安装。机柜尺寸通常为 600mm(宽)×900mm(深)×2000mm(高)，共有 42U 的安装空间。机柜内可安装光纤连接盘、RJ-45(24 口)配线模块、多线对卡接模块(100 对)、理线架、计算机 HUB/SW

设备等。如果按建筑物每层电话和数据信息点各为 200 个考虑配置上述设备，大约需要有 2 个 19"(42U)的机柜空间，以此测算电信间面积至少应为 $5m^2$(2.5m×2.0m)。对于涉及布线系统设置内网、外网或专用网时，19"机柜应分别设置，并在保持一定间距的情况下预测电信间的面积。

(2) 电源安装。

设备间应提供不少于 2 个 220V 带保护接地的单相电源插座，但不作为设备供电电源。

(3) 网络配线架的安装。

① 网络配线架安装要求如下。

a. 在机柜内部安装配线架前，首先要进行设备位置规划或按照图纸规定确定位置，统一考虑机柜内部的跳线架、配线架、理线环、交换机等设备。同时，应考虑跳线方便。

b. 缆线采用地面出线方式时，一般缆线从机柜底部穿入机柜内部，配线架宜安装在机柜下部。采取桥架出线方式时，一般缆线从机柜顶部穿入机柜内部，配线架宜安装在机柜上部。缆线采取从机柜侧面穿入机柜内部时，配线架宜安装在机柜中部。

c. 配线架应该安装在左右对应的孔中，水平误差不大于 2mm，更不允许错位安装。

② 网络配线架的安装步骤如下。

a. 检查配线架和配件完整。

b. 将配线架安装在机柜设计位置的立柱上。

c. 理线。

d. 端接打线。

e. 做好标记，安装标签条。

6. 完成施工报告

1) 本场景的知识要点

参考附录一施工方案报告。

2) 本场景的操作要点

参考附录一施工方案报告。

7. 施工管理

【实施经验】本场景的内容将分别贯穿于上述场景的实施过程中，因此无须独立进行讲解或者学习。

1) 本场景的知识要点

施工管理内容如下。

(1) 项目管理；

(2) 管理机构；

(3) 现场管理制度与要求；

(4) 人员管理；

(5) 技术管理；

(6) 材料与工具管理；

(7) 安全管理。

2) 本场景的操作要点

为保障项目施工的顺利实施，在实施过程中形成精细化管理，在每个施工环节或者场景的实施前和完成后都需要制定和填写相关文档，形成书面记录，做好全面的施工管理，为成本和质量控制提供支持。

同时单层多房间线管的安装与施工和安装桥架实施过程中需要填写下列表格。

施工责任人员签到表

项目名称：		项目工程师：		
日　期	成　员 1	成　员 2	成　员 3	成　员 4

施工进度日志

组名：	人数：	负责人：	时间	工程名：
工程进度计划				
工程实际进度				
工程情况记录				
时　间	方位、编号	处理情况	尚待处理情况	备　注

施工事故报告单

填报单位：	项目工程师：
工程名称：	设计单位：
地点：	施工单位：
事故发生时间：	汇报时间：
事故情况及主要原因：	

四、学生知识能力评估

1. 自评

开展本任务学习效果评估。

学习路径提示：回答下列问题，撰写个人学情自我分析简报。

(1) 是否按照课程要求进行知识、技能的学习？效果如何？

(2) 对本训练的哪个环节的学习有个人的想法？

(3) 是否达到你的学习预期或者目标？有哪些困难？对老师和学习团队有什么要求？

(4) 为自己在本训练中的表现给出一个综合评价。

2. 教师评价

参评的小组/个人：　　　　　评测方法：　　　　　评测工具：

评分项目		分　值	得　分	等　级	评　语	评分人
完成施工计划的质量(5)		5				
模块安装(10)		10				
面板和底盒安装(10)		10				
线槽制作与安装(35)	直角	5				
	内角	5				
	外交	5				
	线槽布线	20				
线管制作(10)		10				
工程实施管理(30)	施工时间管理能力	5				
	施工质量管理能力	10				
	施工标签	5				
	施工报告	10				

最终成绩：＿＿＿＿＿＿＿＿＿＿＿＿＿＿＿＿＿＿＿＿＿＿

评测教师综合评语：

评测教师签名：

被评测者评价：

被评测者签名：

被评测者对于评测结果不满意的可以在 3 日内联系评测者提出异议，评测者根据被评测者的意见和实际评测过程的观察数据进行复评，并在＿＿＿日内将最终结果和理由告知被评测者，经被评测者确认同意后作为最终结果。如果异议较大，被评测者可以填写相应申请，提请重新测试，经同意后可以进行再一次也就是最后一次评测。

申诉电话：

申诉邮件：

最终评测结果将告知被评测者、评测者和教务办，并由相关人员进行原始资料的保存。

五、课程评价

1. 课程评价表

训练名称：	班级：	姓名：	年　　月　　日
1. 你理解的本训练的核心知识有：			

续表

2. 你获得本训练的核心技能有：	
3. 下列问题需要进一步了解和帮助：	
4. 完成本训练后最大收获是：	
5. 教师思路是否清晰？是否适应教师的风格？	
6. 教师的教学方法对你的学习是否有帮助？	
7. 你是否有组织、有计划地学习？目标基本达到了吗？	
8. 为了获得更好的学习效果，你对本训练内容和实施有何建议：	
教师签字： 学生签字：	

2. 职业素养核心能力评测表

使用方式：在框中打"√"。

职业素养核心能力	评价指标	自测结果
教师签名：	学生签名：	年　月　日

3. 专业核心能力评测表

职业技能	评价指标	自测结果	备　注
本项目评分			
教师签名：	学生签名：	年　　月　　日	

任务五　单层多房间工程测试与验收训练

任务训练说明：

根据 E 港集团的综合布线项目中的××××项目案例，基于前项任务获得的单层多房间项目的资讯、需求分析资料及设计方案，通过分组角色扮演的方式开展单层多房间项目测试与验收训练。

一、了解训练内容

训练任务名称：单层多房间工程测试与验收训练						
授课班级	略	上课时间	略	课时		上课地点	略

<table>
<tr><td rowspan="2">训练目标</td><td colspan="1" align="center">能力目标</td><td align="center">知识目标</td><td align="center">素质目标</td></tr>
<tr>
<td>1. 通过教师的对项目一中测试与验收任务的重点内容的回顾讲解和分析，学生讨论针对多房间案例运用所学的测试和验收计划所包含的内容和格式，自主完成单层多房间综合布线工程的系统测试和验收计划编制(可以让学生先做，完成后点评，从而形成适合学生操作的文档内容模块和格式)；
2. 通过教师对项目一中测试与验收任务的有关内容的回顾，使学生能够较为熟练地使用测试仪对各组单层多房间项目中的测试项目进行测试，同时根据验收的分类和内容，按照工作区子系统的验收程序实施验收工作；
3. 通过对综合布线系统中的常见线路的测试活动的要点回顾，学生熟练使用常用测试工具，完成单层多房间永久链路和通道链路的测试工作</td>
<td>1. 熟悉几种常见的测试仪进行单层多房间测试时的使用方法(主要是双绞线测试器、理想高端测试仪)；
2. 了解单层多房间综合布线链路测试标准及分类，GB 50312—2007《综合布线系统工程验收规范》；
3. 熟悉双绞线链路的测试方法和技巧；
4. 熟悉综合布线系统验收内容和方法；
5. 掌握模拟场景中综合布线系统验收所需的相关基本技术规范；
6. 了解单层多房间综合布线系统验收和测试相关表格。
上述知识需要基于 GB 50312—2007《综合布线系统工程验收规范》的验收内容</td>
<td>1. 通过验收和测试活动的角色分配、分组实施等，培养学生的组织管理能力和协调能力；
2. 要求学生按照国标 GB 50312—2007《综合布线系统工程验收规范》要求，实施验收和测试，并进行考评，培养学生规范做事的素质和责任意识；
3. 在完成项目验收后，通过学生对工程验收和测试场地的整理和清洁、工具的规范放置等方面的考评，培养学生的现场和设备规范管理意识以及良好的职业习惯；
4. 通过对测试流程的严格执行，培养学生良好的作业管理和质量管理意识</td>
</tr>
<tr><td rowspan="2">任务与场景</td><td align="center">训练场景</td><td colspan="2" align="center">任务成果</td></tr>
<tr><td>基于 E 港集团一层楼的综合布线装修项目开展测试与验收训练</td><td colspan="2">进行项目的测试和验收活动，形成相关的测试文档和验收文档</td></tr>
<tr><td rowspan="2">能力要求</td><td align="center">知识储备要求</td><td colspan="2" align="center">基本技能要求</td></tr>
<tr><td>调研知识、综合布线系统设计基础知识、团队分工知识，综合布线相关系统的基本知识</td><td colspan="2">资料查询、与任务相关的 VISIO 或者 MinCad 软件使用能力、训练报告撰写、交流沟通技能</td></tr>
<tr><td colspan="2" align="center">学习重点</td><td colspan="2" align="center">学习难点</td></tr>
<tr><td colspan="2">合理安排验收人员和任务、理解基本测试模型、测试模型的选择决策，确定测试标准，确定测试链路标准，确定测试工具和测试点，确定验收内容</td><td colspan="2">熟悉测试流程和验收流程特别是复杂链路的端接及测试、多种情况下的测试(开路、短路、跨接、反接)，测试报告分析，根据案例明确工程验收人员组成，工程验收分类，撰写验收内容报告和验收的各种表格</td></tr>
</table>

通过自学掌握本任务学习信息。学习路径提示：你是否理解上述学习信息，把不理解的疑问写出来，然后通过上网查询，或向老师、同学求教排除你的疑问。

二、训练团队组建——导生制分层教育

由于本教学活动无须组员合作完成项目任务，因此适合采用基于导生制的分层教育方式实施教学。

根据分好的小组，进行个人能力和学习目标、期望的定义。按下列要求填写岗位任务分配表。

(1) 根据已经划分的小组，确定完成本训练的组内导生，由导生担任本组学习组长，当然除担任组长的导生外，如果组内人数较多可以根据学生意愿多上浮 1~2 个名额。

(2) 其他组员根据自身的学习基础、前续知识和技能的掌握程度以及个人在本训练环节所希望获得的学习成果等级进行组内分层分组。

(3) 建议组内成员的层次等级为优秀级、中等级别和合格级别，这些层次的学员数量建议为 1∶3∶1，导生的培养级别应该初定为优秀方向，同时尽量增加优秀和中等层次级别的学生为基本原则。

(4) 项目组内通过协商，如果选择合格等级的学生人数较多，应该和其他组进行调换，直到符合第 3 项要求。

任务岗位分配表

团队名称(虚拟企业名称)				
团队结构	岗　位	姓　名	知识技能	本次训练职责职能
	项目组长(导生)		1. 已有知识： 2. 已会技能：	1. 通过本次训练需要掌握的知识技能： 2. 职业素养要求：
	优秀等级学生		1. 已有知识： 2. 已会技能：	1. 通过本次训练需要掌握的知识技能： 2. 职业素养要求：
	中等等级学生		1. 已有知识： 2. 已会技能：	1. 通过本次训练需要掌握的知识技能： 2. 职业素养要求：
	合格等级学生		1. 已有知识： 2. 已会技能：	1. 通过本次训练需要掌握的知识技能： 2. 职业素养要求：

说明： 表中的等级名称可以由教师根据教学对象自由拟定，本次训练职责职能为学生通过训练所要获得的知识、技能和职业素养，不同层次的学生需要训练的重点和要求不同，对于不同层级的学生已经掌握的知识技能则根据具体情况予以直接考核，无须进入重新学习环节。

三、知识学习与能力训练

本步骤是以任务作为训练场景，根据不同的角色组来引入相应知识点，通过实际操作和训练来培养不同角色组成员的能力。因此，在实施本步骤前已经完成根据角色任务的分组，每组也清楚了解本组需要完成的基本任务。

1. 单层多房间基本测试(验证)

已安装好的布线系统链路如图 3-11 所示，下面以用 FLUKE DTX 电缆分析仪，选择 TIA/EIA 标准、测试 UTP CAT 6 永久链路为例介绍认证测试过程。

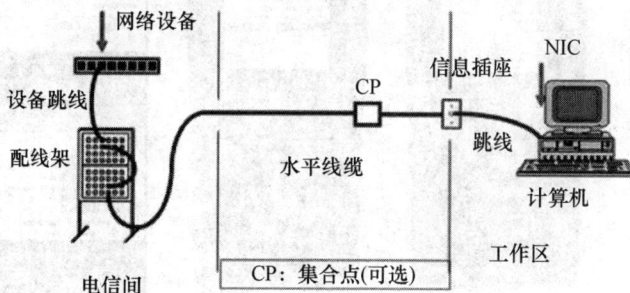

图 3-11　布线系统链路

1)　测试步骤

布线系统链路测试步骤如下。

(1)　连接被测链路。将测试仪主机和远端机连上被测链路，因为是永久链路测试，所以必须用永久链路适配器连接，如图 3-12 所示为永久链路测试连接方式，如果是信道测试，就使用原跳线连接仪表，如图 3-13 所示为信道测试连接方式。

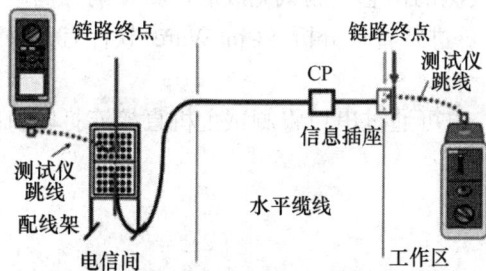

图 3-12　永久链路测试连接方式

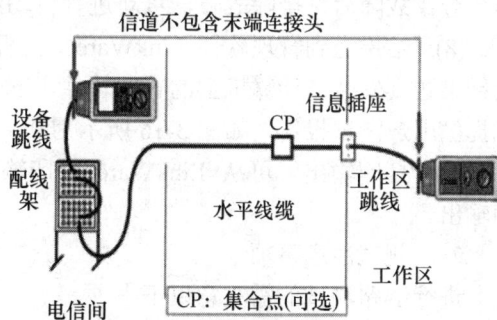

图 3-13　信道链路测试连接方式

(2)　按绿键启动 DTX ，如图 3-14(a)所示，并选择中文或中英文界面。

(3)　选择双绞线、测试类型和标准。

①　将旋钮转至 SETUP，如图 3-14(b)所示；

②　选择 Twisted Pair；

③　选择 Cable Type；

④ 选择 UTP；

⑤ 选择 Cat 6 UTP；

⑥ 选择 Test Limit；

⑦ 选择 TIA Cat 6 Perm. Link，如图 3-14(c)所示。

(4) 按 TEST 键，启动自动测试，最快 9 秒钟完成一条正确链路的测试。

(5) 在 DTX 系列测试仪中为评测结果命名。评测结果名称可以是：①通过 LinkWare 预先下载；②手动输入；③自动递增；④自动序列，如图 3-15 所示。

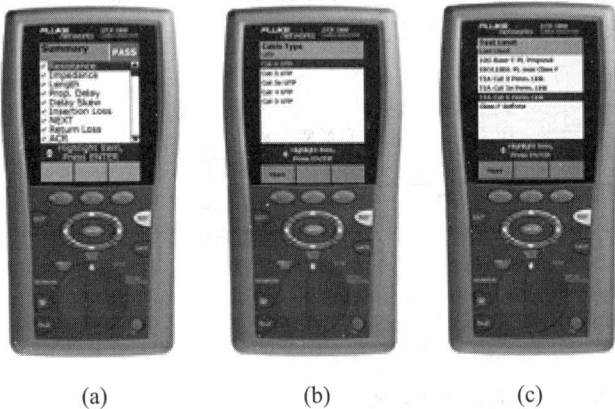

(a)　　　　　　　(b)　　　　　　　(c)

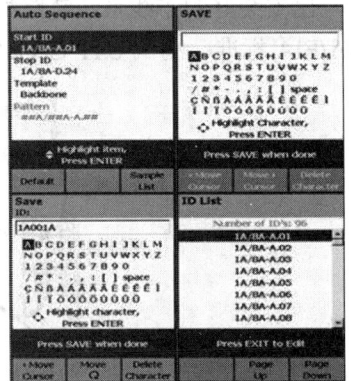

图 3-14　测试步骤　　　　　　　　　　图 3-15　测试结果命名

(6) 保存评测结果。测试通过后，按 SAVE 键保存评测结果，结果可保存于内部存储器和 MMC 多媒体卡。

(7) 故障诊断。测试中出现"失败"时，要进行相应的故障诊断测试。按故障信息键(F1 键)直观显示故障信息并提示解决方法，再启动 HDTDR 和 HDTDX 功能，扫描定位故障。查找故障后，排除故障，重新进行自动测试，直至指标全部通过为止。

(8) 结果送到管理软件 LinkWare。当所有要测的信息点测试完成后，将移动存储卡上的结果送到安装在计算机上的管理软件 LinkWare 进行管理分析。LinkWare 软件有几种形式提供用户测试报告，如图 3-16 所示为其中的一种。

(9) 打印输出。可从 LinkWare 打印输出，也可通过串口将测试主机直接连打印机打印输出。

2) 测试注意事项

进行链路测试的需注意以下事项。

(1) 认真阅读测试仪使用操作说明书，正确使用仪表。

(2) 测试前要完成对测试仪主机、辅机的充电工作并观察充电是否达到 80%以上。不要在电压过低的情况下测试，中途充电可能造成已测试的数据丢失。

(3) 熟悉布线现场和布线图，测试过程中也同时可对管理系统现场文档、标识进行检验。

(4) 发现链路结果为 Test Fail 时，可能由多种原因造成，应进行复测再次确认。

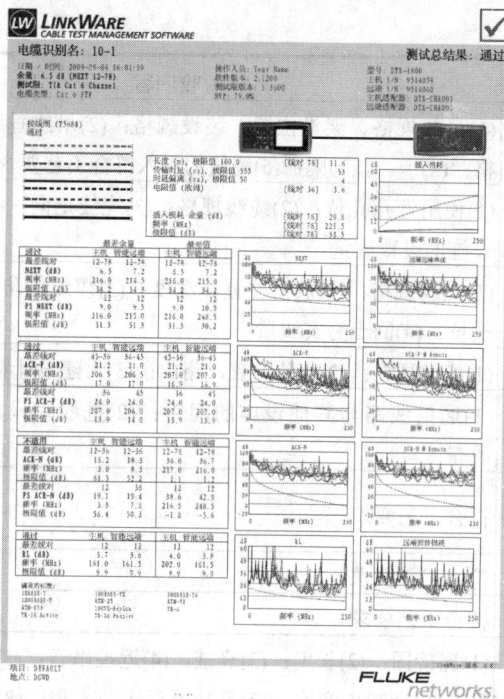

图 3-16　测试结果报告

2. 进行项目验收

1)　本场景的知识要点

具体验收标准参考项目一中的验收规则，可以根据具体情况在表格大项的基础上自行决定验收细节，验收内容见表 3-8。

表 3-8　综合布线系统单层多房间工程验收项目汇总表

阶段	验收项目	验收内容	验收方式
施工前检查	1.环境要求	(1)土建施工情况：地面、墙面、门、电源插座及接地装置；(2)土建工艺；机房面积、预留孔洞；(3)施工电源；(4)地板铺设；(5)建筑物入口设施检查	施工前检查
	2.器材检验	(1)外观检查；(2)型号、规格、数量；(3)电缆及连接器件电气性能测试；(4)测试仪表和工具的检验	
	3.安全、防火要求	(1)消防器材；(2)危险物的堆放；(3)预留孔洞防火措施	
设备安装	1.管理间、设备机柜、机架	(1)规格、外观；(2)安装垂直、水平度；(3)油漆不得脱落，标志完整齐全；(4)各种螺丝必须紧固；(5)抗震加固措施；(6)接地措施	随工检验
	2.配线模块及八位模块式通用插座	(1)规格、位置、质量；(2)各种螺丝必须拧紧；(3)标志齐全(4)安装符合工艺要求；(5)屏蔽层可靠连接	
电缆、光缆布放(楼内)	1.电缆桥架及线槽布放	(1)安装位置正确；(2)安装符合工艺要求；(3)符合布放缆线工艺要求；(4)接地	隐蔽工程签证
	2.缆线暗敷(包括暗管、线槽、地板下等方式)	(1)缆线规格、路由、位置；(2)符合布放缆线工艺要求；(3)接地	

阶段	验收项目	验收内容	验收方式
电缆、光缆布放(楼间)	1.架空缆线	(1)吊线规格、架设位置、装设规格；(2)吊线垂度；(3)缆线规格；(4)卡、挂间隔；(5)缆线的引入符合工艺要求	随工检验
	2.管道缆线	(1)使用管孔孔位；(2)缆线规格；(3)缆线走向；(4)缆线的防护设施的设置质量	隐蔽工程签证
	3.埋式缆线	(1)缆线规格；(2)敷设位置、深度；(3)缆线的防护设施的设置质量；(4)回土夯实质量	
	4.通道缆线	(1)缆线规格；(2)安装位置，路由；(3)土建设计符合工艺要求	
	5.其他	(1)通信线路与其他设施的间距；(2)进线室设施安装、施工质量	随工检验隐蔽工程签证
缆线终接	1.八位模块式通用插座	符合工艺要求	随工检验
	2.各类跳线	符合工艺要求	
	3.配线模块	符合工艺要求	
系统测试	1.工程电气性能测试	(1)连接图；(2)长度；(3)衰减；(4)近端串音；(5)近端串音功率和；(6)衰减串音比；(7)衰减串音比功率和；(8)等电平远端串音；(9)等电平远端串音功率和；(10)回波损耗；(11)传播时延；(12)传播时延偏差；(13)插入损耗；(14)直流环路电阻；(15)设计中特殊规定的测试内容；(16)屏蔽层的导通	竣工检验
	2.光纤特性测试	(1)衰减；(2)长度	
管理系统	1.管理系统级别	符合设计要求	竣工检验
	2.标识符与标签设置	(1)专用标识符类型及组成；(2)标签设置；(3)标签材质及色标	
	3.记录和报告	(1)记录信息；(2)报告；(3)工程图纸	
工程总验收	1.竣工技术文件	清点、交接技术文件	
	2.工程验收评价	考核工程质量，确认验收结果	

2) 本场景的操作要点

根据要求完成单层多房间的验收记录和阶段性验收报告的填写。

验收记录表

检查小组名称：		检查人：	验收审核人：	时间：	
序号	检查项目	检查内容	是否符合(符合打钩，不符合打叉)	检查人签名	审核人签名
1					
2					

综合布线系统工程阶段性合格验收报告

工程名称		工程地点	
建设单		施工单位	
计划开工	年　　月　　日	实际开工	年　　月　　日
计划竣工	年　　月　　日	实际竣工	年　　月　　日
工程完成情况：			
提前和推迟竣工的原因：			
工程中出现和遗留的问题：			
主抄：	施工单位意见：		建设单位意见：
抄送：	签名：		签名：
报告日期：	日期：		日期：

四、学生知识能力评估

1. 自评

开展本任务学习效果评估。

学习路径提示：回答下列问题，撰写个人学情自我分析简报。

(1)　是否按照课程要求进行知识、技能的学习？效果如何？

(2)　对本训练的哪个环节的学习有个人的想法？

(3)　是否达到你的学习预期或者目标？有哪些困难？对老师和学习团队有什么要求？

(4)　为自己在本训练中的表现给出一个综合评价。

2. 教师评价

1)　测试部分的评价

根据不同的角色给出相应的评价标准。

参评的小组/个人：　　　　评测方法：　　　　评测工具：

评分项目	分　值	得　分	等　级	评　语	评分人
能正确选择测试模型(永久链路)	10				
能正确构建测试链路，并进行正确端接	20				
进行正确测试	20				
形成测试报告	20				
正确分析测试数据	30				

最终成绩：＿＿＿＿＿＿＿＿＿＿＿＿＿＿＿＿＿＿＿＿＿＿＿＿＿＿

评测教师综合评语：

评测教师签名：

被评测者评价：

被评测者签名：

被评测者对于评测结果不满意的可以在 3 日内联系评测者提出异议，评测者根据被评测者的意见和实际评测过程的观察数据进行复评，并在＿＿＿日内将最终结果和理由告知被评测者，经被评测者确认同意后作为最终结果。如果异议较大，被评测者可以填写相应申请，提请重新测试，经同意后可以进行再一次也就是最后一次评测。

申诉电话：

申诉邮件：

最终评测结果将告知被评测者、评测者和教务办，并由相关人员进行原始资料的保存。

2)　验收部分的评价

根据不同的角色给出相应的评价标准。

参评的小组/个人：　　　　　　评测方法：　　　　　　评测工具：

评分项目	分 值	得 分	等 级	评 语	评分人
完成环境检验	10				
完成器材及测试仪表工具检验	10				
完成设备安装检验	10				
完成线缆敷设检验	10				
完成线缆保护方式检验	10				
完成线缆终端检验	10				
完成工程电气检查	10				
完成验收报告编写	30				

最终成绩：＿＿＿＿＿＿＿＿＿＿＿＿＿＿＿＿＿＿＿＿＿＿＿＿＿＿

评测教师综合评语：

评测教师签名：

被评测者评价：

被评测者签名：

被评测者对于评测结果不满意的可以在 3 日内联系评测者提出异议，评测者根据被评测者的意见和实际评测过程的观察数据进行复评，并在＿＿＿日内将最终结果和理由告知被评测者，经被评测者确认同意后作为最终结果。如果异议较大，被评测者可以填写相应申请，提请重新测试，经同意后可以进行再一次也就是最后一次评测。

申诉电话：

申诉邮件：

最终评测结果将告知被评测者、评测者和教务办，并由相关人员进行原始资料的保存。

五、课程评价

1. 课程评价表

训练名称：	班级：		姓名：		年　月　日
1. 你理解的本训练的核心知识有：					
2. 你获得本训练的核心技能有：					
3. 下列问题需要进一步了解和帮助：					
4. 完成本训练后最大收获是：					
5. 教师思路是否清晰？是否适应教师的风格？					
6. 教师的教学方法对你的学习是否有帮助？					
7. 你是否有组织、有计划地学习？目标基本达到了吗？					
8. 为了获得更好的学习效果，你对本训练内容和实施有何建议：					
教师签字： 学生签字：					

2. 职业素养核心能力评测表

使用方式：在框中打"√"。

职业素养核心能力	评价指标	自测结果
教师签名：	学生签名：	年　月　日

项目四

多层多房间布线系统设计与施工

学习目标

知识目标:

- 了解特定工程项目的垂直(干线)子系统和设备间子系统设计的基本方法和步骤;
- 熟悉相关文档的撰写;
- 能熟练地表述计算机网络各组成部分的逻辑组成;
- 能说出特定项目的软件系统和硬件系统,能叙述常用传输介质的特点和使用场合;
- 熟悉计算所需信息点数量和规格,了解工程用量,了解特定工程的预算方法;
- 看懂常用的建筑图纸,并了解绘制相关综合布线系统图的方法和流程;
- 能说出计算预算的方法和流程;
- 了解特定项目的施工方法、步骤和技巧;
- 熟悉特定项目的施工验收的项目和步骤。

能力目标:

- 能进行特定项目的需求分析;
- 能对现有项目进行调查、分析;
- 能实施相关工程的招投标;
- 能针对多层多房间布线给出具体的设计和施工方案;
- 能根据设计方案进行准确施工;
- 能在施工过程中进行管理;
- 能进行符合特定要求的多层多房间的综合布线工程测试与验收;
- 完成相关工程的各类文档的撰写。

素质目标:

- 学生小组组长根据需求分析要求分配工作任务,通过需求分析活动的开展,培养学生的团队合作能力;
- 通过对所设计的对象的现场勘测,撰写勘测报告,培养学生认真的工作态度和真实资讯收集、验证意识和调研论证的职业素养;
- 通过虚心接受他人善意意见(这里指导生和教师),培养学生的良好的职业态度(这里主要是指积极面对挫折和批评的意识);
- 通过竞赛对抗的开展,通过不断失败和改进,进行职业挫折感的调节,培养职业自信心;
- 进行耗材使用情况登记制度,督促学生遵循够用、用好的原则,培养学生的节约节能意识;
- 通过项目活动的进行,允许学生修改任务计划,培养学生方案改进、思路更新的革新创新意识;
- 通过活动的角色分配、分组实施等,培养学生的组织管理能力和协调能力;
- 要求学生按照国标 GB 50311《综合布线系统工程验收规范》和《综合布线系统工

程设计规范》要求实施，并进行考评，培养学生规范做事的素质和责任意识；

● 在完成任务后，进行场地的整理和清洁、工具的规范放置，培养学生的现场和设备规范管理意识以及良好的职业习惯。

项目学习概要

任务一　多层多房间布线项目需求分析；

任务二　多层多房间综合布线系统设计；

任务三　多层多房间工程招投标训练；

任务四　多层多房间工程施工与管理；

任务五　多层多房间工程测试与验收训练。

多层多房间布线系统设计与施工项目任务书

班级：　　　　　　　　姓名：　　　　　　　　指导教师：

训练项目名称：多层多房间布线系统设计与施工项目
任务简介
一、项目实施目的

多层多房间工程项目主要应由设备间至管理间的干线电缆和光缆，安装在设备间的建筑物配线设备(BD)及设备缆线和跳线组成。其中设备间是在每幢建筑物的适当地点进行网络管理和信息交换的场地。对于综合布线系统工程设计，设备间主要安装建筑物配线设备。电话交换机、计算机主机设备及入口设施也可与配线设备安装在一起。(出处：GB/T50311 国家标准)。通过本项目训练，让学生认识和熟悉多层多房间类型的综合布线系统的重要概念和原理，识别基本的网络传输介质、设备工具；熟悉各种常用产品性能、主要性能指标，能够独立或者以团队的方式完成整个工程的招投标、设计、施工管理、测试和验收方面的基本任务并培养相应的职业素养。

二、训练内容

任务一　多层多房间布线项目需求分析；

任务二　多层多房间综合布线系统设计；

任务三　多层多房间工程招投标训练；

任务四　多层多房间工程施工与管理；

任务五　多层多房间工程测试与验收训练。

三、训练过程

组建项目团队—分解项目任务—完成学习准备—制订学习预案—项目实操训练—项目绩效评估—项目学习规律探索—再建项目化工作过程。

项目分工与职责要求

(1) 项目组长：总体思路建构、调研需求分析管理、任务分解、全面组织管理、项目质量控制、团队成员学习绩效评估。

(2) 项目组员：信息案例辅助、任务分解辅助、调研实施、资料收集、系统设计、施工实施、组织管理辅助、质量控制辅助、学习绩效评估辅助。

组员涉及的角色有：调研员、企业委托方成员、中介机构、招投标双方、系统设计员、信息助理、施工员、展示助理、评价助理、项目管理员、项目测试员、项目验收员等。

知识能力要求

(1) 组长知识能力要求：熟悉职业认知调研目的、任务、要素、流程和质量标准，能够运用团队合作能力、问题解决能力清晰具体地提出职业认知活动思路，指导团队成员完成工作任务，能够对每一个团队成员的实践活动做出正确的绩效评价，同时具有组内最佳的项目开展的知识与技能，并在相应岗位的职业素养养成方面走在前列。

(2) 其他角色知识能力要求：能够运用信息处理能力、项目调研策划与实施能力、沟通协调能力为组长决策提供信息，资料、文字撰写，沟通协调方面的服务，竞赛组织与实施，信息展示与评价，项目实施专业技能与知识。

项目完成条件配置

(1) 硬件条件：×××集团公司××部现场、项目调研现场、公司培训基地现场、施工现场、一体化实训室、校内外指导教师各 1 名。

(2) 管理条件：按业务部构架建立企业化学习团队，有完善的公司管理制度、岗位职责职能、工作绩效考核标准和办法。

项目成果验收要求

(1) 项目开题报告：按岗位角色填写，每人 1 份。

(2) 工作案例与分析：按岗位角色提交，每人 1 份。

(3) 思路创意概述与说明，按岗位角色提交，每人 1 份。

(4) 能力条件准备报告，按岗位角色提交，每人 1 份。

(5) 组织实施方案：按承担的工作任务填写，每人 1 份。

(6) 项目成果报告，按完成的工作任务填写，每人 1 份。

(7) 项目总结：按岗位角色提交，每人 1 份。

(8) 在项目设计、招投标、施工、测试和验收环节的小组工作相关的成果报告：按环节填写，每组 1 份。

(9) 答辩记录：由评价组成员按每人 1 份完成。

项目成果质量要求

一、形成多层多房间综合布线项目调查分析能力

(1) 明确调查分析目的、对象和任务；

(2) 掌握调查分析内容、方式和方法；

(3) 实施调查分析组织、准备和演练；

(4) 调查分析现场操作、组织和管理；

(5) 调查分析结果核准、整理和发布。

二、形成多层多房间综合布线项目案例借鉴能力

(1) 能选取相关案例；

(2) 能科学分析案例；

(3) 能正确运用案例。

三、形成团队合作能力

(1) 能营造团队合作氛围；

(2) 能搭建合理的团队结构；

(3) 能运用征求团队成员意见技巧；

(4) 能运用综合团队成员意见方法。

四、形成多层多房间综合布线项目表达能力		
(1) 文本要素完整，详略得当；		
(2) 条理清晰，语言简洁准确；		
(3) 格式美观实用，装帧得体。		
五、形成多层多房间综合布线项目可行性分析能力		
(1) 能对方案进行可行性分析和表述；		
(2) 能对方案创新点进行分析和表述。		
六、形成多层多房间综合布线项目系统设计能力		
七、形成多层多房间综合布线项目可检验的施工成果		
八、形成多层多房间综合布线项目测试和验收能力		

项目时间安排与要求
(1) 本项目在一周内完成。
(2) 4～5人自愿组成项目团队共同完成本项目。
(3) 项目团队每个人要有明确的任务和职责。
(4) 项目准备要有明确分工，制订调研方案，做好资料查询和能力准备，进行必要沟通联系。
(5) 在项目实施过程中，认真做好现场调查和记录，详细设计，精细施工，对成果进行重复整理、分析，小组成员保质保量完成项目任务，项目组长做好管理、实施和监督工作。
(6) 项目完成后，进行仔细检测与验收，根据要求撰写相关文档，借助第三方进行总结分析，组长做好资源成果的整合工作，为后续的相关项目提供书面资料和实施经验。各组通过自评、互评相互学习，互帮互助，共同提高，完成小组和成员的工作业绩评价和分析工作。

任务一　多层多房间布线项目需求分析

任务训练说明：

根据 E 港集团的综合布线项目中的××××项目案例，对满足特定需要的多层多房间中的综合布线工程进行需求分析。多层多房间布线系统如图 4-1 所示。

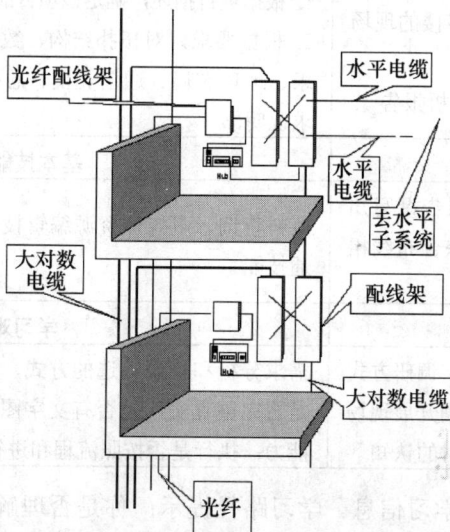

光纤配线架　　水平电缆

水平电缆

去水平子系统

大对数电缆

配线架

大对数电缆

光纤

图 4-1　多层多房间系统示意图

一、了解训练内容

训练任务名称：多层多房间布线项目需求分析						
授课班级	略	上课时间	略	课时	上课地点	略

<table>
<tr><td rowspan="2">训练目标</td><td>能力目标</td><td>知识目标</td><td>素质目标</td></tr>
<tr><td>1. 通过学习前期示范中的单房间示范案例，了解需求分析报告的格式，分析过程获取相关资料，从而获取需求分析关键内容的能力，通过知识迁移进行多层多房间布线工程的需求分析；

2. 通过对前期项目中的单房间示范案例的学习，学生能运用所学的对拓扑结构、数据传输、发展需求、性能需求、地理布局、通信类型、总投资的需求分析能力，从而完成相应的需求分析报告</td><td>1. 熟悉干线(垂直)和设备间子系统的概念和划分原则；

2. 了解客户对于多层多房间的布线需求；

3. 看懂客户提供的多层多房间建筑工程图纸；

4. 了解多层多房间的布线工作内容和施工流程；

5. 了解多层多房间的布线要求和标准</td><td>1. 学生小组组长根据需求分析要求分配工作任务，通过需求分析活动的开展，培养学生的团队合作能力；

2. 通过对所设计的对象的现场勘测，撰写勘测报告，培养学生认真的工作态度和真实资讯收集、验证意识和调研论证的职业素养；

3. 学生通过讨论和互评，相互帮助改进需求分析方案，培养革新和责任意识；

4. 通过查新和咨询校内外教师，确定设计的需求方案的科学性和实用性，来培养学生求真务实的态度和精神；

5. 通过 PPT 展示需求分析成果，培养学生书面表达、演讲等沟通交流素质</td></tr>
<tr><td rowspan="2">任务与场景</td><td>训练场景</td><td colspan="2">任务成果</td></tr>
<tr><td>1. 根据客户要求进行多楼的现场调研；

2. 项目分析完成需求分析报告</td><td colspan="2">1. 根据项目描述，确定该项目的具体设计目标、设计要求；

2. 根据要求，对拓扑结构、数据传输、发展需求、性能需求、地理布局、通信类型、总投资进行需求分析，编写需求说明书</td></tr>
<tr><td rowspan="2">能力要求</td><td>知识储备要求</td><td colspan="2">基本技能要求</td></tr>
<tr><td>调研知识、需求分析报告撰写知识、团队分工知识，综合布线相关系统的基本知识</td><td colspan="2">资料查询、多媒体资源编辑技能、训练报告撰写、交流沟通技能</td></tr>
<tr><td rowspan="2"></td><td>学习重点</td><td colspan="2">学习难点</td></tr>
<tr><td>需求报告的格式和内容说明，调研方式和记录方式的选择，如何正确开展现场勘测的方法决策，器材和耗材的认知</td><td colspan="2">需求分析和资源筛选的方式，现场勘测的计划；勘测资料是否完整真实，是否有文字图形资料，是否具有信息筛选能力；执行是否按照流程和进行实施</td></tr>
</table>

通过自学掌握本任务学习信息。学习路径提示：你是否理解上述学习信息，把不理解的疑问写出来，然后通过上网查询，或向老师、同学求教排除你的疑问。

二、训练团队组建

流程一：组建团队。

学习路径提示：

(1) 全班同学自愿报名产生本次调研活动的组长候选人，建议以导生为组长。

(2) 也可通过推荐和先前的表现产生竞聘产生团队组长。

(3) 项目组长可与全班同学自由组合，按4～6人一组产生实施团队。

(4) 项目组内通过协商、竞聘产生学习团队成员岗位角色。

(5) 项目组内通过协商，确定每个团队成员的岗位职能和职责。

流程二：填写任务岗位分配表。

任务岗位分配表

团队名称				
团队结构	岗　位	姓　名	职业特长	本项目职责职能
	项目组长			调研策划主持
	信息助理			调研信息、案例查询
	文档处理			进行文档处理、报告编制
	实施助理			负责实地信息的收集和处理(如照片、视频等)
	展示助理			负责汇报材料编写、成果展示
	评价助理			辅助评价和表现观测

流程三：上交团队组建表。

学习路径提示：按上交表格先后和填写质量，讲评并确定团队组建成绩。

流程四：组长宣布调研团队组建结果。

学习路径提示：按礼仪、表达讲评并确定团队组建成绩。

三、知识学习与能力训练

1. 具体项目任务的团队组建

学习路径提示：填写下列表格，组建调研计划制定工作团队。

团队名称	调研策划团队			
岗　位	姓　名	职业特长	职责职能	工作任务
项目组长				
知识信息策划				
案例信息策划				
新闻信息策划				
视频信息策划				

岗　位	姓　名	职业特长	职责职能	工作任务
图片信息策划				
文字编辑策划				
美术编辑策划				

团队名称	反思策划团队			
岗　位	姓　名	职业特长	职责职能	工作任务
项目组长				
调研计划反思策划				
调研实施反思策划				
调研报告反思策划				
团队合作反思策划				
行为与态度反思策划				
知识与技能反思策划				

团队名称	实践开展策划团队			
岗　位	姓　名	职业特长	职责职能	工作任务
项目组长				
工作人员访谈行动策划				
技术人员施工调查行动策划				
现场资料收集行动策划				
现场信息记录策划				
调查报告策划				
项目方案策划				
项目汇报策划				

团队名称	展示策划团队			
岗　位	姓　名	职业特长	职责职能	工作任务
项目组长				
论点策划				
论据策划(文字说明为主)				
论证策划(视频、图片、网络资源等)				
展示形式和最终资料撰写				
展示实施策划				
分工策划				
策划书撰写策划				

团队名称	评价策划团队			
岗　　位	姓　　名	职业特长	职责职能	工作任务
项目组长				
调研策划工作量和质量评估				
现场调研工作量和质量评估(有相关证明，比如图片、文字材料等)				
文档撰写工作量和质量评估				
成果展示评估				

2. 撰写策划书

1)　撰写策划书准备

撰写策划书需先确认以下内容。

(1)　本次调研的目的是什么？需要完成哪些方面的内容？

(2)　为什么要组织这项活动？最终要有什么样的成果产生？

(3)　活动安排在什么时间？什么地点？

(4)　活动分几个阶段、几个项目？每个项目有哪些任务？为什么这样设置？

(5)　每个活动项目任务通过哪些途径完成？

(6)　每项活动项目任务由谁负责？谁配合做哪些辅助工作？

(7)　活动有哪些预期成果？谁负责撰写提供？

(8)　活动需要配置哪些器材？谁负责准备？

2)　按策划书结构要求撰写策划书

策划书题目：《×××公司×××(多层多房间)布线项目调研策划方案》。

策划书结构如下。

(1)　活动背景与活动意义。

(2)　主题概念界定与目的。

(3)　活动项目与任务定位。

(4)　活动路径与方法选择。

(5)　活动日程与具体安排。

(6)　活动预期成果与责任。

3. 调研方案设计(策划书撰写)

调研方案设计示例如下。

一、目标任务

1. 了解多层多房间综合布线项目所涉及的技术概况和基本任务。

2. 了解委托公司多层多房间的网络信息化现状。

3. 了解委托公司对于本公司具体的多层多房间的网络信息化的需求状况。

二、活动路径

组建项目团队→分解项目任务→完成能力准备→决定调查方式→活动实施→调研结果评估→学习规律探索→学习能力提升。

三、活动方式

角色扮演的过程演练。

四、活动方法

1. 组内进行角色分派，组内形成三个角色，两位扮演认知调研团队，另一个为模拟行业企业团队，导生负责进行协调和初步指导，教师进行活动监控及后续的总结评价。

2. 随机抽取另一个小组作为观察组，观看视频和未署名的调研报告，并进行组内评分，并对所评判的小组做必要的评语。

五、活动要求

1. 被评价组成员根据不同角色和完成工作项目任务需要，查询、筛选、整理、存储、理解、运用文献查询、现场模拟调查和定性、定量、比较等分析等知识。

2. 根据不同角色和不同工作项目任务，选择问卷制作、现场采访等方式开展调研、评价组可选择现场记录或者观看录像进行统计分析、结合无记名的调研报告撰写评语后以合适的方法告知被评价人。

六、调研方法

1. 行业企业网站。

2. 问卷调查。

3. 企业关键人物专题访问。

七、拟选择的调研样本

1. 行业样本。

2. 企业样本。

3. 个人样本。

八、调查问卷设计

九、专题访问设计

十、视频剪辑

十一、需求分析报告撰写(参考格式)

分析报告一般分为主标题、副标题、目标任务、样本准备及依据、分析视角与方法准备与依据、问卷设计思路及依据、调查分析实施的过程、问卷发放回收及有效性、调查信息分析及结论、对策建议等部分。

十二、时间安排

调研项目	时　间	地　点	调研方式	具体工作内容
技术现状	调查时间 分析时间 撰写时间 上交时间	调查地点 分析地点	调查问卷、专访、网上资料查询、电话访问	比如发放问卷、网络查询、处理信息

续表

调研项目	时 间	地 点	调研方式	具体工作内容
企业现状	调查时间 分析时间 撰写时间 上交时间	调查地点 分析地点		
企业需求	调查时间 分析时间 撰写时间 上交时间	调查地点 分析地点		
项目需求简报	调查时间 分析时间 撰写时间 上交时间	调查地点 分析地点		

十三、预期调研结果

根据具体的工作内容、分析结果和个人的收获。

十四、调研保障条件

与有关政府部门、企业沟通联系；调研课时安排、交通工具安排。

在此阐述目前所拥有的策划和实施调研所需要的各项资源，以及需要的其他资源。

4. 任务组织与实施

1) 任务组织

如果以小组为单位，不同组协同完成项目的情况下，则需要四个小组，两个小组为调研方、一个小组为委托方，另一个小组为观察评测方。同时，通过轮换的方式进行竞赛式训练和评测。任务组织程序如下。

(1) 分组并确定小组负责人(导生)。导生最好满足如下要求。

① 平时能积极参与学校(学院)的社会实践活动；

② 遵章守纪，在校期间无任何违法乱纪记录，成绩优良；

③ 有较好的组织领导能力，善于与人沟通。

(2) 撰写调研活动创意思路，包括调研活动主标题、副标题、实施时间、地点、对象、目标、行动内容和可行性。

(3) 上交团队项目申报表，附调研活动策划书、安全预案和实践单位或个人接待回执。

(4) 按组长、组织策划、外联、媒体联系、项目宣传、拍摄记录、博客发帖、财务管理、生活管理、安全管理等角色进行分工。

(5) 参照案例制订调研活动方案。

2) 任务实施

实施路径提示：

(1) 每一位团队成员根据自己承担的项目任务，制订职业认知调研子方案。

① 技术调研。针对多层多房间系统的综合布线主要技术、施工内容、材料和工具资料。通过技术网站实施技术调研。

② 行业企业调研方案，包括行业企业经营内容、目标、规模、效益、地位、前景、问题。通过查询行业企业网站实施行业企业调研。

③ 企业需求调研方案，包括企业针对多层多房间综合布线工程所需要改进或者重新建设企业网络的要求。通过问卷调查、专访等方式了解企业的真实需求。

④ 解决方案，满足委托方需求的各项工作。包括所需技术、耗材、工具、成本和简要的平面设计图。通过组内讨论制订初步解决方案，可通过专家咨询、第三方委托等方式进一步完善。

(2) 经团队讨论修改后，由项目组长整合为本组的调研总体方案。

(3) 职业认知调研方案结构如下。

① 调研主题定位；

② 调研对象选择；

③ 调研目标确定；

④ 调研项目设计；

⑤ 调研团队分工；

⑥ 调研行程安排；

⑦ 团队设备配置与管理；

⑧ 团队财务预算与管理；

⑨ 团队生活安排与管理；

⑩ 团队安全预案与管理。

5. 策划书交流考核

实施路径提示：

(1) 项目组长主持，在团队内部交流策划书，项目助理记录。

(2) 根据讨论结果项目组长修改策划书。

(3) 项目组长主持，两个团队交评价策划书，项目助理记录。

(4) 组长说明评分标准，分解评分项目，将评分结果填写成绩表。

评分项目	分　值	得　分	等　级	评　语	评分人
活动目标任务明确性	10				
活动过程设计完整性	20				
活动项目任务落实性	20				
活动日程安排合理性	20				
活动路径设计得当性	10				
活动预期成果有创意	10				
文本语言运用水平	10				

四、学生知识能力评估

1. 自评

开展本任务学习效果评估。

学习路径提示：回答下列问题，撰写个人学情自我分析简报。

(1)　是否按照课程要求进行知识、技能的学习？效果如何？

(2)　对本训练的哪个环节的学习有个人的想法？

(3)　是否达到你的学习预期或者目标？有哪些困难？对老师和学习团队有什么要求？

(4)　为自己在本训练中的表现给出一个综合评价。

2. 教师评价

参评的小组/个人：　　　　　评测方法：　　　　　评测工具：

评分项目	分　值	得　分	等　级	评　语	评分人
调研小组组队评价	5				
项目小组任务分配评价	5				
调研策划评价	20				
调研实施评价	30				
调研成果展示评价	20				
最内成员对耗材和工具使用了解程度评价	20				

　　最终成绩：＿＿＿＿＿＿＿＿＿＿＿＿＿＿＿＿＿＿＿＿＿＿＿＿＿＿

　　评测教师综合评语：

　　评测教师签名：

　　被评测者评价：

　　被评测者签名：

　　被评测者对于评测结果不满意的可以在 3 日内联系评测者提出异议，评测者根据被评测者的意见和实际评测过程的观察数据进行复评，并在＿＿＿日内将最终结果和理由告知被评测者，经被评测者确认同意后作为最终结果。如果异议较大，被评测者可以填写相应申请，提请重新测试，经同意后可以进行再一次也就是最后一次评测。

　　申诉电话：

　　申诉邮件：

　　最终评测结果将告知被评测者、评测者和教务办，并由相关人员进行原始资料的保存。

五、课程评价

1. 课程评价表

训练名称：	班级：		姓名：		年　月　日
1. 你理解的本训练的核心知识有：					

续表

2. 你获得本训练的核心技能有：	
3. 下列问题需要进一步了解和帮助：	
4. 完成本训练后最大收获是：	
5. 教师思路是否清晰？是否适应教师的风格？	
6. 教师的教学方法对你的学习是否有帮助？	
7. 你是否有组织、有计划地学习？目标基本达到了吗？	
8. 为了获得更好的学习效果，你对本训练内容和实施有何建议：	
教师签字： 学生签字：	

2. 职业素养核心能力评测表

使用方式：教师根据项目内容确定职业核心能力，学生在框中打"√"。

职业素养核心能力	评价指标	自测结果
教师签名：	学生签名：	年　月　日

3. 专业核心能力评测表

职业技能	评价指标	自测结果	备　注
本项目评分			
教师签名：	学生签名：		年　月　日

任务二　多层多房间综合布线系统设计

任务训练说明：

根据 E 港集团的综合布线项目中的××××项目案例，对满足特定需要的多层多房间中的综合布线工程进行系统设计。

一、了解训练内容

训练任务名称：多层多房间综合布线系统设计						
授课班级	略	上课时间	略	课时	上课地点	略
	能力目标		知识目标		素质目标	
训练目标	1. 通过对教师示范项目案例的学习，学生能应用信息点和语音点统计和位置设计知识和能力，各自针对上一任务撰写的相关需求分析报告案例进行设计； 2. 通过对教师示范项目案例的工程设计方案各组成元素的学习，能针对特定多层多房间的综合布线工程给出具体的项目的设计方案和文档		1. 了解特定工程项目的干线和设备间子系统的设计的基本方法和步骤； 2. 了解干线子系统国家标准即 GB 50311—2007 中的第四章的系统配置设计中的 4.3 节内容，方案设计必须遵循此规定，熟练表述工程设计流程和基本方法； 3. 了解设备间子系统国家标准即 GB 50311—2007 中的第四章的系统配置设计中的 4.5 节内容，方案设计必须遵循此规定，熟练表述工程设计流程和基本方法； 4. 熟悉计算所需信息点数量和规格，了解工程用量，了解特定工程的预算方法； 5. 熟悉设计和施工图纸的绘制方法		1. 通过小组内的设计文档的各要素完成角色任务分配，并分组实施获取相关资料，培养学生的组织管理能力和协调能力； 2. 进行组内讨论和 PPT 展示，参考组外学生和教师的意见进行设计方案的改进，培养学生的革新创新意识； 3. 通过虚心接受他人善意意见，培养学生良好的职业态度(这里主要是指积极面对挫折和批评的意识)	
任务与场景	训练场景		任务成果			
	分组进行特定多层多房间的综合布线系统设计： 1. 统计信息点并制表； 2. 完成综合布线系统图设计并编制端口对应表； 3. 完成施工图并编制材料表； 4. 设计预算表。 确定网络拓扑结构(使用双绞线)、网络布线原则、中心机房规划、网络设备的选型、网络操作系统及应用软件的选型等		两图(系统图、施工图)、四表(信息点表、端口对应表、材料表、预算简表)、一方案(方案按照投标书样式撰写)			
能力要求	知识储备要求		基本技能要求			
	调研知识、综合布线系统设计基础知识、团队分工知识，综合布线相关系统的基本知识		资料查询、与任务相关的 VISIO 或者 MinCad 软件使用能力、训练报告撰写、交流沟通技能			
	学习重点		学习难点			
	特定多层多房间项目的图表编写要点，按照要求筛选信息符合国家标准，图标是否绘制正确，图标是否添加，是否具有科学性，执行是否按照流程和进行实施		根据前期的信息资源自主开展两图四表的独立设计，绘制的图表是否完整真实，是否有文字图形资料，是否具有信息筛选能力；执行是否按照流程和进行实施			

通过自学掌握本任务学习信息。学习路径提示：你是否理解上述学习信息，把不理解的疑问写出来，然后通过上网查询，或向老师、同学求教排除你的疑问。

二、训练团队组建——导生制分层教育

1. 训练团队模式一

由于本教学活动无须组员合作完成项目任务，因此适合采用基于导生制的分层教育方式实施教学。

根据分好的小组，进行个人能力和学习目标、期望的定义。按下列要求填写岗位任务分配表。

(1) 根据已经划分的小组，确定完成本训练的组内导生，由导生担任本组学习组长，当然除担任组长的导生外，如果组内人数较多可以根据学生意愿多上浮 1～2 个名额。

(2) 其他组员根据自身的学习基础、前续知识和技能的掌握程度以及个人在本训练环节所希望获得的学习成果等级进行组内分层分组。

(3) 建议组内成员的层次等级为优秀级、中等级别和合格级别，这些层次的学员数量建议为 1∶3∶1，导生的培养级别应该初定为优秀方向，同时尽量增加优秀和中等层次级别的学生为基本原则。

(4) 项目组内通过协商，如果选择合格等级的学生人数较多，应该和其他组进行调换，直到符合第 3 项要求。

任务岗位分配表

团队名称(虚拟企业名称)				
团队结构	岗　位	姓　名	知识技能	本次训练职责职能
	项目组长(导生)		1. 已有知识： 2. 已会技能：	1. 通过本次训练需要掌握的知识技能： 2. 职业素养要求：
	优秀等级学生		1. 已有知识： 2. 已会技能：	1. 通过本次训练需要掌握的知识技能： 2. 职业素养要求：
	中等等级学生		1. 已有知识： 2. 已会技能：	1. 通过本次训练需要掌握的知识技能： 2. 职业素养要求：
	合格等级学生		1. 已有知识： 2. 已会技能：	1. 通过本次训练需要掌握的知识技能： 2. 职业素养要求：

说明： 表中的等级名称可以由教师根据教学对象自由拟定，本训练职责职能为学生通过训练所要获得的知识、技能和职业素养，不同层次学生需要训练的重点和要求不同；对于不同层级的学生已经掌握的知识技能则根据具体情况予以直接考核，无须进入重新学习环节。

2. 训练团队模式二

流程一：组建团队。

学习路径提示：

(1) 在已经分组的情况下，同学自愿报名产生本次任务的组长候选人，建议以导生为组长。

(2) 也可通过推荐和先前的表现竞聘产生团队组长。

(3) 项目组长可与全班同学自由组合，按 4～5 人一组产生实施团队，或者延续前期的团队组成。

(4) 项目组内通过协商、竞聘产生学习团队成员岗位角色。

(5) 项目组内通过协商，确定每个团队成员的岗位职能和职责。

流程二：填写岗位职责表。

团队名称				
	岗　位	姓　名	职业特长	本项目职责职能
团队结构	项目组长			设计环节主持与过程控制，评价和表现观测
	组长助理			协助组长进行工作任务实施管理，进行任务分配和人员的协调，辅助评价和表现观测
	信息助理			进行资料的收集、选择和规整
	实施助理			进行文档处理、报告编制
	展示助理			负责汇报材料编写、成果展示

流程三：上交团队组建表。

学习路径提示：按上交表格先后和填写质量，讲评并确定团队组建成绩。

流程四：组长宣布调研团队组建结果。

学习路径提示：按礼仪、表达讲评并确定团队组建成绩。

三、知识学习与能力训练

1. 布线系统设计原则

1) 星形拓扑结构原则

垂直子系统必须为星形网络拓扑结构。

2) 保证传输速率原则

垂直子系统首先考虑传输速率，一般选用光缆。

3) 无转接点原则

由于垂直子系统中的光缆或者电缆路由比较短，而且跨越楼层或者区域，因此在布线路由中不允许有接头或者 CP 集合点等各种转接点。

4) 语音和数据电缆分开原则

在垂直子系统中，语音和数据往往用不同种类的缆线传输，语音电缆一般使用大对数电缆，数据一般使用光缆，但是在基本型综合布线系统中也常常使用电缆。由于语音和数据传输时工作电压和频率不相同，往往语音电缆工作电压高于数据电缆工作电压，为了防止语音传输对数据传输的干扰，必须遵守语音电缆和数据电缆分开的原则。

5) 大弧度拐弯原则

垂直子系统主要使用光缆传输数据，同时对数据传输速率要求高，涉及终端用户多，一般会涉及一个楼层的很多用户，因此在设计时，垂直子系统的缆线应该垂直安装，如果在路由中间或者出口处需要拐弯时，不能直角拐弯布线，必须设计大弧度拐弯，保证缆线的曲率半径和布线方便。

6) 满足整栋大楼需求原则

由于垂直子系统连接大楼的全部楼层或者区域，不仅要能满足信息点数量少、速率要求低的楼层用户的需要，更要保证信息点数量多、传输速率高的楼层的用户要求。因此在垂直子系统的设计中一般选用光缆，并且需要预留备用缆线，在施工中要规范施工和保证工程质量，最终保证垂直子系统能够满足整栋大楼各个楼层用户的需求和扩展需要。

7) 布线系统安全原则

由于垂直子系统涉及每个楼层，并且连接建筑物的设备间和楼层管理间交换机等重要设备，布线路由一般使用金属桥架，因此在设计和施工中要加强接地措施，预防雷电击穿破坏，还要防止缆线遭破坏等措施，并且注意与强电保持较远的距离，防止电磁干扰等。

2. 获取委托书并进行调研

1) 本场景的知识要点

一般工程的项目设计按照用户设计委托书的需求来进行，在设计前必须认真研究和阅读设计委托书。重点了解网络综合布线项目的内容，例如建筑物用途、数据量的大小、人员数量等，也要熟悉强电、水暖的路由和位置。智能建筑项目设计委托书中一般重点为土建设计内容，往往对综合布线系统的描述和要求较少，这就要求设计者把与综合布线系统有关的问题整理出来，需要与用户再进行需求分析。

2) 本场景的操作要点

仔细阅读和理解任务一中形成的调研报告和需求分析报告中的内容，再次回顾任务一中的调研过程和方法，从而能够更加熟练地完成后期项目的任务一中的工作。

3. 需求分析及技术交流

1) 本场景的知识要点

需求分析是综合布线系统设计的首项重要工作，垂直子系统是综合布线系统工程中最重要的一个子系统，直接决定每个信息点的稳定性和传输速率。它主要涉及布线路径、布线方式和材料的选择，对后续水平子系统的施工是非常重要的。

需求分析首先按照楼层高度进行分析，分析设备间到每个楼层的管理间的布线距离、布线路径，逐步明确和确认垂直子系统的布线材料的选择。

在进行需求分析后，要与用户进行技术交流，这是非常必要的。在交流中重点了解每个房间或者工作区的用途、要求、运行环境等因素。在交流过程中必须进行详细的书面记录，每次交流结束后要及时整理书面记录，这些书面记录是初步设计的依据。

2) 本场景的操作要点

仔细阅读和理解任务一中形成的调研报告和需求分析报告中的内容，再次回顾任务一中的调研过程和方法，从而能够更加熟练地完成后期项目的任务一中的工作。

4. 读懂建筑物图纸及各类工程说明并进行初步设计

1) 本场景的知识要点

通过阅读建筑物图纸掌握建筑物的竖井位置、设备间和管理间位置及土建结构、强电路径，重点掌握在垂直子系统路由上的电气设备、电源插座、暗埋管线等。

2) 本场景的操作要点

(1) 确定缆线类型。

垂直子系统缆线主要有光缆和铜缆两种类型，要根据布线环境的限制和用户对综合布线系统设计等级的考虑确定。垂直子系统所需要的电缆总对数和光纤总芯数，应满足工程的实际需求，并留有适当的备份容量。主干缆线宜设置电缆与光缆，并互相作为备份路由。

(2) 垂直子系统路径的选择。

垂直子系统主干缆线应选择最短、最安全和最经济的路由，一端与建筑物设备间连接，另一端与楼层管理间连接。路由的选择要根据建筑物的结构以及建筑物内预留的电缆孔、电缆井等通道位置来决定。建筑物内一般有封闭型和开放型两类通道，宜选择带门的封闭型通道敷设垂直缆线。开放型通道是指从建筑物的地下室到楼顶的一个开放空间，中间没有任何楼板隔开。封闭型通道是指一连串上下对齐的空间，每层楼都有一间，电缆竖井、电缆孔、管道电缆、电缆桥架等穿过这些房间的地板层。

(3) 缆线容量配置。

主干电缆和光缆所需的容量要求及配置应符合以下规定。

① 语音业务，大对数主干电缆的对数应按每一个电话 8 位模块通用插座配置 1 对线，并在总需求线对的基础上至少预留约 10%的备用线对。

② 对于数据业务每个交换机至少应该配置 1 个主干端口。主干端口为电端口时，应按 4 对线容量配置，为光端口时则按 2 芯光纤容量配置。

③ 当工作区至电信间的水平光缆延伸至设备间的光配线设备(BD/CD)时，容量应包括所延伸的水平光缆光纤的容量在内。

(4) 垂直子系统线缆敷设保护方式。

① 缆线不得布放在电梯或供水、供气、供暖管道竖井中，也不应布放在强电竖井中。

② 电信间、设备间、进线间之间干线通道应沟通。

(5) 垂直子系统干线线缆交接。

为了便于综合布线的路由管理，干线电缆、干线光缆布线的交接不应多于 2 次。从楼层配线架到建筑群配线架之间只应通过 1 个配线架，即建筑物配线架(在设备间内)。当综合布线只用一级干线布线进行配线时，放置干线配线架的二级交接间可以并入楼层配线间。

(6) 垂直子系统干线电缆端接。

干线电缆可采用点对点端接，也可采用分支递减端接连接。点对点端接是最简单、最直接的接合方法。

干线子系统每根干线电缆直接延伸到指定的楼层配线管理间或二级交接间。分支递减端接是用一根足以支持若干个楼层配线管理间或若干个二级交接间的通信容量的大容量干线电缆，经过电缆接头交接箱分出若干根小电缆，再分别延伸到每个二级交接间或每个楼层配线管理间，最后端接到目的地的连接硬件上。

（7）确定干线子系统通道规模。

垂直子系统是建筑物内的主干电缆。在大型建筑物内，通常使用的干线子系统通道是由一连串穿过管理间地板且垂直对准的通道组成，穿过弱电间地板的线缆井和线缆孔。

确定干线子系统的通道规模，主要就是确定干线通道和配线间的数目。确定的依据就是综合布线系统所要覆盖的可用楼层面积。如果给定楼层的所有信息插座都在配线间的75m 范围之内，那么采用单干线接线系统。单干线接线系统就是采用一条垂直干线通道，每个楼层只设一个配线间。如果有部分信息插座超出配线间的 75m 范围之外，那就要采用双通道干线子系统，或者采用经分支电缆与设备间相连的二级交接间。如果同一幢大楼的管理间上下不对齐，则可采用大小合适的线缆管道系统将其连通。

5. 完成正式设计及项目设计报告

1）本场景的知识要点

（1）设计方案用户确认流程。

用户进行初步方案确认的一般流程如图 4-2 所示。

整理初步方案 → 准备确认签字文件 → 访问用户沟通交流 → 双方确认签字 → 设计文件验收依据 → 双方存档维护依据

图 4-2　设计方案用户确认流程

（2）国家规定。

根据 GB 50311—2007《综合布线系统工程设计规范》的规定，从 2007 年 10 月 1 日起新建筑物必须设计网络综合布线系统。

（3）信息点安装要点。

信息点的安装位置宜以工作台为中心进行设计，如果工作台靠墙布置时，信息点插座一般设置在工作台侧面的墙面，通过网络跳线直接与工作台上的计算机连接。避免信息点插座远离工作台，这样网络跳线比较长，既不美观，也可能影响网络传输速度或者稳定性，不宜设计在工作台的前后位置。

如果工作台布置在房间的中间位置或者没有靠墙时，信息点插座一般设计在工作台下面的地面，通过网络跳线直接与工作台上的计算机连接。在设计时必须准确估计工作台的位置，避免信息点插座远离工作台。

（4）信息点面板。

① 面板。地弹插座面板一般为黄铜制造，只适合在地面安装，每只售价为 150～300元，地弹插座面板一般都具有防水、防尘、抗压功能，使用时打开盖板，不使用时，盖好盖板与地面高度相同。地弹插座有双口 RJ-45、双口 RJ-11、单口 RJ-45+单口 RJ-11 组合等规格，外形有圆形的也有方形的。地弹插座面板不能安装在墙面。

墙面插座面板一般为塑料制造，只适合在墙面安装，每只售价为 5～700 元，差价大，具有防尘功能，使用时打开防尘盖，不使用时，防尘盖自动关闭。墙面插座面板有双口 RJ-45、双口 RJ-11、单口 RJ-45+单口 RJ-11 组合等规格。墙面插座面板不能安装在地面，因为塑料结构容易损坏而且不具备防水功能，灰尘和垃圾进入插口后无法清理。

桌面型面板一般为塑料制造，适合安装在桌面或者台面，在设计中很少应用。

② 底盒。信息点插座底盒常见的有两个规格，适合墙面或者地面安装。墙面安装底盒为长 86mm、宽 86mm 的正方形盒子，设置了 2 个 M4 螺孔，孔距为 60mm，又分为暗装和明装两种，暗装底盒的材料有塑料和金属材质两种，暗装底盒外观比较粗糙。明装底盒外观美观，一般由塑料注塑。

地面安装底盒比墙面安装底盒大，为长 100mm、宽 100mm 的正方形盒子，深度为 55mm(或 65mm)，设置了 2 个 M4 螺孔，孔距为 84mm，一般只有暗装底盒，由金属材质一次冲压成型，表面电镀处理。面板一般为黄铜材料制成，常见有方形和圆形面板两种，方形的长为 120mm，宽为 120mm，圆形的直径为 150mm。

2) 本场景的操作要点

(1) 进行初步方案的确认。

初步设计方案主要包括点数统计表和概算两个文件，因为工作区子系统信息点数量影响综合布线系统工程的造价，信息点数量越多，工程造价越大。

(2) 正式设计。

正式设计过程中所面临的建筑物有两类，分别为新建筑物和旧楼。

① 新建筑物综合布线系统的设计。

根据从 2007 年 10 月 1 日开始正式实施的 GB 50311—2007《综合布线系统工程设计规范》的规定，从 2007 年 10 月 1 日起新建筑物必须设计网络综合布线系统，因此建筑物的原始设计图纸中必须有完整的初步设计方案和网络系统图。必须认真研究和读懂设计图纸，特别是与弱电有关的网络系统图、通信系统图、电气图等。

如果土建工程已经开始或者封顶，必须到现场实际勘测，并且与设计图纸对比。

【实施经验】新建建筑物的信息点底盒必须暗埋在建筑物的墙内，一般使用金属底盒。

② 旧楼增加网络综合布线系统的设计。

当旧楼改造需要增加网络综合布线系统时，设计人员必须到现场勘察，根据现场使用情况具体设计信息插座的位置、数量。

【实施经验】旧楼增加信息插座一般多为明装 86 系列插座，也可以在墙面开槽暗装信息插座。

③ 信息点安装设计。

根据不同情况进行多层多房间的信息点安装位置的选定。一般方法如下。

【实施经验】如果是集中或者开放办公区域，信息点的设计应该以每个工位的工作台和隔断为中心，将信息插座安装在地面或者隔断上。目前市场销售的办公区隔断上都预留有 2 个 86×86 系列信息点插座和电源插座安装孔。新建项目选择在地面安装插座时，有利于一次完成综合布线，适合在办公家具和设备到位前综合布线工程竣工，也适合工作台灵活布局和随时调整，但是地面安装插座施工难度较大，地面插座的安装材料费和工程费成本是墙面插座成本的 10～20 倍。对于已经完成地面铺装的工作区不宜设计地面安装方式。对于办公家具已经到位的工作区宜在隔断安装插座。

在大门入口或者重要办公室门口宜设计门警系统信息点插座。

在公司入口或者门厅宜设计指纹考勤机、电子屏幕使用的信息点插座。

在会议室主席台、发言席、投影机位置宜设计信息点插座。

在各种大卖场的收银区、管理区、出入口宜设计信息点插座。

(3) 根据具体情况进行分析形成设计报告(设计表格)。

E 港集团主楼(多层多房间)综合布线项目设计报告			
班级:	姓名:	学号:	组名:
设计需求简述: (背景、目标和要求)			
设计步骤	设计内容		
1. 确定施工区人员数量			
2. 分析业务需求			
3. 确定信息点数量			
4. 确定材料规划和数量			
5. 详细的图表设计	涉及工程的相关图与表:		
6. 概预算	根据获得的材料品种和数量要求,计算总成本		

四、学生知识能力评估

1. 自评

开展本任务学习效果评估。

学习路径提示:回答下列问题,撰写个人学情自我分析简报。

(1) 是否按照课程要求进行知识、技能的学习?效果如何?

(2) 对本训练的哪个环节的学习有个人的想法?

(3) 是否达到你的学习预期或者目标?有哪些困难?对老师和学习团队有什么要求?

(4) 为自己在本训练中的表现给出一个综合评价。

2. 教师评价

教师通过询问法和学生上交的成果予以给分,本方法可获得各个小组成员的学习评价结果。

参评的小组/个人: 　　　　评测方法: 　　　　评测工具:

评分项目	是否通过	评 语	评 分 人
初步方案策划合理			
设计实施有理有据			
表格设计合理,能反映实际工程情况			
数据正确,无遗漏信息,没有相关点的区域填数字 0			
图形说明信息是否填写完整、清晰和规范			
技术文件的编写、审核、审定和批准人员签字正确,日期正确			
概预算完整准确			
设计报告翔实			

评测教师评价：

评测教师签名：

被评测者评价：

被评测者签名

被评测者对于评测结果不满意的可以在 3 日内联系评测者提出异议，评测者根据被评测者的意见和实际评测过程的观察数据进行复评，并在＿＿＿日内将最终结果和理由告知被评测者，经被评测者确认同意后作为最终结果。如果异议较大，被评测者可以填写相应申请，提请重新测试，经同意后可以进行再一次也就是最后一次评测。

申诉电话：

申诉邮件：

最终评测结果将告知被评测者、评测者和教务办，并由相关人员进行原始资料的保存。

五、课程评价

1. 课程评价表

训练名称：	班级：		姓名：	年　月　日
1. 你理解的本训练的核心知识有：				
2. 你获得本训练的核心技能有：				
3. 下列问题需要进一步了解和帮助：				
4. 完成本训练后最大收获是：				
5. 教师思路是否清晰？是否适应教师的风格？				
6. 教师的教学方法对你的学习是否有帮助？				
7. 你是否有组织、有计划地学习？目标基本达到了吗？				
8. 为了获得更好的学习效果，你对本训练内容和实施有何建议：				
教师签字： 学生签字：				

2. 职业素养核心能力评测表

使用方式：在框中打"√"。

职业素养核心能力	评价指标	自测结果
教师签名：	学生签名：	年　月　日

3. 专业核心能力评测表

职业技能	评价指标	自测结果	备　注
本项目评分			
教师签名：	学生签名：		年　月　日

任务三　多层多房间工程招投标训练

任务训练说明：

根据 E 港集团的综合布线项目中的××××项目案例，基于前项任务获得的多层多房间项目的资讯、需求分析资料及设计方案，通过分组角色扮演的方式开展多层多房间项目招投标训练。

一、了解训练内容

训练任务名称：多层多房间工程招投标训练						
授课班级	略	上课时间	略	课时	上课地点	略
训练目标	能力目标		知识目标		素质目标	

<table>
<tr><th rowspan="2">训练目标</th><th>能力目标</th><th>知识目标</th><th>素质目标</th></tr>
<tr>
<td>1. 通过了解每个岗位的工作内容以及评判标准，学生在组内根据真实案例进行任务识别、任务分配和资料的积累；
2. 通过项目一中的招投标案例的学习和训练，学生根据自身情况选择合适的角色，在正确理解实施招投标流程的基础上，实施多层多房间案例的招投标活动；
3. 通过真实综合布线工程的相关文件的制作学习，学生掌握文件格式和内容规范，便于后期的项目的招投标活动的文档的撰写；
4. 通过本任务的学习，继续强化学生组织和参与招投标活动的能力，使其能独立或者以小组为单位完成包括信息发布、应标、评标和合同的制定和签署一系列的流程</td>
<td>1. 熟悉干线(垂直)和设备间子系统的基本组成要素和建设内容；
2. 熟悉招标书和投标书的内容和编制方法；
3. 熟悉招投标的主要过程、方式和关键问题</td>
<td>1. 通过多层多房间招投标活动的角色分配、分组实施等，培养学生的组织管理能力和协调意识；
2. 培养学生通过网络获取多层多房间的招投标活动案例、文件格式等资料，根据应标要求制订计划，撰写专业文件的职业素养；
3. 通过竞赛对抗的开展，通过不断失败和改进，进行职业挫折感的调节，培养职业自信心</td>
</tr>
</table>

续表

任务与场景	训练场景	任务成果
	基于 E 港集团主楼综合布线装修项目开展招投标训练	通过在相应训练场景(多层多房间)中的岗位和任务分配，各组根据各自角色完成相应的素材和文档资料，包括需求分析视频、招标公告、招投标文档、评标标准及相关资料
能力要求	知识储备要求	基本技能要求
	招投标概念、相关国家标准、Office 办公软件安装和使用知识	资料查询、需求分析报告撰写能力，项目报告撰写能力，基本的信息发布软件的使用(邮件、QQ 等)
	学习重点	学习难点
	招投标人员组成和流程学习、组内任务分配和制订计划表、招投标过程各角色所需要的资料收集、各组根据所扮演的角色不同撰写和提交相关文档	招投标内容的需求分析形式确定和结果有效性检验、相关文档的撰写

通过自学掌握本任务学习信息。学习路径提示：你是否理解上述学习信息，把不理解的疑问写出来，然后通过上网查询，或向老师、同学求教排除你的疑问。

二、训练团队组建——导生制分层教育

1. 各组角色分派

本任务的训练需要以小组为单位进行实施，且每个小组扮演相应的角色，角色主要有招标方、投标方、中介公司、专家组。分组过程中一般遵循自愿自主原则，如果出现争议或者无法进行合适安排的时候，建议采用抽签的方式。因为后期项目都会涉及招投标环节，那么在后期就可以顺利进行轮换使每个学生都可以有机会扮演这 4 个角色。

各组不同角色的基本活动

团队名称	角色的工作任务	组内成员列表
招标方	设立模拟公司、制定招标书、与投标公司进行交流、作为专家组成员参与招标会、签订合同	1. 学号：　　姓名： 2. 学号：　　姓名：
投标方	设立模拟公司、购买招标书、撰写投标文件、进行投标工作(项目方案展示、答辩)、如果中标则签订合同	1. 学号：　　姓名： 2. 学号：　　姓名：
中介公司	设立具有资质的模拟公司、发布招投标信息、进行招标活动的全程通知工作、检验投标方资质、收集指导投标书的规范撰写、主持招标会、促成合同的签订	1. 学号：　　姓名： 2. 学号：　　姓名：
专家组	参与评标、评价投标方、现场记录、做好对投标方的问询工作、为招标方争取一定合法合理的利益	1. 学号：　　姓名： 2. 学号：　　姓名：

2. 组内角色定位

根据分好的小组，进行个人能力和学习目标、期望的定义。按下列要求填写岗位任务分配表。

(1) 根据已经划分的小组，确定完成本训练的组内导生，由导生担任本组学习组长，当然除担任组长的导生外，如果组内人数较多可以根据学生意愿多上浮 1～2 个名额。

(2) 在教师完成演示和讲解后的训练环节，导生需要组织组内同学进行学习，在练习中总结问题和经验，并由组内负责记录的同学进行归纳和总结。

(3) 各组向授课教师反馈训练成果，并提交训练中所遇到的问题、总结的经验，供大组讨论时候使用。

(4) 在答疑解惑和与其他组进行经验交流后，各组在导生带领下开展查漏补缺工作，修改前期不完善的成果，最后获得期望中的结果。

(5) 填写下表。领到不同任务的组的相关角色和岗位有所不同，并以此为依据进行分组，如果无法通过自愿或者竞争的方式完成分组，则可以采取抽签方式来决定。

团队名称				
岗 位	姓 名	职业特长	职责职能	工作任务
项目组长				任务分解及分配、资源整合、实施管理、质量评估
组长助理				文档撰写(可成立新的任务小组，为相关文档的撰写收集和规整资料)
调研员				调研、需求分析
技术人员				搜集和撰写技术文档
记录员				过程记录、反馈和总结
信息处理员				图形绘制、美工、多媒体支持

说明：表中的组内记录员人数可以由教师或者各组根据教学内容自由拟定，本次训练以学生掌握基本知识、技能和了解基本素养为目标而设置。

三、知识学习与能力训练

本步骤是以任务作为训练场景，根据不同的角色组来引入相应知识点，通过实际操作和训练来培养不同角色组成员的能力。因此，在实施本步骤前已经完成根据角色任务的分组，每组也清楚了解本组需要完成的基本任务。

1. 需求分析

1) 调研策划

学习路径提示：填写下列表格，组建调研计划制定工作团队。

团队名称	调研策划团队			
岗 位	姓 名	职业特长	职责职能	工作任务
项目组长				
知识信息策划				

岗　位	姓　名	职业特长	职责职能	工作任务
案例信息策划				
新闻信息策划				
视频信息策划				
图片信息策划				
文字编辑策划				
美术编辑策划				

团队名称	反思策划团队			
岗　位	姓　名	职业特长	职责职能	工作任务
项目组长				
知识与技能反思策划				
行为与态度反思策划				
价值与情感反思策划				
理想与境界反思策划				
文本撰写策划				
反思交流策划				
文本编辑策划				

团队名称	实践开展策划团队			
岗　位	姓　名	职业特长	职责职能	工作任务
项目组长				
工作人员访谈行动策划				
技术人员施工调查行动策划				
现场资料收集行动策划				
现场信息记录策划				
工具使用调查策划				
耗材工具价格调查策划				
调查报告撰写策划				

团队名称	展示策划团队			
岗　位	姓　名	职业特长	职责职能	工作任务
项目组长				
论点策划				
论据策划(文字说明为主)				
论证策划(视频、图片、网络资源等)				
展示形式和最终资料撰写				
展示实施策划				
分工策划				
策划书撰写策划				

团队名称	评价策划团队			
岗　位	姓　名	职业特长	职责职能	工作任务
项目组长				
调研策划工作量和质量评估				
现场调研工作量和质量评估(有相关证明,比如图片、文字材料等)				
文档撰写工作量和质量评估				
成果展示评估				

2) 需求调研实施

流程参考项目一中任务一中的项目调研部分。

3) 策划书交流考核

学习路径提示:

(1) 项目组长主持,在团队内部交流策划书,项目助理记录。

(2) 根据讨论结果项目组长修改策划书。

(3) 项目组长主持,两个团队交叉评价策划书,项目助理记录。

(4) 组长说明评分标准,分解评分项目,将评分结果填写成绩表。

评分项目	分 值	得 分	等 级	评 语	评分人
活动目标任务明确性	10				
活动过程设计完整性	20				
活动项目任务落实性	20				
活动日程安排合理性	20				
活动路径设计得当性	10				
活动预期成果有创意	10				
文本语言运用水平	10				

2. 根据分组情况了解相关角色工作

为各组分配相应的角色，在组内为完成角色工作进行合理分工。

在各组成员中分配各自角色所要做的工作，比如中介发布，竞标者提出投标申请并购买标书，中介审核。具体如下：

(1) 业主向中介公司递交需求报告书；

(2) 中介公司发布招标通告，并约定招投标时间及顺序；

(3) 扮演投标公司的小组要写好投标书；

(4) 选定合适时间，召集专家组、业主代表；

(5) 在实验室进行模拟开标；

(6) 每组投标公司按次序，进入议标室，阐述本公司的投标理念、应标情况、本公司的优势和核心竞争力；

(7) 专家从产品应标情况、产品先进性和质量、价格、工程质量、售后服务这几个方面来进行评价打分。

3. 进行评标及招投标后续训练

按相关角色任务进行评标及招投标训练。

(1) 选定合适时间，召集专家组、业主代表；

(2) 在实验室进行模拟开标及竞标；

(3) 每组投标公司按次序进入议标室进行技术答辩，阐述本公司的投标理念，应标情况、本公司的优势和核心竞争力；

(4) 专家从产品应标情况、产品先进性和质量、价格、工程质量、售后服务这几个方面来进行评价打分；

(5) 现场评标和合同签署完毕后，上交修改后的招标书、投标书、招标公告、公司企业证明、公司信息、专家打分表，以上述材料为依据给各组进行评分。

四、学生知识能力评估

1. 自评

开展本任务学习效果评估。

学习路径提示：回答下列问题，撰写个人学情自我分析简报。

(1) 是否按照课程要求进行知识、技能的学习？效果如何？

(2) 对本训练的哪个环节的学习有个人的想法？

(3) 是否达到你的学习预期或者目标？有哪些困难？对老师和学习团队有什么要求？

(4) 为自己在本训练中的表现给出一个综合评价。

2. 教师评价

进行需求分析训练的评价，具体评价标准见"需求分析"部分。进行分组分角色评定，各评价表如下。

参评的小组/个人：　　　　　评测方法：　　　　　评测工具：

招标方：

评分项目	分　值	得　分	等　级	评　语	评分人
模拟公司设计合理，资料齐全					
需求明确，表述完整清晰					
招标文档撰写完整、规范、清晰					
图形说明信息是否填写完整、清晰和规范					
与其他角色的沟通交流较多，效率较高					

投标方：

评分项目	分　值	得　分	等　级	评　语	评分人
模拟公司设计合理，资料齐全					
角色任务完成及时、规范和准确					
投标书撰写完整、规范、清晰，					
图形说明信息是否填写完整、清晰和规范					
与其他角色的沟通交流较多，效率较高					

中介公司：

评分项目	分　值	得　分	等　级	评　语	评分人
模拟公司设计合理，资料齐全					
公告制作规范明了，发布及时					
对投标公司审核到位，无违规和遗留					
竞标前的流程执行和管理到位					
制定了后续较为详细的竞标实施方案					
与其他角色的沟通交流较多，效率较高					

专家组：

评分项目	分　值	得　分	等　级	评　语	评分人
专家身份设计合理，资料齐全					
评标标准制定完善(此处原本由中介公司提供)					
了解竞标、评标流程和工作内容					
清楚所扮演角色的工作任务					

最终成绩：_____

评测教师综合评语：

评测教师签名：

被评测者评价：

被评测者签名：

被评测者对于评测结果不满意的可以在 3 日内联系评测者提出异议，评测者根据被评测者的意见和实际评测过程的观察数据进行复评，并在____日内将最终结果和理由告知被评测者，经被评测者确认同意后作为最终结果。如果异议较大，被评测者可以填写相应申请，提请重新测试，经同意后可以进行再一次也就是最后一次评测。

申诉电话：

申诉邮件：

最终评测结果将告知被评测者、评测者和教务办，并由相关人员进行原始资料的保存。

3. 对评标过程的评价

1) 投标方

评分表模板 1

序号	投标单位	技术方案	产品			报价	施工		资质	业绩	培训	售后服务	总分
			指标	可靠性	品牌		措施	计划					
		20	5	5	5	30	5	5	5	5	5	5	100

评分表模板 2

评标项目	评标细则	得分
投标报价(45)	报价(40)	
	产品品牌，性能，质量(5)	
设计方案(15)	方案的先进性、合理性、扩展性(5)	
	图纸的合理性(3)	
	系统设计的合理性、科学性(4)	
	设备选型合理(3)	
施工组织计划(10)	施工技术措施(2)	
	先进技术应用(2)	
	现场管理(2)	
	施工计划优化及可行性(4)	

评标项目	评标细则	得　分
工程业绩和项目经理(15)	近二年完成重大项目(3)	
	管理能力和水平(3)	
	近二年工程获奖情况(2)	
	项目经理技术答辩(5)	
	项目经理业绩(2)	
质量工期保证措施(5)	工期满足标书要求(2)	
	质量工期保障措施(3)	
履行合同能力(5)	注册资本(1)	
	ISO 体系认证(2)	
	信誉好及银行资信证明(2)	
优惠条件(2)	有实质性并标注的优惠条件(2)	
售后服务承诺(3)	本地有服务部门(2)	
	客户评价良好(1)	
总分(100)		

【备注】完成上述评价标准的小组可以根据具体情况和小组理解(需要理由),对于评标项目及所占的分数进行合理的修改。

【实施经验】以模板 2 为例,对相关的标准的应用做些说明。

(1) 本标准可以用来评判扮演投标公司角色小组在竞标环节的得分。

(2) 每组在设计环节所得的等级分作为"设计方案(15)"的评分依据。

(3) 每组在后续的施工环节所得等级分作为"施工技术措施(2)""现场管理(2)""施工计划优化及可行性(4)"。而在施工过程中在规定时间内顺利完成施工项目的,可获得"工程业绩和项目经理(15)""质量工期保证措施(5)"的相关项的加分。比如"近二年完成重大项目(3)"针对本组是否在两次施工过程中至少一次在规定时间内完成施工任务并不犯错或者无严重过失的,"近二年工程获奖情况(2)"则指完全没有犯错。

(4) 如果同时抽到多次扮演投标方角色时,则每次获得分数的平均分作为本组扮演投标公司角色的最终得分。

(5) 由于获得的分数高低直接决定学生成绩,因此在平时的相关任务的过程中,各组形成相互竞争关系,可以使用竞赛的方式开展教学。

2) 评标专家组表现

从以下方面评价专家组的表现。

(1) 根据专家组的提问表现来判断相关学生的技术知识水平;

(2) 通过问询法和独立测试的方式来考核相关的招投标的知识;

(3) 在专家组的同学是否完成评标小组的任务。

五、课程评价

1. 课程评价表

训练名称：	班级：	姓名：	年　月　日
1. 你理解的本训练的核心知识有：			
2. 你获得本训练的核心技能有：			
3. 下列问题需要进一步了解和帮助：			
4. 完成本训练后最大收获是：			
5. 教师思路是否清晰？是否适应教师的风格？			
6. 教师的教学方法对你的学习是否有帮助？			
7. 你是否有组织、有计划地学习？目标基本达到了吗？			
8. 为了获得更好的学习效果，你对本训练内容和实施有何建议：			
教师签字： 学生签字：			

2. 职业素养核心能力评测表

使用方式：在框中打"√"。

职业素养核心能力	评价指标	自测结果
教师签名：	学生签名：	年　月　日

3. 专业核心能力评测表

职业技能	评价指标	自测结果	备　注
本项目评分			
教师签名：	学生签名：		年　月　日

任务四　多层多房间工程施工与管理

任务训练说明：

根据 E 港集团的综合布线项目中的××××项目案例，基于前项任务获得的多层多房间项目的资讯、需求分析资料及设计方案，通过分组角色扮演的方式开展多层多房间项目施工训练。

一、了解训练内容

训练任务名称：多层多房间工程施工与管理						
授课班级	略	上课时间	略	课时		上课地点	略

	能力目标	知识目标	素质目标
训练目标	1. 能根据上一个任务所设计的设计方案编制相应的施工计划，并通过方案展示、讨论和指导进行改进，从而为施工实施做充分准备； 2. 通过对项目一的金属管槽制作、光缆铺设、机架架设和打线基本技能的训练，根据干线(垂直)和设备间子系统的施工内容和要求，完成多层多房间案例的金属管道、光缆竖井、模块打线、开放式机架的施工	1. 了解干线(垂直)和设备间子系统施工所需设备和耗材； 2. 理解干线(垂直)和设备间子系统的安装和施工技术； 3. 理解金属管道、光缆竖井、模块打线、开放式机架的施工步骤和要点； 4. 了解管理间子系统的布线工艺要求和标准(GB 50311—2007《综合布线系统工程设计规范》6.3 设备间安装工艺的内容)； 5. 了解综合布线工程管理标准(GB 50311—2007《综合布线系统工程设计规范》4.7 管理方面的内容)	1. 根据所需知识和技能，进行多层多房间案例的分组分任务自主施工，培养学生的协调能力以及主动性和独立性； 2. 通过监督施工过程的耗材使用情况，督促学生遵循够用、用好的原则，培养学生的节约节能意识； 3. 评判学生是否严格按照GB 50311—2007《综合布线系统工程设计规范》进行施工，培养学生的质量意识； 4. 通过施工活动的进行，学生修改施工计划，培养学生方案改进、思路更新革新创新意识
任务与场景	**训练场景**		**任务成果**
	基于 E 港集团主楼综合布线装修项目开展施工		现场施工工程成果，相关的文档和报告
能力要求	**知识储备要求**		**基本技能要求**
	调研知识、综合布线系统设计基础知识、团队分工知识，综合布线相关系统的基本知识(施工材料识别、施工工具和器材选择与使用知识、多层多房间施工知识与技巧储备、管理文档撰写知识)		资料查询、团队合作、交流沟通技能、多层多房间综合布线项目的基本工具和器材使用技能、必需耗材制作技能、图纸识别技能、相关文档撰写技能
	学习重点		**学习难点**
	学习多层多房间项目施工流程、多层多房间项目施工标准、规范和技巧、多层多房间项目施工器材和耗材的选择、多层多房间项目施工方法和安装流程学习、多层多房间项目评价指标制定		多层多房间项目施工计划的编制、按照计划进行施工，做好多层多房间项目施工管理并完成基本的工程报表、多层多房间项目施工过程主要流程和文档检查、评价活动的开展

通过自学掌握本任务学习信息。学习路径提示：你是否理解上述学习信息，把不理解的疑问写出来，然后通过上网查询，或向老师、同学求教排除你的疑问。

二、训练团队组建——导生制分层教育

1. 团队合作完成施工项目能力训练

流程一：竞聘产生团队。

(1)　全班学生自愿报名团队组长候选人；

(2)　通过竞聘产生团队组长；

(3)　项目组长与全班社会自由组合，按 4~6 人一组产生学习团队；

(4)　项目组内通过协商、竞聘产生学习团队成员岗位角色；

(5)　项目组内通过协商，确定每个团队成员的岗位职能和职责。

流程二：填写本项目任务角色训练活动内容汇总表。

本项目任务角色训练活动内容汇总表

项目任务名称及目标	任务角色	成员姓名	工作职责(完成目标的途径)
E 港集团大楼综合布线项目施工	项目组长		统筹各项工作，进行任务分配，进度和质量管理
	资讯助理		项目所需资料收集、设计和协助组长完成施工计划
	施工员 1		进行双绞线制作、测试、管材裁剪与制作
	施工员 2		进行信息插座的安装、面板安装、底盒安装
	评估员		进行施工考核
	展示助理		协助组长进行施工报告的撰写、PPT设计、接受答辩

各项目组确定项目中所扮演的角色的具体任务，这些角色可以在后续的训练中进行轮换。

流程三：上交团队组建表。

学习路径提示：按上交表格先后和填写质量，讲评并确定团队组建成绩。

流程四：组长宣布团队组建结果。

学习路径提示：按礼仪、表达讲评并确定团队组建成绩。

2. 学生完成施工项目的独立能力训练

本教学活动无须组员合作完成项目任务，因此适合采用基于导生制的分层教育方式实施教学。

根据分好的小组，进行个人能力和学习目标、期望的定义。按下列要求填写岗位任务分配表。

(1) 根据已经划分的小组，确定完成本训练的组内导生，由导生担任本组学习组长，当然除担任组长的导生外，如果组内人数较多可以根据学生意愿多上浮1～2个名额。

(2) 其他组员根据自身的学习基础、前续知识和技能的掌握程度以及个人在本训练环节所希望获得的学习成果等级进行组内分层分组。

(3) 建议组内成员的层次等级为优秀级、中等级别和合格级别，这些层次的学员数量建议为1:3:1，导生的培养级别应该初定为优秀方向，同时尽量增加优秀和中等层次级别的学生为基本原则。

(4) 项目组内通过协商，如果选择合格等级的学生人数较多，应该和其他组进行调换，直到符合第3项要求。

任务岗位分配表

团队名称(虚拟企业名称)				
团队结构	岗 位	姓 名	知识技能	本次训练职责职能
	项目组长(导生)		1. 已有知识： 2. 已会技能：	1. 通过本次训练需要掌握的知识技能： 2. 职业素养要求：
	优秀等级学生		1. 已有知识： 2. 已会技能：	1. 通过本次训练需要掌握的知识技能： 2. 职业素养要求：
	中等等级学生		1. 已有知识： 2. 已会技能：	1. 通过本次训练需要掌握的知识技能： 2. 职业素养要求：
	合格等级学生		1. 已有知识： 2. 已会技能：	1. 通过本次训练需要掌握的知识技能： 2. 职业素养要求：

说明：表中的等级名称可以由教师根据教学对象自由拟定，本次训练职责职能为学生通过训练所要获得的知识、技能和职业素养，不同层次的学生需要训练的重点和要求不同，对于不同层级的学生已经掌握的知识技能则根据具体情况予以直接考核，无须进入重学环节。

三、知识学习与能力训练

1. 进行施工进度计划

1) 本场景的知识要点

施工一般流程如下。

(1) 首先进行一次实地勘察，确定有关工程进行时将要遇到的困难，并予以先行解决，例如配线间、设备间、工作间的准备工作是否完成，端口插座等位置是否设置完成，线槽走向走道是否完备，确认后才能开始正式工作；

(2)　如果有干线布线工程则先实施干线(光缆)布线工程；

(3)　实施水平布线工程；

(4)　在布线期间，开始为各设备间安装机柜、配线架等；

(5)　当水平布线完成后，开始设置设备间的光纤机安装配线架，为端口和跳线做端接；

(6)　安装好所有的配线架和用户端口，则进行全面测试，形成测试报告给用户；

(7)　在施工过程一定要进行编号标示。

2)　本场景的操作要点

通过 VISIO 的甘特图模块绘制本项目施工组织进度计划表，或者直接选择项目设计环节的进度表。同时填写工程记录表。

工程开工表

工程名称		工程地点	
用户单位		施工单位	
计划开工	年　月　日	计划竣工	年　月　日
工程主要内容：			
工程主要情况：			
主抄：	施工单位意见：		建设单位意见：
抄送：	签名：		签名：
报告日期：	日期：		日期：

工程报停表

工程名称		工程地点	
建设单位		施工单位	
停工日期	年　月　日	计划复工	年　月　日
工程停工主要原因：			
计划采取的措施和建议：			

续表

停工造成的损失和影响：		
主抄：	施工单位意见：	建设单位意见：
抄送：	签名：	签名：
报告日期：	日期：	日期：

工程设计变更表

工程名称		原图名称	
设计单位		原图编号	
原设计规定的内容：		变更后的工作内容：	
变更原因说明：		批准单位及文号：	
原工程量		现工程量	
原材料数		现材料数	
补充图纸编号		日期	年　月　日

工程协调会议纪要

日期：			
工程名称		建设地点	
主持单位		施工单位	
参加协调单位：			
工程主要协调内容：			
工程协调会议决定：			
仍需协调的问题：			
参加会议代表签字：			

2. 多层多房间施工线缆的选择

1) 本场景的知识要点

目前，针对电话语音传输一般采用 3 类大对数对绞电缆(25 对、50 对、100 对等规格)，针对数据和图像传输采用光缆或 5 类以上 4 对双绞线电缆以及 5 类大对数对绞电缆，针对有线电视信号的传输采用 75Ω同轴电缆。要注意的是，由于大对数线缆对数多，很容易造成相互间的干扰，因此很难制造超 5 类以上的大对数对绞电缆，为此 6 类网络布线系统通常使用 6 类 4 对双绞线电缆或光缆作为主干线缆。在选择主干线缆时，还要考虑主干线缆的长度限制，如 5 类以上 4 对双绞线电缆在应用于 100Mbps 的高速网络系统时，电缆长度不宜超过 90m，否则宜选用单模或多模光缆。

2) 本场景的操作要点

根据建筑物的结构特点以及应用系统的类型，决定选用干线线缆的类型。在垂直子系统设计中常用多模光缆和单模光缆、4 对双绞线电缆、大对数对绞电缆等，在住宅楼也会用到 75Ω有线电视同轴电缆。

根据相应的多层多房间类型的 E 港集团主楼的要求和施工计划完成主要耗材、工具、器械的选用；当出现现有成品无法满足具体施工需求时，需要自行制作耗材，另行选择替代工具与设备。在材料到达现场后，由设备材料组负责，技术和质量监理参加，对已经到的设备、材料做外观检查，保障无外伤损坏、无缺件，核对设备、材料、线缆、电线、备件的型号规格及数量是否符合施工设计文件以及清单的要求，同时填写统计表格。

材料入库统计表

序　号	材料名称	型　号	单　位	数　量	备　注
1					
2					

审核：　　　　　　　仓管：　　　　　　　日期：

材料库存统计表

序　号	材料名称	型　号	单　位	数　量	备　注
1					
2					

审核：　　　　　　　仓管：　　　　　　　日期：

领用材料统计表

工程名称			领料单位		
批料人			领料日期		年　月　日
序　号	材料名称	材料编号	单　位	数　量	备　注
1					
2					

工具表

序　号	设备名称	型号规格	单　位	数　量
1				
2				

审核：　　　　　　　　　仓管：　　　　　　　　　日期：

3. 布线通道选择

1）　本场景的知识要点

布线通道可选种类有三种：电缆孔、管道、电缆竖井方式。

(1)　电缆孔方式。

通道中所用的电缆孔是很短的管道，通常用一根或数根外径为 63～102mm 的金属管预埋在楼板内，金属管高出地面 25～50mm，也可直接在地板中预留一个大小适当的孔洞。电缆往往捆在钢绳上，而钢绳固定在墙上已铆好的金属条上。当楼层配线间上下都对齐时，一般可采用电缆孔方法。

(2)　管道方式。

管道方式包括明管或暗管敷设。

(3)　电缆竖井方式。

在新建工程中，推荐使用电缆竖井的方式。电缆井是指在每层楼板上开出一些方孔，一般宽度为 30cm，并有 2.5cm 高的井栏，具体大小要根据所布线的干线电缆数量而定。与电缆孔方法一样，电缆也是捆扎或箍在支撑用的钢绳上，钢绳靠墙上的金属条或地板三脚架固定。离电缆井很近的墙上的立式金属架可以支撑很多电缆。电缆井比电缆孔更为灵活，可以让各种粗细不一的电缆以任何方式布设通过。但在建筑物内开电缆井造价较高，而且不使用的电缆井很难防火。

2）　本场景的操作要点

参考如图 4-3 和图 4-4 所示方法，进行有条件的电缆孔方式和电缆竖井方式的施工实践。

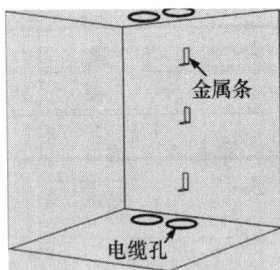

图 4-3　电缆孔方法

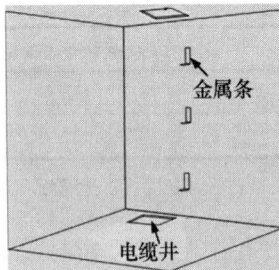

图 4-4　电缆竖井方式

4. 线缆容量计算/捆扎/敷设

1）　本场景的知识要点

(1)　线缆容量计算。

在确定干线线缆类型后，便可以进一步确定每个楼层的干线容量。一般而言，在确定每层楼的干线类型和数量时，都要根据楼层水平子系统所有的各个语音、数据、图像等信息插座的数量来进行计算。具体计算的原则如下。

①　语音干线可按一个电话信息插座至少配 1 个线对的原则进行计算。

②　计算机网络干线线对容量计算原则是：电缆干线按 24 个信息插座配 2 对对绞线，每一个交换机或交换机群配 4 对对绞线。光缆干线按每 48 个信息插座配 2 芯光纤。

③　当信息插座较少时，可以多个楼层共用交换机，并合并计算光纤芯数。

④　如有光纤到用户桌面的情况，光缆直接从设备间引至用户桌面，干线光缆芯数应不包含这种情况下的光缆芯数。

⑤　主干系统应留有足够的余量，以作为主干链路的备份，确保主干系统的可靠性。

(2)　线缆捆扎。

垂直子系统敷设线缆时，应对缆线进行绑扎。对绞电缆、光缆及其他信号电缆应根据线缆的类别、数量、缆径、线缆芯数分束绑扎，绑扎间距不宜大于 1.5m，防止线缆因重量产生拉力造成线缆变形。在绑扎线缆的时候特别注意的是应该按照楼层进行分组绑扎。

(3)　线缆敷设。

在敷设线缆时，对不同的介质要区别对待。

①　光缆。敷设光缆时要注意以下事项。

a. 光缆敷设时不应该绞结。

b. 光缆在室内布线时要走线槽。

c. 光缆在地下管道中穿过时要用 PVC 管。

d. 光缆需要拐弯时，其曲率半径不得小于 30cm。

e. 光缆的室外裸露部分要加铁管保护，铁管要固定牢固。

f. 光缆不要拉得太紧或太松，并要有一定的膨胀收缩余量。

g. 光缆埋地时，要加铁管保护。

②　双绞线。敷设双绞线要注意以下事项。

a. 双绞线敷设时要平直，走线槽，不要扭曲。

b. 双绞线的两端点要标号。

c. 双绞线的室外部分要加套管，严禁搭接在树干上。

d. 双绞线不要拐硬弯。

在智能建筑的设计中，一般都有弱电竖井，用于垂直子系统的布线。在竖井中敷设缆线时一般有两种方式：向下垂放电缆和向上牵引电缆。相比较而言，向下垂放比较容易。

③　向下垂放线缆。向下垂放线缆要注意以下事项。

a. 把线缆卷轴放到顶层。

b. 在离房子的开口 3～4m 处安装线缆卷轴，并从卷轴顶部馈线。

c. 在线缆卷轴处安排布线施工人员，每层楼上要有一个工人，以便引寻下垂的线缆。

d. 旋转卷轴，将线缆从卷轴上拉出。

e. 将拉出的线缆引导进竖井中的孔洞。在此之前，先在孔洞中安放一个塑料的套状保护，以防止孔洞不光滑的边缘擦破线缆的外皮。

f. 慢慢地从卷轴上放缆并进入孔洞向下垂放，注意速度不要过快。

g. 继续放缆，直到下一层布线人员将线缆引到下一个孔洞。

h. 按前面的步骤继续慢慢地放线，直至线缆到达指定楼层进入横向通道为止。

④ 向上牵引线缆。向上牵引线缆需要使用电动牵引绞车，其主要步骤如下。

a. 按照线缆的质量，选定绞车型号，并按说明书进行操作。先往绞车中穿一条绳子。

b. 启动绞车，并往下垂放一条拉绳，直到安放线缆的底层。

c. 如果缆上有一个拉眼，则将绳子连接到此拉眼上。

d. 启动绞车，慢慢地将线缆通过各层的孔向上牵引。

e. 线缆的末端到达顶层时，停止绞车。

f. 在地板孔边沿上用夹具将线缆固定。

g. 当所有连接制作好之后，从绞车上释放线缆的末端。

2) 本场景的操作要点

根据设计要求选择合适数量的线缆并严格按照设计图纸的位置进行施工和布局。可以使用模拟墙进行本项目的实施。

(1) 设计一种使用 PVC 线槽/线管从设备间机柜到楼层管理间机柜的垂直子系统，并且绘制施工图，如图 4-5 所示。

(2) 按照设计图，核算实训材料规格和数量，掌握工程材料核算方法，列出材料清单。

(3) 按照设计图需要，列出实训工具清单，领取实训材料和工具。

(4) 安装 PVC 线槽/线管。

(5) 明装布线实训时，边布管边穿线。

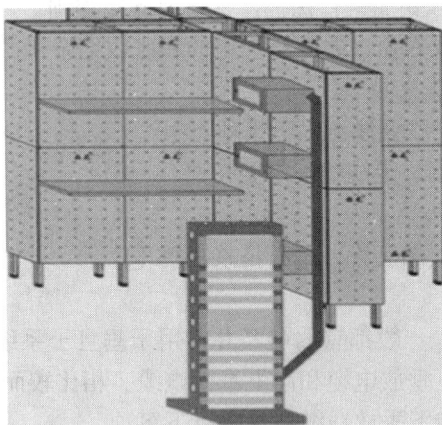

图 4-5　多层多房间的施工训练图

5. 光纤熔接训练

1) 本场景的知识要点

光纤熔接是目前普遍采用的光纤接续方法，光纤熔接机通过高压放电将接续光纤端面熔融后，将两根光纤连接到一起成为一段完整的光纤。这种方法接续损耗小(一般小于0.1dB)，而且可靠性高。熔接连接光纤不会产生缝隙，因而不会引入反射损耗，入射损耗也很小，在 0.01～0.15 dB 之间。在光纤进行熔接前要把涂敷层剥离。机械接头本身是保护连接的光纤的护套，但熔接在连接处没有任何的保护。因此，熔接光纤机采用重新涂敷器来涂敷熔接区域和使用熔接保护套管两种方式来保护光纤。现在普遍采用熔接保护套管的方式，它将保护套管套在接合处，然后对它们进行加热，套管内管是由热材料制成的，因此这些套管就可以牢牢地固定在需要保护的地方。加固件可避免光纤在这一区域弯曲。

2)　本场景的操作要点

(1)　任务实施所需耗材。

光纤配线架，ST 光纤尾纤，ST 耦合器，多模光缆，热缩套管。

(2)　任务实施所需工具。

光纤工具箱(开缆工具、光纤切割刀、光纤剥离钳、凯弗拉线剪刀、斜口剪、螺丝批、酒精棉等)，光纤熔接机。

(3)　操作流程。

①　开启光纤熔接机，确定要熔接的光纤是多模光纤还是单模光纤；

②　测量光纤熔接距离；

③　用开缆工具去除光纤外部护套及中心束管，剪除凯弗拉线，除去光纤上的油膏；

④　用光纤剥离钳剥去光纤涂覆层，其长度由熔接机决定，大多数熔接机规定剥离的长度为 2～5cm；

⑤　光纤一端套上热缩套管；

⑥　用酒精擦拭光纤，用切割刀将光纤切到规范距离，制备光纤端面，将光纤断头扔在指定的容器内；

⑦　打开电极上的护罩，将光纤放入 V 型槽，在 V 型槽内滑动光纤，在光纤端头达到两电极之间时停下来；

⑧　两根光纤放入 V 型槽后，合上 V 型槽和电极护罩，自动或手动对准光纤；

⑨　开始光纤的预熔；

⑩　通过高压电弧放电把两光纤的端头熔接在一起；

⑪　光纤熔接后，测试接头损耗，做出质量判断；

⑫　符合要求后，将套管置于加热器中加热收缩，保护接头；

⑬　光纤熔接完后放于接续盒内固定。

开缆就是剥离光纤的外护套、缓冲管。光纤在熔接前必须去除涂覆层，为提高光纤成缆时的抗张力，光纤有两层涂覆。由于不能损坏光纤，所以剥离涂覆层是一个非常精密的程序，去除涂覆层应使用专用剥离钳，不得使用刀片等简易工具，以防损伤纤芯。去除光纤涂覆层时要特别小心，不要损坏其他部位的涂覆层，以防在熔接盒内盘绕光纤时折断纤芯。光纤的末端需要进行切割，要用专业的工具切割光纤以使末端表面平整、清洁，并使之与光纤的中心线垂直。切割对于接续质量十分重要，它可以减少连接损耗。任何未正确处理的表面都会引起由于末端的分离而产生的额外损耗。在光纤熔接中应严格执行操作规程的要求，以确保光纤熔接的质量。

(4)　光纤熔接时熔接机的异常信息和不良接续结果。

光纤熔接过程中由于熔接机的设置不当，熔接机会出现异常情况，对光纤操作时，光纤不洁、切割或放置不当等因素，会引起熔接失败。具体情况见表 4-1。

表 4-1　光纤熔接时熔接机的异常信息和不良接续结果

信　　息	原　　因	提　　示
设定异常	光纤在 V 型槽中伸出太长	参照防风罩内侧的标记，重新放置光纤在合适的位置
	切割长度太长	重新剥除、清洁、切割和放置光纤
	镜头或反光镜脏	清洁镜头、升降镜和防风罩反光镜
光纤不清洁或者镜头不清洁	光纤表面、镜头或反光镜脏	重新剥除、清洁、切割和放置光纤清洁镜头、升降镜和风罩反光镜
	清洁放电功能关闭时间太短	必要时增加清洁放电时间
光纤端面质量差	切割角度大于门限值	重新剥除、清洁、切割和放置光纤，如仍发生切割不良，确认切割刀的状态
超出行程	切割长度太短	重新剥除、清洁、切割和放置光纤
	切割放置位置错误	重新放置光纤在合适的位置
	V 型槽脏	清洁 V 型槽
气泡	光纤端面切割不良	重新制备光纤或检查光纤切割刀
	光纤端面脏	重新制备光纤端面
	光纤端面边缘破裂	重新制备光纤端面或检查光纤切割刀
	预熔时间短	调整预熔时间
太细	锥形功能打开	确保锥形熔接功能关闭
	光纤送入量不足	执行光纤送入量检查指令
	放电强度太强	不用自动模式时，减小放电强度
太粗	光纤送入量过大	执行光纤送入量检查指令

6. 完成施工报告

1)　本场景的知识要点

参考附录一施工方案报告。

2)　本场景的操作要点

参考附录一施工方案报告。

7. 施工管理

【实施经验】本场景的内容将分别贯穿于上述场景的实施过程中，因此无须独立进行讲解或者学习。

1)　本场景的知识要点

施工管理的内容如下。

(1)　项目管理；

(2)　管理机构；

(3)　现场管理制度与要求；

(4)　人员管理；

(5) 技术管理；

(6) 材料与工具管理；

(7) 安全管理。

2) 本场景的操作要点

为保障项目施工的顺利实施，在实施过程中形成精细化管理，在每个施工环节或者场景的实施前和完成后都需要制定和填写相关文档，形成书面记录，做好全面的施工管理，为成本和质量控制提供支持。

同时，多层多房间施工线缆的选择和布线通道选择实施过程中需要填写下列表格。

施工责任人员签到表

项目名称：		项目工程师：		
日　期	成 员 1	成 员 2	成 员 3	成 员 4

施工进度日志

组名：	人数：		负责人：	时间		工程名：
工程进度计划						
工程实际进度						
工程情况记录						
时　间	方位、编号		处理情况	尚待处理情况		备　注

施工事故报告单

填报单位：		项目工程师：
工程名称：		设计单位：
地点：		施工单位：
事故发生时间：		汇报时间：
事故情况及主要原因：		

四、学生知识能力评估

1. 自评

开展本任务学习效果评估。

学习路径提示：回答下列问题，撰写个人学情自我分析简报。

(1) 是否按照课程要求进行知识、技能的学习？效果如何？

(2) 对本训练的哪个环节的学习有个人的想法？

(3) 是否达到你的学习预期或者目标？有哪些困难？对老师和学习团队有什么要求？

(4) 为自己在本训练中的表现给出一个综合评价。

2. 教师评价

参评的小组/个人：　　　　　　评测方法：　　　　　　评测工具：

评分项目		分　值	得　分	等　级	评　语	评分人
完成施工计划的质量		10				
模块安装		10				
缆线铺设		10				
耗材制作 (20)	光纤熔接	10				
	线管裁制	10				
工程实施 管理(50)	施工时间管理能力	10				
	施工质量管理能力	10				
	施工文档撰写能力	10				
	施工报告	20				

最终成绩：_____

评测教师综合评语：

评测教师签名：

被评测者评价：

被评测者签名：

被评测者对于评测结果不满意的可以在 3 日内联系评测者提出异议，评测者根据被评测者的意见和实际评测过程的观察数据进行复评，并在____日内将最终结果和理由告知被评测者，经被评测者确认同意后作为最终结果。如果异议较大，被评测者可以填写相应申请，提请重新测试，经同意后可以进行再一次也就是最后一次评测。

申诉电话：

申诉邮件：

最终评测结果将告知被评测者、评测者和教务办，并由相关人员进行原始资料的保存。

五、课程评价

1. 课程评价表

训练名称：	班级：	姓名	年　月　日
1. 你理解的本训练的核心知识有：			
2. 你获得本训练的核心技能有：			
3. 下列问题需要进一步了解和帮助：			

续表

4. 完成本训练后最大收获是：
5. 教师思路是否清晰？是否适应教师的风格？
6. 教师的教学方法对你的学习是否有帮助？
7. 你是否有组织、有计划地学习？目标基本达到了吗？
8. 为了获得更好的学习效果，你对本训练内容和实施有何建议：
教师签字： 学生签字：

2. 职业素养核心能力评测表

使用方式：在框中打"√"。

职业素养核心能力	评价指标	自测结果
教师签名：	学生签名：	年　月　日

3. 专业核心能力评测表

职业技能	评价指标	自测结果	备　注
本项目评分			
教师签名：	学生签名：		年　月　日

任务五　多层多房间工程测试与验收训练

任务训练说明：

根据 E 港集团的综合布线项目中的××××项目案例，基于前项任务获得的多层多房间项目的资讯、需求分析资料及设计方案，通过分组角色扮演的方式开展多层多房间项目测试与验收训练。

一、了解训练内容

训练任务名称：多层多房间工程测试与验收训练						
授课班级	略	上课时间	略	课时		上课地点	略

		能力目标	知识目标	素质目标
训练目标		1. 通过教师的对项目一中测试与验收任务的重点内容的回顾讲解和分析，学生讨论针对单房间案例运用所学的测试和验收计划所包含的内容和格式，自主完成多层多房间综合布线工程的系统测试和验收计划编制(可以让学生先做，完成后点评，从而形成适合学生操作的文档内容模块和格式)； 2. 通过教师对项目一中测试与验收任务的有关内容的回顾，使学生能够较为熟练地使用测试仪对各组多层多房间项目中的测试项目进行测试，同时根据验收的分类和内容，按照工作区子系统的验收程序实施验收工作； 3. 通过对综合布线系统中的常见线路的测试活动要点回顾，学生熟练使用常用测试工具，完成测试工作	1. 熟悉几种常见的光纤测试仪进行多层多房间测试时的使用方法(主要是光纤测试器)； 2. 了解多层多房间综合布线链路测试标准及分类，GB 50312—2007《综合布线系统工程验收规范》； 3. 熟悉光纤链路的测试方法和技巧； 4. 熟悉综合布线系统验收内容和方法； 5. 掌握模拟场景中综合布线系统验收所需的相关基本技术规范； 6. 了解多层多房间综合布线系统验收和测试相关表格。 上述知识需要基于 GB 50312—2007《综合布线系统工程验收规范》的验收内容	1. 通过验收和测试活动的角色分配、分组实施等，培养学生的组织管理能力和协调能力； 2. 要求学生按照国标 GB 50312—2007《综合布线系统工程验收规范》要求，实施验收和测试，并进行考评，培养学生规范做事的素质和责任意识； 3. 在完成项目验收后，通过学生对工程验收和测试场地的整理和清洁、工具的规范放置等方面的考评，培养学生的现场和设备规范管理意识以及良好的职业习惯； 4. 通过对测试流程的严格执行，培养学生良好的作业管理和质量管理意识
任务与场景		训练场景		任务成果
		基于 E 港集团主楼综合布线装修项目开展测试与验收训练		进行项目的测试和验收活动，形成相关的测试文档和验收文档
能力要求		知识储备要求		基本技能要求
		调研知识、综合布线系统设计基础知识、团队分工知识，综合布线相关系统的基本知识		资料查询、与任务相关的 VISIO 或者 MinCad 软件使用能力、训练报告撰写、交流沟通技能
		学习重点		学习难点
		合理安排验收人员和任务、理解基本测试模型、测试模型的选择决策，确定测试标准，确定测试链路标准，确定测试工具和测试点，确定验收内容		熟悉测试流程和验收流程特别是复杂链路的端接及测试、多种情况下的测试(开路、短路、跨接、反接)，测试报告分析，根据案例明确工程验收人员组成，工程验收分类，撰写验收内容报告和验收的各种表格

通过自学掌握本任务学习信息。学习路径提示：你是否理解上述学习信息，把不理解的疑问写出来，然后通过上网查询，或向老师、同学求教排除你的疑问。

二、训练团队组建——导生制分层教育

由于本教学活动无须组员合作完成项目任务，因此适合采用基于导生制的分层教育方式实施教学。

根据分好的小组，进行个人能力和学习目标、期望的定义。按下列要求填写岗位任务分配表。

(1) 根据已经划分的小组，确定完成本训练的组内导生，由导生担任本组学习组长，当然除担任组长的导生外，如果组内人数较多可以根据学生意愿多上浮 1～2 个名额。

(2) 其他组员根据自身的学习基础、前续知识和技能的掌握程度以及个人在本训练环节所希望获得的学习成果等级进行组内分层分组。

(3) 建议组内成员的层次等级为优秀级、中等级别和合格级别，这些层次的学员数量建议为 1∶3∶1，导生的培养级别应该初定为优秀方向，同时尽量增加优秀和中等层次级别的学生为基本原则。

(4) 项目组内通过协商，如果选择合格等级的学生人数较多，应该和其他组进行调换，直到符合第 3 项要求。

任务岗位分配表

团队名称(虚拟企业名称)				
	岗　位	姓　名	知识技能	本次训练职责职能
团队结构	项目组长(导生)		1. 已有知识： 2. 已会技能：	1. 通过本次训练需要掌握的知识技能： 2. 职业素养要求：
	优秀等级学生		1. 已有知识： 2. 已会技能：	1. 通过本次训练需要掌握的知识技能： 2. 职业素养要求：
	中等等级学生		1. 已有知识： 2. 已会技能：	1. 通过本次训练需要掌握的知识技能： 2. 职业素养要求：
	合格等级学生		1. 已有知识： 2. 已会技能：	1. 通过本次训练需要掌握的知识技能： 2. 职业素养要求：

说明： 表中的等级名称可以由教师根据教学对象自由拟定，本次训练职责职能为学生通过训练所要获得的知识、技能和职业素养，不同层次的学生需要训练的重点和要求不同，对于不同层级的学生已经掌握的知识技能则根据具体情况予以直接考核，无须进入重学环节。

三、知识学习与能力训练

本步骤是以任务作为训练场景，根据不同的角色组来引入相应知识点，通过实际操作

和训练来培养不同角色组成员的能力。因此，在实施本步骤前已经完成根据角色任务的分组，每组也清楚了解本组需要完成的基本任务。

1. 光纤测试

1) 本场景的知识要点

光纤在架设，熔接完工后就是测试工作，使用的仪器主要是 OTDR 测试仪，用加拿大 EXFO 公司的 FTB-100B 便携式中文彩色触摸屏 OTDR 测试仪(动态范围有 32/31、37.5/35、40/38、45/43dB)，可以测试，光纤断点的位置；光纤链路的全程损耗；了解沿光纤长度的损耗分布；光纤接续点的接头损耗。

为了测试正确，OTDR 测试仪的脉冲大小和宽度要适当选择，按照厂方给出的折射率 n 值的指标设定。在判定故障点时，假如光缆长度预先不知道，可先放在自动 OTDR，找出故障点的大体地点，然后放在高级 OTDR。将脉冲大小和宽度选择小一点，但要与光缆长度相对应，盲区减小直至与坐标线重合，脉宽越小越精确，当然脉冲太小后曲线显示泛起噪波，要恰到好处。再就是加接探纤盘，目的是防止近处有盲区不易发觉。

判定断点时，假如断点不在接续盒处，迁就近处接续盒打开，接上 OTDR 测试仪，测试故障点间隔测试点的正确间隔，利用光缆上的米标就很轻易找出故障点。利用米标查找故障时，对层绞式光缆还有一个绞合率题目，那就是光缆的长度和光纤的长度并不相等，光纤的长度大约是光缆长度的 1.005 倍，利用上述方法可成功排除多处断点和高损耗点。

2) 本场景的操作要点

对 E 港集团的总部主楼与副楼间进行光纤布线，其中主楼的数据中心布设 8 芯光纤连接副楼的二层主机房，总共光纤数量为 1 根。

主要测试光纤熔接损耗和光纤传输线路上的光衰减。光纤测试标准见表 4-2。

表 4-2 光纤测试标准

序号	测试内容	测试目的	合格标准	备 注
1	光纤熔接损耗	检查光纤熔接质量	每个熔接点损耗<0.08dB	光纤熔接规范
2	不同楼层间的设备链路衰减	检查光纤链路质量	<25dB	通信设备对光衰减的要求

(1) 测试表模板 1。

通过对楼间光纤链路的测试填写下表。

光缆测试记录表					
项目名称：		项目编号：		日期：	
测试标准：	YD/T901—2001 国际标准			模块厂家信号	
测试点信息				测试使用仪表	
设计单位：				施工单位：	
测试记录：					

续表

序　号	布放区间		光纤长度/m	损　耗
	起　点	终　点		
1				≤0.3dB
2				≤0.3dB

(2) 测试表模板2。

光纤芯数	合格标准(双向测试平均值)	测试地点：主楼信息中心机房		测试地点：副楼机房		双向测试平均值		是否合格
		熔接点损耗	熔接点损耗	熔接点损耗	熔接点损耗	熔接点损耗	熔接点损耗	
1	损耗<0.08dB							
2	损耗<0.08dB							
3	损耗<0.08dB							
4	损耗<0.08dB							
5	损耗<0.08dB							
6	损耗<0.08dB							
7	损耗<0.08dB							
8	损耗<0.08dB							

测试结论：

通过□　　　　　　　　　　不通过□

施工单位(签字)：　　　　　　监理单位(签字)：

日期：　　　　　　　　　　日期：

2. 多层多房间项目验收

1) 本场景的知识要点

具体验收标准参考项目一中的验收规则，可以根据具体情况在表格大项的基础上自行决定验收细节，验收内容见表4-3。

表4-3　综合布线系统工程验收项目汇总表

阶　段	验收项目	验收内容	验收方式
施工前检查	1.环境要求	(1)土建施工情况：地面、墙面、门、电源插座及接地装置；(2)土建工艺：机房面积、预留孔洞；(3)施工电源；(4)地板铺设；(5)建筑物入口设施检查	施工前检查
	2.器材检验	(1)外观检查；(2)型号、规格、数量；(3)电缆及连接器件电气性能测试；(4)光纤及连接器件特性测试；(5)测试仪表和工具的检验	
	3.安全、防火要求	(1)消防器材；(2)危险物的堆放；(3)预留孔洞防火措施	

阶　段	验收项目	验收内容	验收方式
设备安装	1.管理间、设备间、设备机柜、机架	(1)规格、外观；(2)安装垂直、水平度；(3)油漆不得脱落，标志完整齐全；(4)各种螺丝必须紧固；(5)抗震加固措施；(6)接地措施	随工检验
	2.配线模块及8位模块式通用插座	(1)规格、位置、质量；(2)各种螺丝必须拧紧；(3)标志齐全；(4)安装符合工艺要求；(5)屏蔽层可靠连接	
电缆、光缆布放(楼内)	1.电缆桥架及线槽布放	(1)安装位置正确；(2)安装符合工艺要求；(3)符合布放缆线工艺要求；(4)接地	
	2.缆线暗敷(包括暗管、线槽、地板下等方式)	(1)缆线规格、路由、位置；(2)符合布放缆线工艺要求；(3)接地	隐蔽工程签证
电缆、光缆布放(楼间)	1.架空缆线	(1)吊线规格、架设位置、装设规格；(2)吊线垂度；(3)缆线规格；(4)卡、挂间隔；(5)缆线的引入符合工艺要求	随工检验
	2.管道缆线	(1)使用管孔孔位；(2)缆线规格；(3)缆线走向；(4)缆线的防护设施的设置质量	隐蔽工程签证
	3.埋式缆线	(1)缆线规格；(2)敷设位置、深度；(3)缆线的防护设施的设置质量；(4)回土夯实质量	
	4.通道缆线	(1)缆线规格；(2)安装位置，路由；(3)土建设计符合工艺要求	
	5.其他	(1)通信线路与其他设施的间距；(2)进线室设施安装、施工质量	随工检验隐蔽工程签证
缆线终接	1.8位模块式通用插座	符合工艺要求	随工检验
	2.光纤连接器件	符合工艺要求	
	3.各类跳线	符合工艺要求	
	4.配线模块	符合工艺要求	
系统测试	1.工程电气性能测试	(1)连接图；(2)长度；(3)衰减；(4)近端串音；(5)近端串音功率和；(6)衰减串音比；(7)衰减串音比功率和；(8)等电平远端串音；(9)等电平远端串音功率和；(10)回波损耗；(11)传播时延；(12)传播时延偏差；(13)插入损耗；(14)直流环路电阻；(15)设计中特殊规定的测试内容；(16)屏蔽层的导通	竣工检验
	2.光纤特性测试	(1)衰减；(2)长度	
管理系统	1.管理系统级别	符合设计要求	竣工检验
	2.标识符与标签设置	(1)专用标识符类型及组成；(2)标签设置；(3)标签材质及色标	
	3.记录和报告	(1)记录信息；(2)报告；(3)工程图纸	
工程总验收	1.竣工技术文件	清点、交接技术文件	
	2.工程验收评价	考核工程质量，确认验收结果	

2)　本场景的操作要点

根据要求完成多层多房间的验收记录和阶段性验收报告的填写。

验收记录表

检查小组名称：		检查人：	验收审核人：	时间：	
序　号	检查项目	检查内容	是否符合(符合打钩，不符合打叉)	检查人签名	审核人签名
1					
2					

综合布线系统工程阶段性合格验收报告

工程名称		工程地点	
建设单位		施工单位	
计划开工	年　月　日	实际开工	年　月　日
计划竣工	年　月　日	实际竣工	年　月　日
工程完成情况：			
提前和推迟竣工的原因：			
工程中出现和遗留的问题：			
主抄： 抄送： 报告日期：	施工单位意见： 签名： 日期：	建设单位意见： 签名： 日期：	

四、学生知识能力评估

1. 自评

开展本任务学习效果评估。

学习路径提示：回答下列问题，撰写个人学情自我分析简报。

(1)　是否按照课程要求进行知识、技能的学习？效果如何？

(2)　对本训练的哪个环节的学习有个人的想法？

(3)　是否达到你的学习预期或者目标？有哪些困难？对老师和学习团队有什么要求？

(4)　为自己在本训练中的表现给出一个综合评价。

2. 教师评价

1)　测试部分的评价

根据不同的角色给出相应的评价标准。

参评的小组/个人：　　　　　评测方法：　　　　　评测工具：

评分项目	分 值	得 分	等 级	评 语	评分人
能正确选择测试模型(永久链路)	10				
能正确构建测试链路，并进行正确端接	20				
进行正确测试	20				
形成测试报告	20				
正确分析测试数据	30				

最终成绩：_____

评测教师综合评语：

评测教师签名：

被评测者评价：

被评测者签名：

被评测者对于评测结果不满意的可以在 3 日内联系评测者提出异议，评测者根据被评测者的意见和实际评测过程的观察数据进行复评，并在＿＿日内将最终结果和理由告知被评测者，经被评测者确认同意后作为最终结果。如果异议较大，被评测者可以填写相应申请，提请重新测试，经同意后可以进行再一次也就是最后一次评测。

申诉电话：

申诉邮件：

最终评测结果将告知被评测者、评测者和教务办，并由相关人员进行原始资料的保存。

2) 验收部分的评价

根据不同的角色给出相应的评价标准。

参评的小组/个人：　　　　　评测方法：　　　　　评测工具：

评分项目	分 值	得 分	等 级	评 语	评分人
完成环境检验	10				
完成器材及测试仪表工具检验	10				
完成设备安装检验	10				
完成线缆敷设检验	10				
完成线缆保护方式检验	10				
完成线缆终端检验	10				
完成工程电气检查	10				
完成验收报告编写	30				

最终成绩：_____

评测教师综合评语：

评测教师签名：

被评测者评价：

被评测者签名：

被评测者对于评测结果不满意的可以在 3 日内联系评测者提出异议，评测者根据被评测者的意见和实际评测过程的观察数据进行复评，并在____日内将最终结果和理由告知被评测者，经被评测者确认同意后作为最终结果。如果异议较大，被评测者可以填写相应申请，提请重新测试，经同意后可以进行再一次也就是最后一次评测。

申诉电话：

申诉邮件：

最终评测结果将告知被评测者、评测者和教务办，并由相关人员进行原始资料的保存。

五、课程评价

1. 课程评价表

训练名称：	班级：	姓名：	年　月　日
1. 你理解的本训练的核心知识有：			
2. 你获得本训练的核心技能有：			
3. 下列问题需要进一步了解和帮助：			
4. 完成本训练后最大收获是：			
5. 教师思路是否清晰？是否适应教师的风格？			
6. 教师的教学方法对你的学习是否有帮助？			
7. 你是否有组织、有计划地学习？目标基本达到了吗？			
8. 为了获得更好的学习效果，你对本训练内容和实施有何建议：			
教师签字： 学生签字：			

2. 职业素养核心能力评测表

使用方式：在框中打"√"。

职业素养核心能力	评价指标	自测结果
教师签名：	学生签名：	年　月　日

3. 专业核心能力评测表

职业技能	评价指标	自测结果	备　注
本项目评分			
教师签名：	学生签名：	年　　月　　日	

项目五

多楼多房间布线系统设计与施工

学习目标

知识目标：

- 了解进线间子系统和建筑群子系统的设计的基本方法和步骤；
- 熟悉相关文档的撰写；
- 熟练地表述计算机网络各组成部分的逻辑组成；
- 了解特定项目的软件系统和硬件系统，能叙述常用传输介质的特点和使用场合；
- 熟悉计算所需信息点数量和规格，了解工程用量，了解特定工程的预算方法；
- 看懂常用的建筑图纸，并了解绘制相关综合布线系统图的方法和流程；
- 了解计算预算的方法和流程；
- 了解特定项目的施工方法、步骤和技巧；
- 熟悉特定项目的施工验收的项目和步骤。

能力目标：

- 能进行特定项目的需求分析；
- 能对现有项目进行调查、分析；
- 能实施相关工程的招投标；
- 能针对多楼多房间的布线给出具体的设计和施工方案；
- 能根据设计方案进行准确施工；
- 能在施工过程中进行管理；
- 能进行符合特定要求的多楼多房间的综合布线工程测试与验收；
- 完成相关工程的各类文档的撰写。

素质目标：

- 学生小组组长根据需求分析要求分配工作任务，通过需求分析活动的开展，培养学生的团队合作能力；
- 通过对所设计的对象的现场勘测，撰写勘测报告，培养学生认真工作态度和真实资讯收集、验证意识和调研论证的职业素养；
- 通过虚心接受他人善意意见(这里指导生和教师)，培养学生的良好的职业态度(这里主要是指积极面对挫折和批评的意识)；
- 通过竞赛对抗的开展，通过不断失败和改进，进行职业挫折感的调节，培养职业自信心；
- 进行耗材使用情况登记制度，督促学生遵循够用、用好的原则，培养学生的节约节能意识；
- 通过项目活动的进行，允许学生修改任务计划，培养学生方案改进、思路更新的革新创新意识；
- 通过活动的角色分配、分组实施等，培养学生的组织管理能力和协调能力；
- 要求学生按照国标 GB 50311《综合布线系统工程验收规范》和《综合布线系统工程设计规范》要求实施，并进行考评，培养学生规范做事的素质和责任意识；

● 在完成任务后，进行场地的整理和清洁、工具的规范放置，培养学生的现场和设备规范管理意识以及良好的职业习惯。

项目学习概要

任务一 多楼多房间布线项目需求分析；

任务二 多楼多房间综合布线系统设计；

任务三 多楼多房间工程招投标训练；

任务四 多楼多房间工程施工与管理；

任务五 多楼多房间工程测试与验收训练。

多楼多房间布线系统设计与施工项目任务书

班级： 姓名： 指导教师：

训练项目名称：多楼多房间布线系统设计与施工项目
任务简介
一、项目实施目的
多楼多房间工程项目主要指由连接多个建筑物之间的主干电缆和光缆、建筑群配线设备(CD)及设备缆线和跳线组成，同时包括了进线间的设计与施工。进线间是建筑物外部通信和信息管线的入口部位，并可作为入口设施和建筑群配线设备的安装场地。(出处：GB/T 50311 国家标准)。通过本项目训练，让学生认识和熟悉多楼多房间类型的综合布线系统的重要概念和原理，识别基本的网络传输介质、设备工具；熟悉各种常用产品性能、主要性能指标，能够独立或者以团队的方式完成整个工程的招投标、设计、施工管理、测试和验收方面的基本任务并培养相应的职业素养。
二、训练内容
任务一 多楼多房间布线项目需求分析；
任务二 多楼多房间综合布线系统设计；
任务三 多楼多房间工程招投标训练；
任务四 多楼多房间工程施工与管理；
任务五 多楼多房间工程测试与验收训练。
三、训练过程
组建项目团队—分解项目任务—完成学习准备—制订学习预案—项目实操训练—项目绩效评估—项目学习规律探索—再建项目化工作过程。
项目分工与职责要求
(1) 项目组长：总体思路建构、调研需求分析管理、任务分解、全面组织管理、项目质量控制、团队成员学习绩效评估。
(2) 项目组员：信息案例辅助、任务分解辅助、调研实施、资料收集、系统设计、施工实施、组织管理辅助、质量控制辅助、学习绩效评估辅助。
组员涉及的角色有：调研员、企业委托方成员、中介机构、招投标双方、系统设计员、信息助理、施工员、展示助理、评价助理、项目管理员、项目测试员、项目验收员等。

知识能力要求
(1) 组长知识能力要求：熟悉职业认知调研目的、任务、要素、流程和质量标准，能够运用团队合作能力、问题解决能力清晰具体地提出职业认知活动思路，指导团队成员完成工作任务，能够对每一个团队成员的实践活动作出正确的绩效评价，同时具有组内最佳的项目开展的知识与技能，并在相应岗位的职业素养养成方面走在前列。   (2) 其他角色知识能力要求：能够运用信息处理能力、项目调研策划与实施能力、沟通协调能力为组长决策提供信息，资料、文字撰写，沟通协调方面的服务，竞赛组织与实施，信息展示与评价，项目实施专业技能与知识。
项目完成条件配置
(1) 硬件条件：×××集团公司××部现场、项目调研现场、公司培训基地现场、施工现场、一体化实训室、校内外指导教师各 1 名。   (2) 管理条件：按业务部构架建立企业化学习团队，有完善的公司管理制度、岗位职责职能、工作绩效考核标准和办法。
项目成果验收要求

(1) 项目开题报告：按岗位角色填写，每人 1 份。
   (2) 工作案例与分析：按岗位角色提交，每人 1 份。
   (3) 思路创意概述与说明，按岗位角色提交，每人 1 份。
   (4) 能力条件准备报告，按岗位角色提交，每人 1 份。
   (5) 组织实施方案：按承担的工作任务填写，每人 1 份。
   (6) 项目成果报告，按完成的工作任务填写，每人 1 份。
   (7) 项目总结：按岗位角色提交，每人 1 份。
   (8) 在项目设计、招投标、施工、测试和验收环节的小组工作相关的成果报告：按环节填写每小组 1 份。
   (9) 答辩记录：由评价组成员按每人 1 份完成。

项目成果质量要求

一、形成多楼多房间综合布线项目调查分析能力
   (1) 明确调查分析目的、对象和任务；
   (2) 掌握调查分析内容、方式和方法；
   (3) 实施调查分析组织、准备和演练；
   (4) 调查分析现场操作、组织和管理；
   (5) 调查分析结果核准、整理和发布。
  二、形成多楼多房间综合布线项目案例借鉴能力
   (1) 能选取相关案例；
   (2) 能科学分析案例；
   (3) 能正确运用案例。
  三、形成团队合作能力
   (1) 能营造团队合作氛围；
   (2) 能搭建合理的团队结构；

(3) 能运用征求团队成员意见技巧；

(4) 能运用综合团队成员意见方法。

四、形成多楼多房间综合布线项目表达能力

(1) 文本要素完整，详略得当；

(2) 条理清晰，语言简洁准确；

(3) 格式美观实用，装帧得体。

五、形成多楼多房间综合布线项目可行性分析能力

(1) 能对方案进行可行性分析和表述；

(2) 能对方案创新点进行分析和表述。

六、形成多楼多房间综合布线项目系统设计能力

七、形成多楼多房间综合布线项目可检验的施工成果

八、形成多楼多房间综合布线项目测试和验收能力

项目时间安排与要求

(1) 本项目在一周内完成。

(2) 4～5 人自愿组成项目团队共同完成本项目。

(3) 项目团队每个人要有明确的任务和职责。

(4) 项目准备要有明确分工，制订调研方案，做好资料查询和能力准备，进行必要沟通联系。

(5) 在项目实施过程中，认真做好现场调查和记录，详细设计，精细施工，对成果进行重复整理分析，小组成员保质保量完成项目任务，项目组长做好管理、实施和监督工作。

(6) 项目完成后，进行仔细检测与验收，根据要求撰写相关文档，借助第三方进行总结分析，组长做好资源成果的整合工作，为后续的相关项目提供书面资料和实施经验。各组通过自评、互评相互学习，互帮互助，共同提高，完成小组和成员的工作业绩评价和分析工作。

任务一 多楼多房间布线项目需求分析

任务训练说明：

根据 E 港集团的综合布线项目中的××××项目案例，对满足特定需要的多楼多房间中的综合布线工程进行需求分析，如图 5-1 中虚线框住的范围。

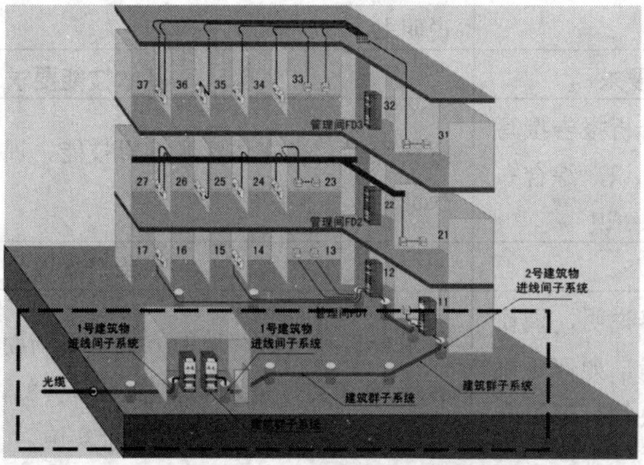

图 5-1 多楼多房间系统示意图

一、了解训练内容

训练任务名称：多楼多房间布线项目需求分析						
授课班级	略	上课时间	略	课时	上课地点	略

训练目标	能力目标	知识目标	素质目标
	1. 通过学习教师提供的多楼多房间示范案例(楼宇间布线)，了解需求分析报告的格式，分析过程获取相关资料，从而获取需求分析关键内容的能力，并获得信息点和语音点位置判定等内容的能力； 2. 通过对教师多楼多房间示范案例的学习，学生能运用所学的对拓扑结构、数据传输、发展需求、性能需求、地理布局、通信类型、总投资的需求分析能力，从而完成相应的需求分析报告	1. 熟悉进线间和建筑群子系统的概念和划分原则； 2. 了解客户对于多楼多房间布线需求； 3. 看懂客户提供的多楼多房间建筑工程图纸； 4. 了解多楼多房间(进线间和建筑群子系统)的布线工作内容和施工流程； 5. 了解多楼多房间(进线间和建筑群子系统)的布线要求和标准	1. 学生小组组长根据需求分析要求分配工作任务，通过需求分析活动的开展，培养学生的团队合作能力； 2. 通过对所设计的对象的现场勘测，撰写勘测报告，培养学生认真的工作态度和真实资讯收集、验证意识和调研论证的职业素养； 3. 学生通过讨论和互评，相互帮助改进需求分析方案，培养革新和责任意识； 4. 通过查新和咨询校内外教师，确定设计的需求方案的科学性和实用性，来培养学生求真务实的态度和精神； 5. 通过 PPT 展示需求分析成果，培养学生书面表达、演讲等沟通交流素质
任务与场景	训练场景	任务成果	
	1. 根据客户要求进行现场调研 2. 项目分析完成需求分析报告	1. 根据项目描述，确定该项目的具体设计目标、设计要求； 2. 根据要求，对拓扑结构、数据传输、发展需求、性能需求、地理布局、通信类型、总投资进行需求分析，编写需求说明书	
能力要求	知识储备要求	基本技能要求	
	调研知识、需求分析报告撰写知识、团队分工知识，综合布线相关系统的基本知识	资料查询、多媒体资源编辑技能、训练报告撰写、交流沟通技能	
	学习重点	学习难点	
	需求报告的格式和内容说明，调研方式和记录方式的选择，如何正确开展现场勘测的方法决策，器材和耗材的认知	需求分析和资源筛选的方式，现场勘测的计划；勘测资料是否完整真实，是否有文字图形资料，是否具有信息筛选能力；执行是否按照流程和进行实施	

通过自学掌握本任务学习信息。学习路径提示：你是否理解上述学习信息，把不理解的疑问写出来，然后通过上网查询，或向老师、同学求教排除你的疑问。

二、训练团队组建

流程一：组建团队。

学习路径提示：

(1) 全班同学自愿报名产生本次调研活动的组长候选人，建议以导生为组长。

(2) 也可通过推荐和先前的表现产生竞聘产生团队组长。

(3) 项目组长可与全班同学自由组合，按 4～6 人一组产生实施团队。

(4) 项目组内通过协商、竞聘产生学习团队成员岗位角色。

(5) 项目组内通过协商，确定每个团队成员的岗位职能和职责。

流程二：填写任务岗位分配表。

任务岗位分配表

团队名称				
	岗　位	姓　名	职业特长	本项目职责职能
团队结构	项目组长			调研策划主持
	信息助理			调研信息、案例查询
	文档处理			进行文档处理、报告编制
	实施助理			负责实地信息的收集和处理(如照片、视频等)
	展示助理			负责汇报材料编写、成果展示
	评价助理			辅助评价和表现观测

流程三：上交团队组建表。

学习路径提示：按上交表格先后和填写质量，讲评并确定团队组建成绩。

流程四：组长宣布调研团队组建结果。

学习路径提示：按礼仪、表达讲评并确定团队组建成绩。

三、知识学习与能力训练

1. 具体项目任务的团队组建

学习路径提示：填写下表，组建调研计划制定工作团队。

团队名称	调研策划团队			
岗　位	姓　名	职业特长	职责职能	工作任务
项目组长				
知识信息策划				
案例信息策划				

岗　位	姓　名	职业特长	职责职能	工作任务
新闻信息策划				
视频信息策划				
图片信息策划				
文字编辑策划				
美术编辑策划				

团队名称	反思策划团队			
岗　位	姓　名	职业特长	职责职能	工作任务
项目组长				
调研计划反思策划				
调研实施反思策划				
调研报告反思策划				
团队合作反思策划				
行为与态度反思策划				
知识与技能反思策划				

团队名称	实践开展策划团队			
岗　位	姓　名	职业特长	职责职能	工作任务
项目组长				
工作人员访谈行动策划				
技术人员施工调查行动策划				
现场资料收集行动策划				
现场信息记录策划				
调查报告策划				
项目方案策划				
项目汇报策划				

团队名称	展示策划团队			
岗　位	姓　名	职业特长	职责职能	工作任务
项目组长				
论点策划				
论据策划(文字说明为主)				
论证策划(视频、图片、网络资源等)				
展示形式和最终资料撰写				
展示实施策划				
分工策划				
策划书撰写策划				

团队名称	评价策划团队			
岗　位	姓　名	职业特长	职责职能	工作任务
项目组长				
调研策划工作量和质量评估				
现场调研工作量和质量评估 (有相关证明，比如图片、文字材料等)				
文档撰写工作量和质量评估				
成果展示评估				

2. 撰写策划书

1) 撰写策划书准备

撰写策划书需先确认以下内容。

(1) 本次调研的目的是什么？需要完成哪些方面的内容？

(2) 为什么要组织这项活动？最终要有什么样的成果产生？

(3) 活动安排在什么时间？什么地点？

(4) 活动分几个阶段、几个项目？每个项目有哪些任务？为什么这样设置？

(5) 每个活动项目任务通过哪些途径完成？

(6) 每项活动项目任务由谁负责？谁配合做哪些辅助工作？

(7) 活动有哪些预期成果？谁负责撰写提供？

(8) 活动需要配置哪些器材？谁负责准备？

2) 按策划书结构要求撰写策划书

策划书题目：《×××公司×××(多楼多房间)布线项目调研策划方案》。

策划书结构如下。

(1) 活动背景与活动意义。

(2) 主题概念界定与目的。

(3) 活动项目与任务定位。

(4) 活动路径与方法选择。

(5) 活动日程与具体安排。

(6) 活动预期成果与责任。

3. 调研方案设计(策划书撰写)

调研方案设计示例如下。

一、目标任务

1. 了解多楼多房间综合布线项目所涉及的技术概况和基本任务。

2. 了解委托公司多楼多房间的网络信息化现状。

3. 了解委托公司对于本公司具体的多楼多房间的网络信息化的需求状况。

二、活动路径

组建项目团队→分解项目任务→完成能力准备→决定调查方式→活动实施→调研结果评估→学习规律探索→学习能力提升。

三、活动方式

角色扮演的过程演练。

四、活动方法

1. 组内进行角色分派，组内形成三个角色，两位扮演认知调研团队，另一个为模拟行业企业团队，导生负责进行协调和初步指导，教师进行活动监控及后续的总结评价。

2. 随机抽取另一个小组作为观察组，观看视频和未署名的调研报告，并进行组内评分，并对所评判的小组做必要的评语。

五、活动要求

1. 被评价组成员根据不同角色和完成工作项目任务需要，查询、筛选、整理、存储、理解、运用文献查询、现场模拟调查和定性、定量、比较等分析等知识。

2. 根据不同角色和不同工作项目任务，选择问卷制作、现场采访等方式开展调研、评价组可选择现场记录或者观看录像进行统计分析、结合无记名的调研报告撰写评语后以合适的方法告知被评价人。

六、调研方法

1. 行业企业网站。

2. 问卷调查。

3. 企业关键人物专题访问。

七、拟选择的调研样本

1. 行业样本。

2. 企业样本。

3. 个人样本。

八、调查问卷设计

九、专题访问设计

十、视频剪辑

十一、需求分析报告撰写(参考格式)

分析报告一般分为主标题、副标题、目标任务、样本准备及依据、分析视角与方法准备与依据、问卷设计思路及依据、调查分析实施的过程、问卷发放回收及有效性、调查信息分析及结论、对策建议等部分。

十二、时间安排

调研项目	时　间	地　点	调研方式	具体工作内容
技术现状	调查时间 分析时间 撰写时间 上交时间	调查地点 分析地点	调查问卷、专访、网上资料查询、电话访问	比如发放问卷、网络查询、处理信息

调研项目	时　间	地　点	调研方式	具体工作内容
企业现状	调查时间 分析时间 撰写时间 上交时间	调查地点 分析地点		
企业需求	调查时间 分析时间 撰写时间 上交时间	调查地点 分析地点		
项目需求简报	调查时间 分析时间 撰写时间 上交时间	调查地点 分析地点		

十三、预期调研结果

根据具体的工作内容、分析结果和个人的收获。

十四、调研保障条件

与有关政府部门、企业沟通联系；调研课时安排、交通工具安排。

在此阐述目前所拥有的策划和实施调研所需要的各项资源，以及需要的其他资源。

4. 任务组织与实施

1) 任务组织

如果以小组为单位，不同组协同完成项目的情况下，需要四个小组，两个小组为调研方、一个小组为委托方，另一个小组为观察评测方。同时，通过轮换的方式进行竞赛式训练和评测。任务组织程序如下。

(1) 分组并确定小组负责人(导生)。导生最好满足以下要求。

① 平时能积极参与学校(学院)的社会实践活动；

② 遵章守纪，在校期间无任何违法乱纪记录，成绩优良；

③ 有较好的组织领导能力，善于与人沟通。

(2) 撰写调研活动创意思路，包括调研活动主标题、副标题、实施时间、地点、对象、目标、行动内容和可行性。

(3) 上交团队项目申报表，附调研活动策划书、安全预案和实践单位或个人接待回执。

(4) 按组长、组织策划、外联、媒体联系、项目宣传、拍摄记录、博客发帖、财务管理、生活管理、安全管理等角色进行分工。

(5) 参照案例制订调研活动方案。

2) 任务实施

实施路径提示：

(1) 每一位团队成员根据自己承担的项目任务，制订职业认知调研子方案。

① 技术调研。针对多楼多房间系统的综合布线主要技术、施工内容、材料和工具资料。通过技术网站实施技术调研。

② 行业企业调研方案，包括行业企业经营内容、目标、规模、效益、地位、前景、问题。通过查询行业企业网站实施行业企业调研。

③ 企业需求调研方案，包括企业针对多楼多房间综合布线工程所需要改进或者重新建设企业网络的要求。通过问卷调查、专访等方式了解企业的真实需求。

④ 解决方案，满足委托方需求的各项工作。包括所需技术、耗材、工具、成本和简要的平面设计图。通过组内讨论制订初步解决方案，可通过专家咨询、第三方委托等方式进一步完善。

(2) 经团队讨论修改后，由项目组长整合为本组的调研总体方案。

(3) 职业认知调研方案结构如下。

① 调研主题定位；

② 调研对象选择；

③ 调研目标确定；

④ 调研项目设计；

⑤ 调研团队分工；

⑥ 调研行程安排；

⑦ 团队设备配置与管理；

⑧ 团队财务预算与管理；

⑨ 团队生活安排与管理；

⑩ 团队安全预案与管理。

5. 策划书交流考核

实施路径提示：

(1) 项目组长主持，在团队内部交流策划书，项目助理记录。

(2) 根据讨论结果项目组长修改策划书。

(3) 项目组长主持，两个团队交评价策划书，项目助理记录。

(4) 组长说明评分标准，分解评分项目，将评分结果填写成绩表。

评分项目	分 值	得 分	等 级	评 语	评 分 人
活动目标任务明确性	10				
活动过程设计完整性	20				
活动项目任务落实性	20				
活动日程安排合理性	20				
活动路径设计得当性	10				
活动预期成果有创意	10				
文本语言运用水平	10				

四、学生知识能力评估

1. 自评

开展本任务学习效果评估。

学习路径提示：回答下列问题，撰写个人学情自我分析简报。

(1) 是否按照课程要求进行知识、技能的学习？效果如何？

(2) 对本训练的哪个环节的学习有个人的想法？

(3) 是否达到你的学习预期或者目标？有哪些困难？对老师和学习团队有什么要求？

(4) 为自己在本训练中的表现给出一个综合评价。

2. 教师评价

以小组为单位进行评分。

参评的小组/个人：　　　　评测方法：　　　　评测工具：

评分项目	分 值	得 分	等 级	评 语	评分人
调研小组组队评价	5				
项目小组任务分配评价	5				
调研策划评价	20				
调研实施评价	30				
调研成果展示评价	20				
最内成员对耗材和工具使用了解程度评价	20				

最终成绩：＿＿＿＿＿＿＿＿＿＿＿＿＿＿＿＿＿＿＿＿

评测教师综合评语：

评测教师签名：

被评测者评价：

被评测者签名：

被评测者对于评测结果不满意的可以在 3 日内联系评测者提出异议，评测者根据被评测者的意见和实际评测过程的观察数据进行复评，并在＿＿＿日内将最终结果和理由告知被评测者，经被评测者确认同意后作为最终结果。如果异议较大，被评测者可以填写相应申请，提请重新测试，经同意后可以进行再一次也就是最后一次评测。

申诉电话：

申诉邮件：

最终评测结果将告知被评测者、评测者和教务办，并由相关人员进行原始资料的保存。

五、课程评价

1. 课程评价表

训练名称：	班级：	姓名：	年　月　日
1. 你理解的本训练的核心知识有：			
2. 你获得本训练的核心技能有：			
3. 下列问题需要进一步了解和帮助：			
4. 完成本训练后最大收获是：			
5. 教师思路是否清晰？是否适应教师的风格？			
6. 教师的教学方法对你的学习是否有帮助？			
7. 你是否有组织、有计划地学习？目标基本达到了吗？			
8. 为了获得更好的学习效果，你对本训练内容和实施有何建议：			
教师签字： 学生签字：			

2. 职业素养核心能力评测表

使用方式：在框中打"√"。

职业素养核心能力	评价指标	自测结果
教师签名：	学生签名：	年　月　日

3. 专业核心能力评测表

职业技能	评价指标	自测结果	备　注
本项目评分			
教师签名：	学生签名：		年　月　日

任务二 多楼多房间综合布线系统设计

任务训练说明：

根据 E 港集团的综合布线项目中的××××项目案例，对满足特定需要的多楼多房间中的综合布线工程进行系统设计。

一、了解训练内容

<table>
<tr><td colspan="8" align="center">训练任务名称：多楼多房间综合布线系统设计</td></tr>
<tr><td align="center">授课班级</td><td align="center">略</td><td align="center">上课时间</td><td align="center">略</td><td align="center">课时</td><td></td><td align="center">上课地点</td><td align="center">略</td></tr>
<tr><td rowspan="2"></td><td colspan="2" align="center">能力目标</td><td colspan="4" align="center">知识目标</td><td align="center">素质目标</td></tr>
<tr>
<td colspan="2">1. 通过对教师示范项目案例的学习，学生能应用信息点和语音点统计和位置设计知识和能力，各自针对上一任务撰写的相关需求分析报告案例进行设计；
2. 通过对教师示范项目案例的工程设计方案各组成元素的学习，能针对特定进线间的综合布线工程给出具体的单房间项目的设计方案和文档</td>
<td colspan="4">1. 了解特定工程项目的进线间子系统的设计的基本方法和步骤；
2. 了解建筑群子系统国家标准即 GB 50311—2007 中的第四章的系统配置设计中的 4.4 节内容，方案设计必须遵循此规定，熟练表述工程设计流程和基本方法；
3. 了解进线间子系统国家标准即 GB 50311—2007 中的第四章的系统配置设计中的 4.6 节内容，方案设计必须遵循此规定，熟练表述工程设计流程和基本方法；
4. 熟练表述工程设计流程和基本方法；
5. 熟悉计算所需信息点数量和规格，了解工程用量，了解特定工程的预算方法；
6. 了解设计和施工图纸的绘制方法</td>
<td>1. 通过小组内的设计文档的各要素完成角色任务分配，并分组实施获取相关资料，培养学生的组织管理能力和协调能力；
2. 进行组内讨论和 PPT 展示，参考组外学生和教师的意见进行设计方案的改进，培养学生的革新创新意识；
3. 通过虚心接受他人善意意见，培养学生的良好的职业态度(这里主要是指积极面对挫折和批评的意识)</td>
</tr>
<tr><td rowspan="2">任务与场景</td><td colspan="2" align="center">训练场景</td><td colspan="5" align="center">任务成果</td></tr>
<tr>
<td colspan="2">分组进行特定多楼多房间的综合布线系统设计：
1. 统计信息点并制表；
2. 完成综合布线系统图设计并编制端口对应表；
3. 完成施工图并编制材料表；
4. 设计预算表；
确定网络拓扑结构(使用双绞线)、网络布线原则、中心机房规划、网络设备的选型、网络操作系统及应用软件的选型等</td>
<td colspan="5">两图(系统图、施工图)、四表(信息点表、端口对应表、材料表、预算简表)、一方案(方案按照投标书样式撰写)</td>
</tr>
</table>

续表

能力要求	知识储备要求	基本技能要求	
	调研知识、综合布线系统设计基础知识、团队分工知识，综合布线相关系统的基本知识	资料查询、与任务相关的 VISIO 或者 MinCad 软件使用能力、训练报告撰写、交流沟通技能	
	学习重点	学习难点	
	特定多楼多房间项目的图表编写要点，按照要求筛选信息符合国家标准，图标是否绘制正确，图标是否添加，是否具有科学性，执行是否按照流程和进行实施	根据前期的信息资源自主开展两图四表的独立设计，绘制的图表是否完整真实，是否有文字图形资料，是否具有信息筛选能力；执行是否按照流程和进行实施	

通过自学掌握本任务学习信息。学习路径提示：你是否理解上述学习信息，把不理解的疑问写出来，然后通过上网查询，或向老师、同学求教排除你的疑问。

二、训练团队组建——导生制分层教育

由于本教学活动无须组员合作完成项目任务，因此适合采用基于导生制的分层教育方式实施教学。

1. 训练团队模式一

根据分好的小组，进行个人能力和学习目标、期望的定义。按下列要求填写岗位任务分配表。

(1) 根据已经划分的小组，确定完成本训练的组内导生，由导生担任本组学习组长，当然除担任组长的导生外，如果组内人数较多可以根据学生意愿多上浮 1~2 个名额。

(2) 其他组员根据自身的学习基础、前续知识和技能的掌握程度以及个人在本训练环节所希望获得的学习成果等级进行组内分层分组。

(3) 建议组内成员的层次等级为优秀级、中等级别和合格级别，这些层次的学员数量建议为 1∶3∶1，导生的培养级别应该初定为优秀方向，同时尽量增加优秀和中等层次级别的学生为基本原则。

(4) 项目组内通过协商，如果选择合格等级的学生人数较多，应该和其他组进行调换，直到符合第 3 项要求。

任务岗位分配表

团队名称(虚拟企业名称)				
	岗　位	姓　名	知识技能	本次训练职责职能
团队结构	项目组长(导生)		1. 已有知识： 2. 已会技能：	1. 通过本次训练需要掌握的知识技能： 2. 职业素养要求：

	岗 位	姓 名	知识技能	本次训练职责职能
团队结构	优秀等级学生		1. 已有知识: 2. 已会技能:	1. 通过本次训练需要掌握的知识技能: 2. 职业素养要求:
	中等等级学生		1. 已有知识: 2. 已会技能:	1. 通过本次训练需要掌握的知识技能: 2. 职业素养要求:
	合格等级学生		1. 已有知识: 2. 已会技能:	1. 通过本次训练需要掌握的知识技能: 2. 职业素养要求:

说明: 表中的等级名称可以由教师根据教学对象自由拟定,本次训练职责职能为学生通过训练所要获得的知识、技能和职业素养,不同层次的学生需要训练的重点和要求不同,对于不同层级的学生已经掌握的知识技能则根据具体情况予以直接考核,无须进入重新学习环节。

2. 训练团队模式二

流程一:组建团队。

学习路径提示:

(1) 在已经分组的情况下,同学自愿报名产生本次任务的组长候选人,建议以导生为组长。

(2) 也可通过推荐和先前的表现竞聘产生团队组长。

(3) 项目组长可与全班同学自由组合,按 4~5 人一组产生实施团队,或者延续前期的团队组成。

(4) 项目组内通过协商、竞聘产生学习团队成员岗位角色。

(5) 项目组内通过协商,确定每个团队成员的岗位职能和职责。

流程二:填写岗位职责表。

团队名称				
	岗 位	姓 名	职业特长	本项目职责职能
团队结构	项目组长			设计环节主持与过程控制,评价和表现观测
	组长助理			协助组长进行工作任务实施管理,进行任务分配和人员的协调,辅助评价和表现观测
	信息助理			进行资料的收集、选择和规整
	实施助理			进行文档处理、报告编制
	展示助理			负责汇报材料编写、成果展示

流程三：上交团队组建表。

学习路径提示：按上交表格先后和填写质量，讲评并确定团队组建成绩。

流程四：组长宣布调研团队组建结果。

学习路径提示：按礼仪、表达讲评并确定团队组建成绩。

三、知识学习与能力训练

1. 综合布线系统设计原则

1）地下埋管原则

由于进入进线间的室外电缆的长度较长，因此设计时一般选用地埋管道穿线或者电缆沟敷设方式，有时也采用架空或者直埋方式。

2）远离高温管道原则

建筑群光缆和电缆，经常在室外部分或者进线间需要与热力管道交叉或者并行，因此需要相互间保持较远距离，避免高温损坏缆线或者缩短缆线寿命。

3）远离强电原则

由于地下埋设的许多 380V 或者万伏交流强电电缆，电磁辐射非常大，因此线缆必须远离这些电缆，否则电磁干扰很强。

4）预留原则

室外管道和线缆必须有一定预留用于未来升级和维护。

5）管道抗压原则

管道需要使用钢管或者抗压 PVC 管。

6）大拐弯原则

由于使用光缆，要求拐弯半径大，实际施工时需要在拐弯处设立接线井，方便拉线和后期维护。如果不设接线井，则必须保证较大的曲率半径。

2. 获取委托书并进行调研

1）本场景的知识要点

一般工程的项目设计按照用户设计委托书的需求来进行，在设计前必须认真研究和阅读设计委托书。重点了解网络综合布线项目的内容，例如建筑物用途、数据量的大小、人员数量等，也要熟悉强电、水暖的路由和位置。智能建筑项目设计委托书中一般重点为土建设计内容，对综合布线系统的描述和要求往往较少，这就要求设计者把与综合布线系统有关的问题整理出来，需要与用户再进行需求分析。

2）本场景的操作要点

仔细阅读和理解任务一中形成的调研报告和需求分析报告中的内容，再次回顾任务一中的调研过程和方法，从而能够更加熟练地完成后期项目的任务一中的工作。

3. 需求分析及技术交流

1）本场景的知识要点

本项目需要分析工程的总体概况、工程各类信息点统计数据、各建筑物信息点分布情况、各建筑物的平面设计图、现有系统状况、设备间位置等。

2) 本场景的操作要点

按调研报告和需求分析报告的内容，明确以下内容。

(1) 确定敷设现场特点；

(2) 确定电缆系统的一般参数；

(3) 确定建筑物的电缆入口；

(4) 确定明显障碍物的位置；

(5) 确定主电缆路由和备用电缆路由；

(6) 选择所需电缆的类型和规格；

(7) 确定每种选择方案需要的劳务成本；

(8) 确定每种方案的材料成本；

(9) 选择最经济、最实用的方案。

4. 读懂建筑物图纸及各类工程说明并进行初步设计

1) 本场景的知识要点

索取和认真阅读建筑物设计图纸是不能省略的程序，通过阅读建筑物图纸掌握建筑物的重要骨干线路、土建结构、强电路径、弱电路径，特别是强电管道、给水管道、暗埋管道等。在阅读图纸时，进行记录或者标记，这有助于正确处理建筑群子系统布线与路由、水电、电气设备的直接交叉或者路径冲突问题。

确定以下设计要求。

(1) 电缆、光缆的交接。原则上主干光缆布线的交接不多于 2 次。

(2) 路由选择。以路径短、路线平直作为基本要求，且尽量避免与电力线缆等间距过近。

(3) 电缆引入。在干线光缆进入建筑物时，都要设置引入设备，并在适当位置终端转换为室内电缆、光缆。引入设备应安装必要保护装置以达到防雷击和接地要求。干线光缆引入建筑物时，应以地下引入为主，如果采用架空方式，应尽量采用隐蔽方式引入。

(4) 做好线缆保护。由于线缆在室外易受到雷击、电源碰地、感应电压等影响，必须进行保护。铜缆进入建筑物时，按照 GB 50311—2007 的强制规定必须增加浪涌保护器。

(5) 设计时做好环境美化和满足未来发展需要。

2) 本场景的操作要点

(1) 确定缆线类型。

计算机网络系统常采用光缆，经常使用 62.5μm/125μm 规格的多模光纤，户外布线大于 2km 时可选用单模光纤。电话系统常采用 3 类大对数电缆，为了适合于室外传输，电缆还覆盖了一层较厚的外层皮。3 类大对数双绞线有 25 对、50 对、100 对、250 对、300 对规格，要根据电话语音系统的规模来选择 3 类大对数双绞线相应的规格及数量，而有线电视常采用铜轴电缆或光缆作为干线电缆。

(2) 选择合适的布线方法。

在具体设计过程中选择一个合适的布线方法，可选择的有架空布线法、直埋布线法、地下管道布线法、隧道内布线法，见表 5-1。

表 5-1　几种布线方式比较

布线方法	做　法	优　点	缺　点
架空布线法	在建筑物间悬空架设，通过架设钢丝绳，在钢丝绳上挂放缆线的方式。架设时候需要使用滑车、安全带等辅助工具	造价低，有电线杆时可优先考虑	没有提供任何机械保护，灵活性差，安全性差，影响美观
直埋布线法	在地面挖沟，将线缆直接埋在沟内，埋在离地面 0.6m 以下的地方	能提供任何机械保护，保持建筑物外观	挖沟成本高，难以安排电缆的敷设位置，难以更换和加固
地下管道布线法	由管道和入孔组成，管道埋在深度 0.8～1.2m 处；同时预埋一根拉线，地下管道应间隔 50～100m 设立一个结合井，至少预留 1～2 个备用管孔，以供扩充之用	能提供最佳机械保护，任何时候都可以铺设，扩充和加固都很容易，能保持建筑物的外貌	挖沟、开管道和入孔的成本很高
隧道内布线法	利用现成的地下通道进行电缆铺设，安装时需与供气、供水、供电的管道保持一定的距离，安装在尽可能高的地方，根据民用建筑设施有关条件进行施工	保持建筑物原貌，如果有隧道，则成本最低、安全	热量或泄漏的热气可能损坏缆线，可能被水淹

5. 完成正式设计及项目设计报告

1)　本场景的知识要点

(1)　初步方案用户确认程序。

用户进行初步方案确认的一般流程如图 5-2 所示。

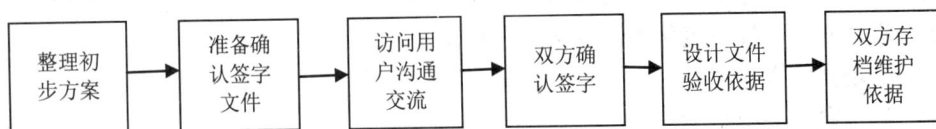

图 5-2　初步方案用户确认程序

(2)　国家规定。

GB 50311—2007《综合布线系统工程设计规范》的规定，从 2007 年 10 月 1 日起新建筑物必须设计网络综合布线系统。

2)　本场景的操作要点

根据具体情况进行分析形成设计报告(设计表格即可)，将文字表述转化为表格形式。

E 港集团主楼与副楼间(多楼多房间)综合布线项目设计报告			
班级:	姓名:	学号:	组名:
设计需求简述:(背景、目标和要求)			

设计步骤	设计内容
1. 确定施工区人员数量	
2. 分析业务需求	
3. 确定信息点数量	
4. 确定材料规划和数量	
5. 详细的图表设计	涉及工程的相关图与表:
6. 概预算	根据获得的材料品种和数量要求,计算总成本

四、学生知识能力评估

1. 自评

开展本任务学习效果评估。

学习路径提示:回答下列问题,撰写个人学情自我分析简报。

(1) 是否按照课程要求进行知识、技能的学习?效果如何?

(2) 对本训练的哪个环节的学习有个人的想法?

(3) 是否达到你的学习预期或者目标?有哪些困难?对老师和学习团队有什么要求?

(4) 为自己在本训练中的表现给出一个综合评价。

2. 教师评价

教师通过询问法和学生上交的成果予以给分,本方法可获得各个小组成员的学习评价结果。

参评的小组/个人: 评测方法: 评测工具:

评分项目	是否通过	评 语	评分人
初步方案策划合理			
设计实施有理有据			
表格设计合理,能反映实际工程情况			
数据正确,无遗漏信息			
图形说明信息是否填写完整、清晰和规范			
技术文件的编写、审核、审定和批准人员签字正确,日期正确			

评分项目	是否通过	评 语	评 分 人
概预算完整准确			
设计报告翔实			

评测教师评价：

评测教师签名：

被评测者评价：

被评测者签名

被评测者对于评测结果不满意的可以在 3 日内联系评测者提出异议，评测者根据被评测者的意见和实际评测过程的观察数据进行复评，并在____日内将最终结果和理由告知被评测者，经被评测者确认同意后作为最终结果。如果异议较大，被评测者可以填写相应申请，提请重新测试，经同意后可以进行再一次也就是最后一次评测。

申诉电话：

申诉邮件：

最终评测结果将告知被评测者、评测者和教务办，并由相关人员进行原始资料的保存。

五、课程评价

1. 课程评价表

训练名称：		班级：		姓名：		年 月 日
1. 你理解的本训练的核心知识有：						
2. 你获得本训练的核心技能有：						
3. 下列问题需要进一步了解和帮助：						
4. 完成本训练后最大收获是：						
5. 教师思路是否清晰？是否适应教师的风格？						
6. 教师的教学方法对你的学习是否有帮助？						
7. 你是否有组织、有计划地学习？目标基本达到了吗？						
8. 为了获得更好的学习效果，你对本训练内容和实施有何建议：						
教师签字：						
学生签字：						

2. 职业素养核心能力评测表

使用方式：在框中打"√"。

职业素养核心能力	评价指标	自测结果
教师签名：	学生签名：	年　月　日

3. 专业核心能力评测表

职业技能	评价指标	自测结果	备　注
本项目评分			
教师签名：	学生签名：	年　月　日	

任务三　多楼多房间工程招投标训练

任务训练说明：

根据 E 港集团的综合布线项目中的××××项目案例，基于前项任务获得的多楼多房间项目的资讯、需求分析资料及设计方案，通过分组角色扮演的方式开展多楼多房间项目招投标训练。

一、了解训练内容

训练任务名称：多楼多房间工程招投标训练							
授课班级	略	上课时间	略	课时		上课地点	略
训练目标	能力目标			知识目标		素质目标	
	1. 通过了解每个岗位的工作内容以及评判标准，学生在组内根据真实案例进行任务识别、任务分配和资料的积累； 2. 通过项目一中的招投标案例的学习和训练，学生根据自身情况选择合适的角色，在正确理解实施招投标流程的基础上，实施多楼多房间案例的招投标活动； 3. 通过真实综合布线工程的相关文件的制作学习，学生掌握文件格式和内容规范，便于后期的项目的招投标活动的文档的撰写； 4. 通过本任务的学习，继续强化学生组织和参与招投标活动的能力，从而能独立或者以小组为单位完成包括信息发布、应标、评标和合同的制定和签署一系列的流程			1. 熟悉进线间和建筑群子系统组成结构； 2. 了解客户需求中的工程各子系统的主要要求； 3. 熟悉招标书和投标书的内容和编制方法； 4. 熟悉招投标的主要过程、方式和关键问题		1. 通过多楼多房间招投标活动的角色分配、分组实施等，培养学生的组织管理能力和协调意识； 2. 培养学生通过网络获取多楼多房间的招投标活动案例、文件格式等资料，根据应标要求制订计划，撰写专业文件的职业素养； 3. 通过竞赛对抗的开展，通过不断失败和改进，进行职业挫折感的调节，培养职业自信心	

	训练场景	任务成果
任务与场景	基于 E 港集团主楼、副楼间综合布线装修项目开展招投标训练	通过在相应训练场景(多楼多房间)中的岗位和任务分配，各组根据各自角色完成相应的素材和文档资料，包括需求分析视频、招标公告、招投标文档、评标标准及相关资料
能力要求	知识储备要求	基本技能要求
	招投标概念、相关国家标准、Office 办公软件安装和使用知识	资料查询、需求分析报告撰写能力，项目报告撰写能力，基本的信息发布软件的使用(邮件、QQ 等)
	学习重点	学习难点
	招投标人员组成和流程学习、组内任务分配和制订计划表、招投标过程各角色所需要的资料收集、各组根据所扮演的角色不同撰写和提交相关文档	招投标内容的需求分析形式确定和结果有效性检验、相关文档的撰写

通过自学掌握本任务学习信息。学习路径提示：你是否理解上述学习信息，把不理解的疑问写出来，然后通过上网查询，或向老师、同学求教排除你的疑问。

二、训练团队组建——导生制分层教育

1. 各组角色分派

本任务的训练需要以小组为单位进行实施，且每个小组扮演相应的角色，角色主要有招标方、投标方、中介公司、专家组。分组过程中一般遵循自愿自主原则，如果出现争议或者无法进行合适安排的时候，建议采用抽签的方式。因为后期项目都会涉及招投标环节，那么在后期就可以顺利进行轮换使每个学生都可以有机会扮演这 4 个角色。

各组不同角色的基本活动

团队名称	角色的工作任务	组内成员列表
招标方	设立模拟公司、制定招标书、与投标公司进行交流、作为专家组成员参与招标会、签订合同	1. 学号：　　　姓名： 2. 学号：　　　姓名：
投标方	设立模拟公司、购买招标书、撰写投标文件、进行投标工作(项目方案展示、答辩)、如果中标则签订合同	1. 学号：　　　姓名： 2. 学号：　　　姓名：
中介公司	设立具有资质的模拟公司、发布招投标信息、进行招标活动的全程通知工作、检验投标方资质、收集指导投标书的规范撰写、主持招标会、促成合同的签订	1. 学号：　　　姓名： 2. 学号：　　　姓名：
专家组	参与评标、评价投标方、现场记录、做好对投标方的问询工作、为招标方争取一定合法合理的利益	1. 学号：　　　姓名： 2. 学号：　　　姓名：

2. 组内角色定位

根据分好的小组，进行个人能力和学习目标、期望的定义。按下列要求填写岗位任务

分配表。

(1) 根据已经划分的小组，确定完成本训练的组内导生，由导生担任本组学习组长，当然除担任组长的导生外，如果组内人数较多可以根据学生意愿多上浮 1～2 个名额。

(2) 在教师完成演示和讲解后的训练环节，导生需要组织组内同学进行学习，在练习中总结问题和经验，并由组内负责记录的同学进行归纳和总结。

(3) 各组向授课教师反馈训练成果，并提交训练中所遇到的问题、总结的经验，供大组讨论时候使用。

(4) 通过答疑解惑和与其他组进行经验交流后，各组在导生带领下开展查漏补缺工作，修改前期不完善的成果，最后获得期望中的结果。

(5) 填写下表。领到不同任务的组的相关角色和岗位有所不同，并以此为依据进行分组，如果无法通过自愿或者竞争的方式完成分组，则可以采取抽签方式来决定。

团队名称				
岗 位	姓 名	职业特长	职责职能	工作任务
项目组长				任务分解及分配、资源整合、实施管理、质量评估
组长助理				文档撰写(可成立新的任务小组，为相关文档的撰写收集和规整资料)
调研员				调研、需求分析
技术人员				搜集和撰写技术文档
记录员				过程记录、反馈和总结
信息处理员				图形绘制、美工、多媒体支持

说明： 表中的组内记录员人数可以由教师或者各组根据教学内容自由拟定，本次训练以学生掌握基本知识、技能和了解基本素养为目标而设置。

三、知识学习与能力训练

本步骤是以任务作为训练场景，根据不同的角色组来引入相应知识点，通过实际操作和训练来培养不同角色组成员的能力。因此，在实施本步骤前已经完成根据角色任务的分组，每组也清楚了解本组需要完成的基本任务。

1. 需求分析

1) 调研策划

学习路径提示：填写下表，组建调研计划制定工作团队。

团队名称	调研策划团队			
岗 位	姓 名	职业特长	职责职能	工作任务
项目组长				
知识信息策划				
案例信息策划				

岗　位	姓　名	职业特长	职责职能	工作任务
新闻信息策划				
视频信息策划				
图片信息策划				
文字编辑策划				
美术编辑策划				

团队名称	反思策划团队			
岗　位	姓　名	职业特长	职责职能	工作任务
项目组长				
知识与技能反思策划				
行为与态度反思策划				
价值与情感反思策划				
理想与境界反思策划				
文本撰写策划				
反思交流策划				
文本编辑策划				

团队名称	实践开展策划团队			
岗　位	姓　名	职业特长	职责职能	工作任务
项目组长				
工作人员访谈行动策划				
技术人员施工调查行动策划				
现场资料收集行动策划				
现场信息记录策划				
工具使用调查策划				
耗材工具价格调查策划				
调查报告撰写策划				

团队名称	展示策划团队			
岗　位	姓　名	职业特长	职责职能	工作任务
项目组长				
论点策划				
论据策划(文字说明为主)				
论证策划(视频、图片、网络资源等)				
展示形式和最终资料撰写				
展示实施策划				
分工策划				
策划书撰写策划				

团队名称	评价策划团队			
岗　位	姓　名	职业特长	职责职能	工作任务
项目组长				
调研策划工作量和质量评估				
现场调研工作量和质量评估(有相关证明，比如图片、文字材料等)				
文档撰写工作量和质量评估				
成果展示评估				

2)　需求调研实施

流程参考项目一中任务一中的项目调研部分。

3)　策划书交流考核

学习路径提示：

(1)　项目组长主持，在团队内部交流策划书，项目助理记录。

(2)　根据讨论结果项目组长修改策划书。

(3)　项目组长主持，两个团队交叉评价策划书，项目助理记录。

(4)　组长说明评分标准，分解评分项目，将评分结果填写成绩表。

评分项目	分　值	得　分	等　级	评　语	评分人
活动目标任务明确性	10				
活动过程设计完整性	20				
活动项目任务落实性	20				
活动日程安排合理性	20				
活动路径设计得当性	10				
活动预期成果有创意	10				
文本语言运用水平	10				

2. 根据分组情况了解相关角色工作

为各组分配相应的角色，在组内为完成角色工作进行合理分工。

在各组成员中分配各自角色所要做的工作，比如中介发布，竞标者提出投标申请并购买标书，中介审核。具体如下：

(1) 业主向中介公司递交需求报告书；

(2) 中介公司发布招标通告，并约定招投标时间及顺序；

(3) 扮演投标公司的小组要写好投标书；

(4) 选定合适时间，召集专家组、业主代表；

(5) 在实验室进行模拟开标；

(6) 每组投标公司按次序，进入议标室，阐述本公司的投标理念、应标情况、本公司的优势和核心竞争力；

(7) 专家从产品应标情况、产品先进性和质量、价格、工程质量、售后服务这几个方面来进行评价打分。

3. 进行评标及招投标后续训练

按相关角色任务进行评标及招投标训练。

(1) 选定合适时间，召集专家组、业主代表；

(2) 在实验室进行模拟开标及竞标；

(3) 每组投标公司按次序进入议标室进行技术答辩，阐述本公司的投标理念、应标情况、本公司的优势和核心竞争力；

(4) 专家从产品应标情况、产品先进性和质量、价格、工程质量、售后服务这几个方面来进行评价打分；

(5) 现场评标和合同签署完毕后，上交修改后的招标书、投标书、招标公告、公司企业证明、公司信息、专家打分表，以上述材料为依据给各组进行评分。

四、学生知识能力评估

1. 自评

开展本任务学习效果评估。

学习路径提示：回答下列问题，撰写个人学情自我分析简报。

(1) 是否按照课程要求进行知识、技能的学习？效果如何？

(2) 对本训练的哪个环节的学习有个人的想法？

(3) 是否达到你的学习预期或者目标？有哪些困难？对老师和学习团队有什么要求？

(4) 为自己在本训练中的表现给出一个综合评价。

2. 教师评价

参评的小组/个人：　　　　　评测方法：　　　　　评测工具：

招标方：

评分项目	分　值	得　分	等　级	评　语	评分人
模拟公司设计合理，资料齐全					
需求明确，表述完整清晰					
招标文档撰写完整、规范、清晰					
图形说明信息是否填写完整、清晰和规范					
与其他角色的沟通交流较多，效率较高					

投标方：

评分项目	分　值	得　分	等　级	评　语	评分人
模拟公司设计合理，资料齐全					
角色任务完成及时、规范和准确					
投标书撰写完整、规范、清晰					
图形说明信息是否填写完整、清晰和规范					
与其他角色的沟通交流较多，效率较高					

中介公司：

评分项目	分　值	得　分	等　级	评　语	评分人
模拟公司设计合理，资料齐全					
公告制作规范明了，发布及时					
对投标公司审核到位，无违规和遗留					
竞标前的流程执行和管理到位					
制定了后续较为详细的竞标实施方案					
与其他角色的沟通交流较多，效率较高					

专家组：

评分项目	分　值	得　分	等　级	评　语	评分人
专家身份设计合理，资料齐全					
评标标准制定完善(此处原本由中介公司提供)					
了解竞标、评标流程和工作内容					
清楚所扮演角色的工作任务					

最终成绩：_____

评测教师综合评语：

评测教师签名：

被评测者评价：

被评测者签名：

被评测者对于评测结果不满意的可以在 3 日内联系评测者提出异议，评测者根据被评测者的意见和实际评测过程的观察数据进行复评，并在____日内将最终结果和理由告知被评测者，经被评测者确认同意后作为最终结果。如果异议较大，被评测者可以填写相应申请，提请重新测试，经同意后可以进行再一次也就是最后一次评测。

申诉电话：

申诉邮件：

最终评测结果将告知被评测者、评测者和教务办，并由相关人员进行原始资料的保存。

3. 对评标过程的评价

1) 投标方

评分表模板 1

序号	投标单位	技术方案	产品			报价	施 工		资质	业绩	培训	售后服务	总分
			指标	可靠性	品牌		措施	计划					
		20	5	5	5	30	5	5	5	5	5	5	100

评分表模板 2

评标项目	评标细则	得 分
投标报价(45)	报价(40)	
	产品品牌，性能，质量(5)	
设计方案(15)	方案的先进性、合理性、扩展性(5)	
	图纸的合理性(3)	
	系统设计的合理性、科学性(4)	
	设备选型合理(3)	
施工组织计划(10)	施工技术措施(2)	
	先进技术应用(2)	
	现场管理(2)	
	施工计划优化及可行性(4)	
工程业绩和项目经理(15)	近二年完成重大项目(3)	
	管理能力和水平(3)	
	近二年工程获奖情况(2)	
	项目经理技术答辩(5)	
	项目经理业绩(2)	

续表

评标项目	评标细则	得　分
质量工期保证措施(5)	工期满足标书要求(2)	
	质量工期保障措施(3)	
履行合同能力(5)	注册资本(1)	
	ISO 体系认证(2)	
	信誉好及银行资信证明(2)	
优惠条件(2)	有实质性并标注的优惠条件(2)	
售后服务承诺(3)	本地有服务部门(2)	
	客户评价良好(1)	
总分(100)		

【备注】完成上述评价标准的小组可以根据具体情况和小组理解(需要理由)，对于评标项目及所占的分数进行合理的修改。

【实施经验】以模板 2 为例，对相关的标准的应用做些说明。

(1)　本标准可以用来评判扮演投标公司角色小组在竞标环节的得分。

(2)　每组在设计环节所得的等级分作为"设计方案(15)"的评分依据。

(3)　每组在后续的施工环节所得等级分作为"施工技术措施(2)""现场管理(2)""施工计划优化及可行性(4)"。而在施工过程中在规定时间内顺利完成施工项目的，可获得"工程业绩和项目经理(15)""质量工期保证措施(5)"的相关项的加分。比如"近二年完成重大项目(3)"针对本组是否在两次施工过程中至少一次在规定时间内完成施工任务并不犯错或者无严重过失的，"近二年工程获奖情况(2)"则指完全没有犯错。

(4)　如果同时抽到多次扮演投标方角色时，则每次获得分数的平均分作为本组扮演投标公司角色的最终得分。

(5)　由于获得的分数高低直接决定学生成绩，因此在平时的相关任务的过程中，各组形成相互竞争关系，可以使用竞赛的方式开展教学。

2)　评标专家组表现

从以下方面评价专家组的表现。

(1)　根据专家组的提问表现来判断相关学生的技术知识水平；

(2)　通过问询法和独立测试的方式来考核相关的招投标的知识；

(3)　在专家组的同学是否完成评标小组的任务。

五、课程评价

1. 课程评价表

训练名称：	班级：	姓名：	年　　月　　日
1. 你理解的本训练的核心知识有：			

2. 你获得本训练的核心技能有：	
3. 下列问题需要进一步了解和帮助：	
4. 完成本训练后最大收获是：	
5. 教师思路是否清晰？是否适应教师的风格？	
6. 教师的教学方法对你的学习是否有帮助？	
7. 你是否有组织、有计划地学习？目标基本达到了吗？	
8. 为了获得更好的学习效果，你对本训练内容和实施有何建议：	
教师签字： 学生签字：	

2. 职业素养核心能力评测表

使用方式：在框中打"√"。

职业素养核心能力	评价指标	自测结果
教师签名：	学生签名：	年　月　日

3. 专业核心能力评测表

职业技能	评价指标	自测结果	备　注
本项目评分			
教师签名：	学生签名：		年　月　日

任务四　多楼多房间工程施工与管理

任务训练说明：

根据 E 港集团的综合布线项目中的××××项目案例，基于前项任务获得的多楼多房间项目的资讯、需求分析资料及设计方案，通过分组角色扮演的方式开展多楼多房间项目招投标训练。

一、了解训练内容

训练任务名称：多楼多房间工程施工与管理						
授课班级	略	上课时间	略	课时	上课地点	略

	能力目标	知识目标	素质目标
训练目标	1. 能根据上一个任务所设计的设计方案编制相应的施工计划，并通过方案展示、讨论和指导进行改进，从而为施工实施做充分准备； 2. 通过本模块的光缆模拟敷设、光纤的熔接及端接能力的训练，根据建筑群和进线间子系统的施工内容和要求，完成多楼多房间案例的光缆模拟敷设和光纤的熔接及端接	1. 了解建筑群和进线间子系统施工所需设备和耗材； 2. 理解建筑群和进线间子系统的安装和施工技术； 3. 理解光缆敷设和光纤端接的施工步骤和要点； 4. 了解建筑群和进线间子系统的布线工艺要求和标准。GB 50311—2007《综合布线系统工程设计规范》进线间布线规范，及规范的 6.3 的建筑群子系统和 6.4 的进线间子系统的安装工艺要求	1. 根据所需知识和技能，进行多楼多房间案例的分组分任务自主施工，培养学生的协调能力以及主动性和独立性； 2. 通过监督施工过程的耗材使用情况，督促学生遵循够用、用好的原则，培养学生的节约节能意识； 3. 评判学生是否严格按照 GB 50311—2007《综合布线系统工程设计规范》进行施工，培养学生的质量意识； 4. 通过施工活动的进行，允许学生修改施工计划，培养学生方案改进、思路更新的革新创新意识

	训练场景	任务成果
任务与场景	基于 E 港集团总裁办公室综合布线装修项目开展施工	现场施工工程成果，相关的文档和报告

	知识储备要求	基本技能要求
能力要求	调研知识、综合布线系统设计基础知识、团队分工知识，综合布线相关系统的基本知识(施工材料识别、施工工具和器材选择与使用知识、多楼多房间施工知识与技巧储备、管理文档撰写知识)	资料查询、团队合作、交流沟通技能、多楼多房间综合布线项目的基本工具和器材使用技能、必需耗材制作技能、图纸识别技能、相关文档撰写技能

学习重点	学习难点
学习多楼多房间项目施工流程，多楼多房间项目施工标准，规范和技巧，多楼多房间项目施工器材和耗材的选择，多楼多房间项目施工方法和安装流程学习，多楼多房间项目评价指标制定	多楼多房间项目施工计划的编制、按照计划进行施工，做好多楼多房间项目施工管理并完成基本的工程报表、多楼多房间项目施工过程主要流程和文档检查、评价活动的开展

通过自学掌握本任务学习信息。学习路径提示：你是否理解上述学习信息，把不理解的疑问写出来，然后通过上网查询，或向老师、同学求教排除你的疑问。

二、训练团队组建——导生制分层教育

1. 团队合作完成施工项目能力训练

流程一：竞聘产生团队。

(1) 全班社会自愿报名团队组长候选人；

(2) 通过竞聘产生团队组长；

(3) 项目组长与全班社会自由组合，按 4～6 人一组产生学习团队；

(4) 项目组内通过协商、竞聘产生学习团队成员岗位角色；

(5) 项目组内通过协商，确定每个团队成员的岗位职能和职责。

流程二：填写本项目任务角色训练活动内容汇总表。

本项目任务角色训练活动内容汇总表

项目任务名称及目标	任务角色	成员姓名	工作职责(完成目标的途径)
E 港集团主楼宇与副楼间综合布线项目施工	项目组长		统筹各项工作，进行任务分配，进度和质量管理
	资讯助理		项目所需资料收集、设计和协助组长完成施工计划
	施工员 1		进行光纤熔接、测试、管材裁剪与制作
	施工员 2		进行光纤信息插座的安装、面板安装、底盒安装
	评估员		进行施工考核
	展示助理		协助组长进行施工报告的撰写、PPT 设计、接受答辩

各项目组确定项目中所扮演的角色的具体任务，这些角色可以在后续的训练中进行轮换。

流程三：上交团队组建表。

学习路径提示：按上交表格先后和填写质量，讲评并确定团队组建成绩。

流程四：组长宣布团队组建结果。

学习路径提示：按礼仪、表达讲评并确定团队组建成绩。

2. 学生完成施工项目的独立能力训练

由于本教学活动无须组员合作完成项目任务，因此适合采用基于导生制的分层教育方式实施教学。

根据分好的小组，进行个人能力和学习目标、期望的定义。按下列要求填写岗位任务分配表。

(1) 根据已经划分的小组，确定完成本训练的组内导生，由导生担任本组学习组长，

当然除担任组长的导生外，如果组内人数较多可以根据学生意愿多上浮 1～2 个名额。

(2) 其他组员根据自身的学习基础、前续知识和技能的掌握程度以及个人在本训练环节所希望获得的学习成果等级进行组内分层分组。

(3) 建议组内成员的层次等级为优秀级、中等级别和合格级别，这些层次的学员数量建议为 1∶3∶1，导生的培养级别应该初定为优秀方向，同时尽量增加优秀和中等层次级别的学生为基本原则。

(4) 项目组内通过协商，如果选择合格等级的学生人数较多，应该和其他组进行调换，直到符合第 3 项要求。

团队名称(虚拟企业名称)				
团队结构	岗 位	姓 名	知识技能	本次训练职责职能
	项目组长(导生)		1. 已有知识： 2. 已会技能：	1. 通过本次训练需要掌握的知识技能： 2. 职业素养要求：
	优秀等级学生		1. 已有知识： 2. 已会技能：	1. 通过本次训练需要掌握的知识技能： 2. 职业素养要求：
	中等等级学生		1. 已有知识： 2. 已会技能：	1. 通过本次训练需要掌握的知识技能： 2. 职业素养要求：
	合格等级学生		1. 已有知识： 2. 已会技能：	1. 通过本次训练需要掌握的知识技能： 2. 职业素养要求：

说明： 表中等级名称可以由教师根据教学对象自由拟定，本次训练职责职能为学生通过训练所要获得的知识、技能和职业素养，不同层次学生需要训练的重点和要求不同，对于不同层级的学生已经掌握的知识技能则根据具体情况予以直接考核，无须进入重新学习环节。

三、知识学习与能力训练

1. 进行施工进度计划

1) 本场景的知识要点

施工一般流程如下。

(1) 首先进行一次实地勘察，确定有关工程进行时将要遇到的困难，并予以先行解决，例如配线间、设备间、工作间的准备工作是否完成，端口插座等位置是否设置完成，线槽走向走道是否完备，确认后才能开始正式工作；

(2) 如果有干线布线工程则先实施干线(光缆)布线工程；

(3) 实施水平布线工程；

(4) 在布线期间，开始为各设备间安装机柜、配线架等；

(5) 当水平布线完成后，开始设置设备间的光纤机安装配线架，为端口和跳线做端接；

(6) 安装好所有的配线架和用户端口，则进行全面测试，形成测试报告给用户；

(7) 在施工过程一定要进行编号标示。

2) 本场景的操作要点

通过 VISIO 的甘特图模块绘制本项目施工组织进度计划表，或者直接选择项目设计环节的进度表。同时填写工程记录表。

工程开工表

工程名称		工程地点	
用户单位		施工单位	
计划开工	年　月　日	计划竣工	年　月　日
工程主要内容：			
工程主要情况：			
主抄：	施工单位意见：	建设单位意见：	
抄送：	签名：	签名：	
报告日期：	日期：	日期：	

工程报停表

工程名称		工程地点	
建设单位		施工单位	
停工日期	年　月　日	计划复工	年　月　日
工程停工主要原因：			
计划采取的措施和建议：			
停工造成的损失和影响：			
主抄：	施工单位意见：	建设单位意见：	
抄送：	签名：	签名：	
报告日期：	日期：	日期：	

工程设计变更表

工程名称		原图名称	
设计单位		原图编号	
原设计规定的内容：		变更后的工作内容：	
变更原因说明：		批准单位及文号：	
原工程量		现工程量	
原材料数		现材料数	
补充图纸编号		日期	年　月　日

工程协调会议纪要

日期：			
工程名称		建设地点	
主持单位		施工单位	
参加协调单位：			
工程主要协调内容：			
工程协调会议决定：			
仍需协调的问题：			
参加会议代表签字：			

2. 多楼多房间材料、器材的选用及制作

1) 本场景的知识要点

建筑群子系统主要采用光缆进行敷设，光缆需要熔接，光纤不能拉得太紧，不能成直角，如果距离较长路由选择比较关键，同时要避免光缆受到重压或者被坚硬的物体扎伤。光缆转弯时，其转弯半径要大于光缆自身直径的 20 倍。

熔接光纤的工具有熔接机、光缆、光纤跳线、光纤熔接保护套、光纤切割刀、无水酒精。

2) 本场景的操作要点

根据相应的多楼多房间类型的 E 港集团总裁办公室的要求和施工计划完成主要耗材、工具、器械的选用；当出现现有成品无法满足具体施工需求时，需要自行制作耗材，另行选择替代工具与设备。在材料到达现场后，由设备材料组负责，技术和质量监理参加，对已经到的设备、材料做外观检查，保障无外伤损坏、无缺件，核对设备、材料、线缆、电线、备件的型号规格及数量是否符合施工设计文件以及清单的要求，同时填写统计表格。

材料入库统计表

序 号	材料名称	型 号	单 位	数 量	备 注
1					
2					

审核:　　　　　　　仓管:　　　　　　　　　　日期:

材料库存统计表

序 号	材料名称	型 号	单 位	数 量	备 注
1					
2					

审核:　　　　　　　仓管:　　　　　　　　　　日期:

领用材料统计表

工程名称			领料单位		
批料人			领料日期		年　月　日
序 号	材料名称	材料编号	单 位	数 量	备 注
1					
2					

工具表

序 号	设备名称	型号规格	单 位	数 量
1				
2				

审核:　　　　　　　仓管:　　　　　　　　　　日期:

3. 进行光纤熔接

1) 本场景的知识要点

(1) 熔接前准备。

准备好熔接光纤的工具:熔接机、光缆、光纤跳线、光纤熔接保护套、光纤切割刀、无水酒精。并检查熔接机是否有电,是否正常开启、关停,电极检查。

(2) 开缆。

第一步:在光缆开口处找到光缆内部两根钢丝,用斜口钳剥开光缆外皮,用力向侧面拉出一小截钢丝。

第二步:一只手紧握光缆,另一只手用斜口钳夹紧钢丝,向身体内侧旋转拉出钢丝;用同样的方法拉出另一个钢丝,两根钢丝都旋转拉出。

第三步:用束管钳将任意一根的旋转钢丝剪断,留一根以备在光纤配线盒内固定。当两根都拉出后,外部的黑皮保护套就被拉开了,用手剥开保护套,然后用斜口钳剪掉拉开的黑皮保护套。

第四步：剥皮钳将保护套剪剥开，并将其抽出。

第五步：完成开缆。

2)　本场景的操作要点

光缆熔接操作步骤如下。

第一步：剥光纤与清洁。

第二步：切割光纤并清洁。

第三步：安放光纤。

第四步：熔接。

第五步：加热热缩管。

第六步：盘纤固定。

第七步：盖上盘纤盒盖板。

4. 光缆施工

1)　本场景的知识要点

根据设计图纸选择合适的施工方法进行施工和布局。

2)　本场景的操作要点

光缆施工包括以下内容。

(1)　室外架空光缆施工；

(2)　室外管道光缆施工；

(3)　直埋光缆的敷设；

(4)　建筑物内光缆敷设。

5. 完成施工报告

1)　本场景的知识要点

参考附录一施工方案报告。

2)　本场景的操作要点

参考附录一施工方案报告。

6. 施工管理

【实施经验】本场景的内容将分别贯穿于上述场景的实施过程中，因此无须独立进行讲解或者学习。

1)　本场景的知识要点

施工管理包括以下内容。

(1)　项目管理；

(2)　管理机构；

(3)　现场管理制度与要求；

(4)　人员管理；

(5)　技术管理；

(6)　材料与工具管理；

(7)　安全管理。

2) 本场景的操作要点

为保障项目施工的顺利实施，在实施过程中形成精细化管理，在每个施工环节或者场景的实施前和完成后都需要制定和填写相关文档，形成书面记录，做好全面的施工管理，为成本和质量控制提供支持。

同时，多楼多房间材料器材的选用及制作和进行光纤熔接实施过程中需要填写下列表格。

施工责任人员签到表

项目名称：		项目工程师：		
日　期	成　员　1	成　员　2	成　员　3	成　员　4

施工进度日志

组名：	人数：	负责人：	时间	工程名：
工程进度计划				
工程实际进度				
工程情况记录				
时　间	方位、编号	处理情况	尚待处理情况	备　注

施工事故报告单

填报单位：	项目工程师：
工程名称：	设计单位：
地点：	施工单位：
事故发生时间：	汇报时间：
事故情况及主要原因：	

四、学生知识能力评估

1. 自评

开展本任务学习效果评估。

学习路径提示：回答下列问题，撰写个人学情自我分析简报。

(1) 是否按照课程要求进行知识、技能的学习？效果如何？

(2) 对本训练的哪个环节的学习有个人的想法？

(3) 是否达到你的学习预期或者目标？有哪些困难？对老师和学习团队有什么要求？

(4) 为自己在本训练中的表现给出一个综合评价。

2. 教师评价

参评的小组/个人：　　　　　评测方法：　　　　　评测工具：

评分项目		分　值	得　分	等　级	评　语	评分人
完成施工计划的质量		5				
光纤模块安装		10				
光纤接续盒使用		5				
光纤熔接		30				
光缆铺设识记(理论)		15				
工程实施管理(35)	施工时间管理能力	5				
	施工质量管理能力	10				
	施工文档撰写能力	10				
	施工报告	10				

最终成绩：＿＿＿＿＿＿＿＿＿＿＿＿＿＿＿＿＿＿＿＿

评测教师综合评语：

评测教师签名：

被评测者评价：

被评测者签名：

被评测者对于评测结果不满意的可以在 3 日内联系评测者提出异议，评测者根据被评测者的意见和实际评测过程的观察数据进行复评，并在＿＿＿日内将最终结果和理由告知被评测者，经被评测者确认同意后作为最终结果。如果异议较大，被评测者可以填写相应申请，提请重新测试，经同意后可以进行再一次也就是最后一次评测。

申诉电话：

申诉邮件：

最终评测结果将告知被评测者、评测者和教务办，并由相关人员进行原始资料的保存。

五、课程评价

1. 课程评价表

训练名称：	班级：	姓名：	年　月　日
1. 你理解的本训练的核心知识有：			
2. 你获得本训练的核心技能有：			
3. 下列问题需要进一步了解和帮助：			
4. 完成本训练后最大收获是：			
5. 教师思路是否清晰？是否适应教师的风格？			
6. 教师的教学方法对你的学习是否有帮助？			
7. 你是否有组织、有计划地学习？目标基本达到了吗？			
8. 为了获得更好的学习效果，你对本训练内容和实施有何建议：			
教师签字： 学生签字：			

2. 职业素养核心能力评测表

使用方式：在框中打"√"。

职业素养核心能力	评价指标	自测结果
教师签名：	学生签名：	年　月　日

3. 专业核心能力评测表

职业技能	评价指标	自测结果	备　注
本项目评分			
教师签名：	学生签名：		年　月　日

任务五　多楼多房间工程测试与验收训练

任务训练说明：

根据 E 港集团的综合布线项目中的××××项目案例，基于前项任务获得的多楼多房间项目的资讯、需求分析资料及设计方案，通过分组角色扮演的方式开展多楼多房间项目测试与验收训练。

一、了解训练内容

<table>
<tr>
<td colspan="8" align="center">训练任务名称：多楼多房间工程测试与验收训练</td>
</tr>
<tr>
<td align="center">授课班级</td>
<td align="center">略</td>
<td align="center">上课时间</td>
<td align="center">略</td>
<td align="center">课时</td>
<td align="center"></td>
<td align="center">上课地点</td>
<td align="center">略</td>
</tr>
<tr>
<td rowspan="2" align="center">训练目标</td>
<td colspan="3" align="center">能力目标</td>
<td colspan="2" align="center">知识目标</td>
<td colspan="2" align="center">素质目标</td>
</tr>
<tr>
<td colspan="3">1. 通过教师对项目一中测试与验收任务的重点内容的回顾讲解和分析，学生讨论针对多楼多房间案例运用所学的测试和验收计划所包含的内容和格式，自主完成多楼多房间综合布线工程的系统测试和验收计划编制(可以让学生先做，完成后点评，从而形成适合学生操作的文档内容模块和格式)；
2. 通过教师对项目一中测试与验收任务的有关内容的回顾，使学生能够较为熟练地使用测试仪对各组多楼多房间项目中的测试项目进行测试，同时根据验收的分类和内容，按照进线间和建筑群子系统的验收程序实施验收工作；
3. 通过对综合布线系统中的常见线路的测试活动的要点回顾，学生熟练使用常用测试工具，完成多楼多房间光纤链路的测试工作</td>
<td colspan="2">1. 熟悉几种常见的测试仪进行光纤测试时的使用方法(主要是简单光纤测试仪)；
2. 了解综合布线链路测试标准及分类；
3. 熟悉光纤链路的测试方法和技巧；
4. 熟悉综合布线系统验收内容和方法；
5. 熟悉模拟场景中综合布线系统验收所需的相关基本技术规范；
6. 了解多楼多房间综合布线系统验收和测试相关表格。
上述知识需要基于 GB 50312—2007《综合布线系统工程验收规范》的验收内容</td>
<td colspan="2">1. 通过验收和测试活动的角色分配、分组实施等，培养学生的组织管理能力和协调能力；
2. 要求学生按照国标 GB 50312—2007《综合布线系统工程验收规范》要求，实施验收和测试，并进行考评，培养学生规范做事的素质和责任意识；
3. 在完成项目验收后，通过学生对工程验收和测试场地的整理和清洁、工具的规范放置等方面的考评，培养学生的现场和设备规范管理意识以及良好的职业习惯；
4. 通过对测试流程的严格执行，培养学生良好的作业管理和质量管理意识</td>
</tr>
<tr>
<td rowspan="2" align="center">任务与场景</td>
<td colspan="3" align="center">训练场景</td>
<td colspan="4" align="center">任务成果</td>
</tr>
<tr>
<td colspan="3">基于主楼与副楼综合布线装修项目开展测试与验收训练</td>
<td colspan="4">进行项目的测试和验收活动，形成相关的测试文档和验收文档</td>
</tr>
<tr>
<td rowspan="2" align="center">能力要求</td>
<td colspan="3" align="center">知识储备要求</td>
<td colspan="4" align="center">基本技能要求</td>
</tr>
<tr>
<td colspan="3">调研知识、综合布线系统设计基础知识、团队分工知识，综合布线相关系统的基本知识</td>
<td colspan="4">资料查询、与任务相关的 VISIO 或者 MinCad 软件使用能力、训练报告撰写、交流沟通技能</td>
</tr>
</table>

续表

学习重点	学习难点
合理安排验收人员和任务、理解基本测试模型、测试模型的选择决策，确定测试标准，确定测试链路标准，确定测试工具和测试点，确定验收内容	熟悉测试流程和验收流程特别是缆线链路的端接及测试、多种情况下的测试(开路、短路、跨接、反接)，测试报告分析，根据案例明确工程验收人员组成，工程验收分类，撰写验收内容报告和验收的各种表格

通过自学掌握本任务学习信息。学习路径提示：你是否理解上述学习信息，把不理解的疑问写出来，然后通过上网查询，或向老师、同学求教排除你的疑问。

二、训练团队组建——导生制分层教育

由于本教学活动无须组员合作完成项目任务，因此适合采用基于导生制的分层教育方式实施教学。

根据分好的小组，进行个人能力和学习目标、期望的定义。按下列要求填写岗位任务分配表。

(1) 根据已经划分的小组，确定完成本训练的组内导生，由导生担任本组学习组长，当然除担任组长的导生外，如果组内人数较多可以根据学生意愿多上浮1~2个名额。

(2) 其他组员根据自身的学习基础、前续知识和技能的掌握程度以及个人在本训练环节所希望获得的学习成果等级进行组内分层分组。

(3) 建议组内成员的层次等级为优秀级、中等级别和合格级别，这些层次的学员数量建议为 1∶3∶1，导生的培养级别应该初定为优秀方向，同时尽量增加优秀和中等层次级别的学生为基本原则。

(4) 项目组内通过协商，如果选择合格等级的学生人数较多，应该和其他组进行调换，直到符合第3项要求。

任务岗位分配表

团队名称(虚拟企业名称)				
团队结构	岗　　位	姓　　名	知识技能	本次训练职责职能
	项目组长(导生)		1. 已有知识： 2. 已会技能：	1. 通过本次训练需要掌握的知识技能： 2. 职业素养要求：
	优秀等级学生		1. 已有知识： 2. 已会技能：	1. 通过本次训练需要掌握的知识技能： 2. 职业素养要求：
	中等等级学生		1. 已有知识： 2. 已会技能：	1. 通过本次训练需要掌握的知识技能： 2. 职业素养要求：
	合格等级学生		1. 已有知识： 2. 已会技能：	1. 通过本次训练需要掌握的知识技能： 2. 职业素养要求：

说明：表中的等级名称可以由教师根据教学对象自由拟定，本次训练职责职能为学生通过训练所要获得的知识、技能和职业素养，不同层次的学生需要训练的重点和要求不同，对于不同层级的学生已经掌握的知识技能则根据具体情况予以直接考核，无须进入重新学习环节。

三、知识学习与能力训练

本步骤是以任务作为训练场景，根据不同的角色组来引入相应知识点，通过实际操作和训练来培养不同角色组成员的能力。因此，在实施本步骤前已经完成根据角色任务的分组，每组也清楚了解本组需要完成的基本任务。

1. 多楼多房间基本网络跳线及端接测试

1) 本场景的知识要点

(1) 线序记忆及快速制作法。

① 4 股线排好：橙、蓝、绿、棕(颜色记法：太阳、天空、草地、土壤，从上到下)。

② 把所有白线放前边。

③ 中间两根白线位置交换就可以了，这就是 568B，一般都用这个。

④ 568A 的 4 股线是绿、蓝、橙、棕，后面方法相同。

⑤ 交叉线就是一头 A 一头 B。直通就是两头 B。

(2) 设备连接技巧。

下面是各种设备的连接情况下，直通线和交叉线的正确选择。其中 HUB 代表集线器，SWITCH 代表交换机，ROUTER 代表路由器：

PC 连接到 PC：交叉线；

PC 连接到 HUB：直通线；

HUB 普通口连接到 HUB 普通口：交叉线；

HUB 级联口连接到 HUB 级联口：交叉线；

HUB 普通口连接到 HUB 级联口：直通线；

HUB 连接到 SWITCH：交叉线；

HUB(级联口)连接到 SWITCH：直通线；

SWITCH 连接到 SWITCH：交叉线；

SWITCH 连接到 ROUTER：直通线；

ROUTER 连接到 ROUTER：交叉线。

2) 本场景的操作要点

多楼多房间基本网络跳线及端接测试要点如下。

(1) 网络跳线的制作并用测试仪测试；

(2) 使用端接设备进行网络跳线的测试；

(3) 测试链路端接。

每组链路有 3 根跳线，端接 6 次，每组链路路由为：仪器 RJ-45 口—通信跳线架模块下层—通信跳线架模块上层—配线架网络模块—配线架的 RJ-45 口—仪器 RJ-45 口。端接测试路由如图 5-3 所示。

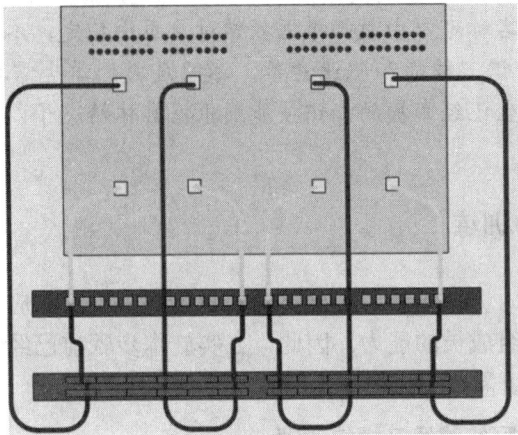

图 5-3 端接测试路由示意图

要求链路端接正确，每段跳线长度合适，端接处拆开线对长度合适，剪掉牵引线。

2. 多楼多房间基本测试模型的连通性测试

1) 本场景的知识要点

(1) 测试模型。

① 基本链路模型：最长 90m 水平布线，附加两个端接插件和两条 2m 测试跳线(测试仪自带)。

② 信道模型：网络设备跳线到工作区跳线间的端到端的链接，包括 90m 水平布线，附加两个端接插件、一个工作区转接连接器(如插座面板，多个配线架间的链接跳线)和两端测试跳线和用户端接线。总长度不超过 100m。

③ 永久链路：90m 水平布线，附加两个端接插件和转接链接器，不包括测试线缆(与基本链路模型的差别)，即排除了测试线带来的误差。

(2) 基本链路与通信链路区别

基本链路模型在 CAT6 出来后，就被永久链路取代，表示面板模块到机房配线架上的模块之间的水平链路，按照 TIA/EIA 的要求是不能大于 90m，而通道模型是在永久链路的基础上，加入用户跳线和设备跳线后，距离不能大于 100m，所以两者在具体工程验收中一定要区分开来，因为两者在 TIA/EIA 的标准中，测试的要求是不一样的，相对来说永久链路要求比较严格。另外在具体的验收中，不能只对一个模型进行检测。很多人觉得只测试永久链路就可以了，但实际上这是不科学的，因为永久链路测试过来，通道模型不一定能通过，反过来，通道模型测试通过了，永久链路不一定通过，所以实际工程中，尽量对两个一起测试。

2) 本场景的操作要点

构建不同的测试模型，使用测试仪器，对不同的测试模型进行测试训练，并自动形成测试报告。这其中就包括了跳线、面板模块、永久链路的测试。

3. 多楼多房间复杂链路测试

采用永久链路测试，使用 5 类线进行铺设，并用测试仪器进行线缆测试，保存测试数据。根据测试数据生成测试报告，分析测试数据，得出测试结论。可以参考多层多房间的链路测试内容。

4. 光纤链路测试

1) 本场景的知识要点

(1) 了解测试设备 OTDR。

见附录二。

(2) 了解光纤链路测试技术参数。

① 衰减。光沿光纤传输过程中光功率的减少。

$$光纤损耗 = \frac{光纤输出端功率}{发射到光纤的功率}$$

② 回波损耗。回波损耗又称为反射损耗，它是指在光纤连接处，后向反射光相对输入光的比率的分贝数。

③ 插入损耗。插入损耗是指光纤中的光信号通过活动连接器之后，其输出光功率相对输入光功率的比率的分贝数，插入损耗愈小愈好。插入损耗的测量方法同衰减的测量方法相同。

(3) 测试标准。

测试标准为 TIA TSB140 标准测试。

2) 本场景的操作要点

(1) 测试信息点(以 FLUKE-DTX-FTM 的光纤模块为例)。

① 将 FLUKE-DTX 设备的主机和远端机都接好 FTM 测试模块。

② 将 FLUKE-DTX 设备的主机放置在中央控制室的光纤配线架前，远端机接入其他大楼光纤配线架的信息点进行测试。

③ 设置 FLUKE-DTX 主机的测试标准，旋钮至 SETUP，先选择测试缆线类型为 Fiber，再选择测试标准为 Tier2。

④ 接入测试缆线接口。先分别在配线架和远端楼层找到要测试缆线的对应点，然后通过跳线将需要测试的链路分别插入主机和远端机的光纤测试模块。

⑤ 缆线测试，旋钮至 AUTO TEST，按下 TEST，设备将自动开始测试缆线，如图 5-4 所示。

⑥ 保存测试结果，直接按 SAVE 即可对结果进行保存。

(2) 分析测试数据。

通过专用线将结果导入到计算机中，通过"LinkWare"软件即可查看相关结果，如图 5-5 所示。

(3) 撰写报告。

根据要求完成多楼多房间的测试报告的撰写。

5. 完成测试报告

1) 本场景的知识要点

见项目一中的相关测试报告的要素内容。

图 5-4　缆线测试

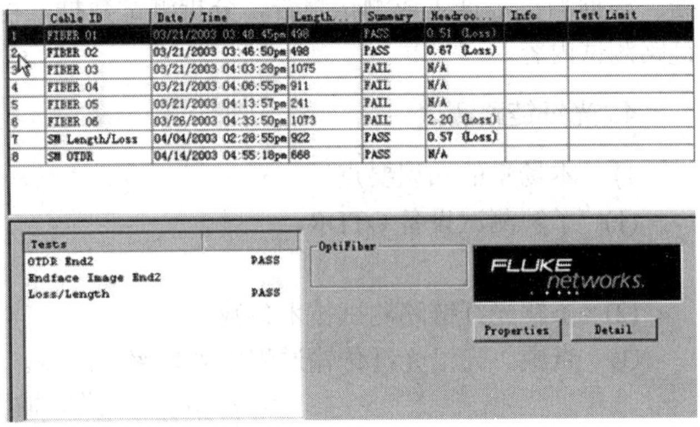

图 5-5　信息点测试结果

2)　本场景的操作要点

根据要求完成多楼多房间的测试报告的撰写。

6. 进行项目验收

1)　本场景的知识要点

具体验收标准参考项目一中的验收规则，可以根据具体情况在表格大项的基础上自行决定验收细节，验收内容见表 5-2。

表 5-2　综合布线系统工程验收项目汇总表

阶段	验收项目	验收内容	验收方式
施工前检查	1.环境要求	(1)土建施工情况：地面、墙面、门、电源插座及接地装置；(2)土建工艺：机房面积、预留孔洞，(3)施工电源；(4)地板铺设；(5)建筑物入口设施检查	施工前检查
	2.器材检验	(1)外观检查；(2)型号、规格、数量；(3)电缆及连接器件电气性能测试；(4)光纤及连接器件特性测试；(5)测试仪表和工具的检验	
	3.安全、防火要求	(1)消防器材；(2)危险物的堆放；(3)预留孔洞防火措施	
设备安装	1.管理间、设备间、设备机柜、机架	(1)规格、外观；(2)安装垂直、水平度；(3)油漆不得脱落，标志完整齐全；(4)各种螺丝必须紧固；(5)抗震加固措施；(6)接地措施	随工检验
	2.配线模块及8位模块式通用插座	(1)规格、位置、质量；(2)各种螺丝必须拧紧；(3)标志齐全；(4)安装符合工艺要求；(5)屏蔽层可靠连接	
电缆、光缆布放(楼内)	1.电缆桥架及线槽布放	(1)安装位置正确；(2)安装符合工艺要求；(3)符合布放缆线工艺要求；(4)接地	隐蔽工程签证
	2.缆线暗敷(包括暗管、线槽、地板下等方式)	(1)缆线规格、路由、位置；(2)符合布放缆线工艺要求；(3)接地	

阶段	验收项目	验收内容	验收方式
电缆、光缆布放(楼间)	1.架空缆线	(1)吊线规格、架设位置、装设规格；(2)吊线垂度；(3)缆线规格；(4)卡、挂间隔；(5)缆线的引入符合工艺要求	随工检验
	2.管道缆线	(1)使用管孔孔位；(2)缆线规格；(3)缆线走向；(4)缆线的防护设施的设置质量	隐蔽工程签证
	3.埋式缆线	(1)缆线规格；(2)敷设位置、深度；(3)缆线的防护设施的设置质量；(4)回土夯实质量	
	4.通道缆线	(1)缆线规格；(2)安装位置，路由；(3)土建设计符合工艺要求	
	5.其他	(1)通信线路与其他设施的间距；(2)进线室设施安装、施工质量	随工检验隐蔽工程签证
缆线终接	1.8 位模块式通用插座	符合工艺要求	随工检验
	2.光纤连接器件	符合工艺要求	
	3.各类跳线	符合工艺要求	
	4.配线模块	符合工艺要求	
系统测试	1.工程电气性能测试	(1)连接图；(2)长度；(3)衰减；(4)近端串音 (5)近端串音功率和；(6)衰减串音比；(7)衰减串音比功率和；(8)等电平远端串音；(9)等电平远端串音功率和；(10)回波损耗；(11)传播时延；(12)传播时延偏差；(13)插入损耗；(14)直流环路电阻；(15)设计中特殊规定的测试内容；(16)屏蔽层的导通	竣工检验
	2.光纤特性测试	(1)衰减；(2)长度	
管理系统	1.管理系统级别	符合设计要求	竣工检验
	2.标识符与标签设置	(1)专用标识符类型及组成；(2)标签设置；(3)标签材质及色标	
	3.记录和报告	(1)记录信息；(2)报告；(3)工程图纸	
工程总验收	1.竣工技术文件	清点、交接技术文件	
	2.工程验收评价	考核工程质量，确认验收结果	

2)　本场景的操作要点

根据要求完成多楼多房间的验收记录和阶段性验收报告的填写。

验收记录表

检查小组名称：		检查人：	验收审核人：	时间：	
序　号	检查项目	检查内容	是否符合 (符合打钩， 不符合打叉)	检查人签名	审核人签名
1					
2					

综合布线系统工程阶段性合格验收报告

工程名称		工程地点	
建设单位		施工单位	
计划开工	年　月　日	实际开工	年　月　日
计划竣工	年　月　日	实际竣工	年　月　日
工程完成情况：			
提前和推迟竣工的原因：			
工程中出现和遗留的问题：			
主抄： 抄送： 报告日期：	施工单位意见： 签名： 日期：		建设单位意见： 签名： 日期：

四、学生知识能力评估

1. 自评

开展本任务学习效果评估。

学习路径提示：回答下列问题，撰写个人学情自我分析简报。

(1) 是否按照课程要求进行知识、技能的学习？效果如何？

(2) 对本训练的哪个环节的学习有个人的想法？

(3) 是否达到你的学习预期或者目标？有哪些困难？对老师和学习团队有什么要求？

(4) 为自己在本训练中的表现给出一个综合评价。

2. 教师评价

1) 测试部分的评价

根据不同的角色给出相应的评价标准。

参评的小组/个人：　　　　评测方法：　　　　评测工具：

评分项目	分　值	得　分	等　级	评　语	评分人
能正确选择测试模型(永久链路)	10				
能正确构建测试链路，并进行正确端接	20				
进行正确的光缆测试	20				
形成测试报告	20				
正确分析测试数据	30				

最终成绩：＿＿＿＿＿＿＿＿＿＿＿＿＿＿＿＿＿＿＿＿＿＿＿＿＿＿＿

评测教师综合评语：

评测教师签名：

被评测者评价：

被评测者签名：

被评测者对于评测结果不满意的可以在 3 日内联系评测者提出异议，评测者根据被评测者的意见和实际评测过程的观察数据进行复评，并在＿＿＿日内将最终结果和理由告知被评测者，经被评测者确认同意后作为最终结果。如果异议较大，被评测者可以填写相应申请，提请重新测试，经同意后可以进行再一次也就是最后一次评测。

申诉电话：

申诉邮件：

最终评测结果将告知被评测者、评测者和教务办，并由相关人员进行原始资料的保存。

2)　验收部分的评价

根据不同的角色给出相应的评价标准。

参评的小组/个人：　　　　评测方法：　　　　评测工具：

评分项目	分　值	得　分	等　级	评　语	评分人
完成环境检验	10				
完成器材及测试仪表工具检验	10				
完成设备安装检验	10				
完成线缆敷设检验	10				
完成线缆保护方式检验	10				
完成线缆终端检验	10				
完成工程电气检查	10				
完成验收报告编写	30				

最终成绩：＿＿＿＿＿＿＿＿＿＿＿＿＿＿＿＿＿＿＿＿＿＿＿＿＿＿＿

评测教师综合评语：

评测教师签名：

被评测者评价：

被评测者签名：

被评测者对于评测结果不满意的可以在 3 日内联系评测者提出异议，评测者根据被评测者的意见和实际评测过程的观察数据进行复评，并在____日内将最终结果和理由告知被评测者，经被评测者确认同意后作为最终结果。如果异议较大，被评测者可以填写相应申请，提请重新测试，经同意后可以进行再一次也就是最后一次评测。

申诉电话：

申诉邮件：

最终评测结果将告知被评测者、评测者和教务办，并由相关人员进行原始资料的保存。

五、课程评价

1. 课程评价表

训练名称：	班级：		姓名：		年　月　日
1. 你理解的本训练的核心知识有：					
2. 你获得本训练的核心技能有：					
3. 下列问题需要进一步了解和帮助：					
4. 完成本训练后最大收获是：					
5. 教师思路是否清晰？是否适应教师的风格？					
6. 教师的教学方法对你的学习是否有帮助？					
7. 你是否有组织、有计划地学习？目标基本达到了吗？					
8. 为了获得更好的学习效果，你对本训练内容和实施有何建议：					
教师签字：					
学生签字：					

2. 职业素养核心能力评测表

使用方式：在框中打"√"。

职业素养核心能力	评价指标	自测结果
教师签名：	学生签名：	年　月　日

3. 专业核心能力评测表

职业技能	评价指标	自测结果	备　注
本项目评分			
教师签名：	学生签名：		年　月　日

附录一 施工方案

会展中心展馆综合布线工程

施工方案

编制单位：＿＿＿＿＿＿＿＿＿＿＿

编 制 人：＿＿＿＿＿＿＿＿＿＿＿

审 核 人：＿＿＿＿＿＿＿＿＿＿＿

审 批 人：＿＿＿＿＿＿＿＿＿＿＿

日 期：＿＿＿＿＿＿＿＿＿＿＿

目　　录

1 工程概况

1.1 工程简况

本工程包括综合布线系统、网络系统的布展。

1.2 工程范围

智能系统布展工程项目的设备采购及安装包括：网络系统配线、模块面板安装、机柜安装和测试，以及线缆敷设、设备采购、安装调试。

2 编制依据

- 《民用建筑电气设计规范》(JGJ/T 16—1992)
- 《建筑物防雷设计规范》(GB 50057—2010)
- 《火灾自动报警系统设计规范》(GB 5016—2013)
- 《建筑照明设计标准》(GB 50034—2013)
- 《消防安全疏散标志设置标准》(DB 11/1024—2013)
- 《利用建筑物金属体作防雷及接地装置安装》(03D501-3)
- 《安全防范工程程序与要求》(GA/T 75—1994)
- 《建筑及建筑群综合布线国际标准》(ISO/IEC IS 11801)
- 《大楼通用综合布线系统》(YD/T 926.1—2001)
- 《商用建筑通信通道和空间标准》(EIA/TIA-569)
- 《商用建筑电信设施管理标准》(EIA/TIA-606)
- 《商用建筑通信接地接续要求》(EIA/TIA-607)
- 《网络结构标准》(以太网标准 IEEE802.3，令牌、总线标准 IEEE802.5)
- 《计算机场地技术要求》(GB 2887—2000)
- 《低压配电装置及线路设计规范》(GB 50054－1995)
- 《电气装置安装工程施工及验收规范》(GBJ 232—1983)
- 《通信工程电源系统防雷技术规定》(YD 5078—1998)
- 《电子信息系统机房施工及验收规范》(GB 50462)
- 《智能建筑设计标准》(GB/T 50314—2012)
- 《智能建筑工程质量验收规范》(GB 50339—2013)
- 《安全防范工程技术规范》(GB 50348—2004)
- 《综合布线系统工程设计规范》(GB/T 50311—2007)
- 《综合布线工程验收规范》(GB/T 50312－2007)
- 《民用闭路监视电视系统工程技术规范》(GB 50198—2011)
- 《民用建筑电气设计规范》(JGJ/T 16—2008)
- 《采暖通风与空气调节设计规范》(GB 50019—2003)
- 《电子计算机房设计规范》(GB 50174—2008)
- 《有线电视系统工程技术规范》(GB 50200—1994)

- ●　《建筑智能化系统工程设计标准》(DGJ 32/D01—2003)
- ●　《建筑物电子信息系统防雷技术规范》(GB 50343—2004)
- ●　《商业建筑通信布线系统标准》(EIA/TIA 568—B)
- ●　《浙江省突发公共事件总体应急预案》
- ●　《建筑电气通用图集》(09DQ)和有关的电气施工规范

3　施工部署

3.1　施工平面布置与管理

根据现场条件和工程施工需要，现场需要办公用房、设备材料贮存用房、线槽、线管临时存放区和临时加工区用房，施工平面布置如附图 1-1 所示。办公用房设置一图六版，即现场施工总平面图、总平面管理、安全生产、文明施工、环境保护、质量控制、材料管理等的规章制度和主要单位名称及工程概况的说明。

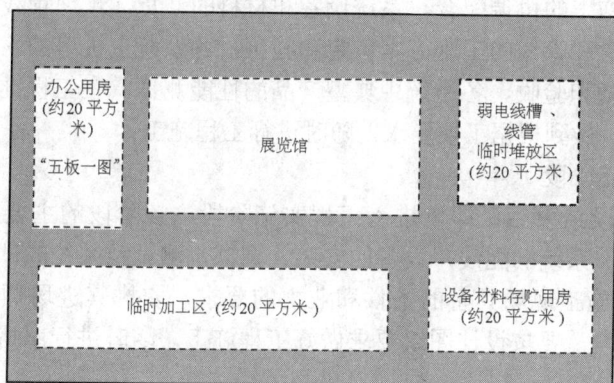

附图 1-1　施工平面布置图

各专业在指定的区域施工，严格遵守关于现场管理的各项制度，落实现场场容管理的各项要求，做到现场整洁、干净、节约、安全、施工秩序良好，现场道路必须保持畅通无阻，保证物质材料顺利进退场，场地应整洁，无施工垃圾，场地及道路定期洒水，降低灰尘对环境的污染。

现场设置生活及施工垃圾场，垃圾分类堆放，每天完工前送到指定的垃圾堆放点，清洁派专人打扫。

3.2　工程总目标

质量目标：确保工程质量为优良。

安全目标：在施工安装、调试直至验收的全过程中，安全施工，做到施工现场无事故。

文明施工目标：规范化、标准化现场管理，保证环保、文明施工。

费用目标：合理控制费用，追求合理性价比。

3.3 施工阶段划分与阶段目标

按工程实施顺序划分为四个阶段：工程设计阶段、工程准备阶段、工程实施阶段和工程交付阶段。

3.3.1 工程设计阶段

做好管线路由设计，考虑强电、智能线槽的空间布局及相互间的影响。考虑线槽与消防、水、风等专业在空间的分配。

做好网络信息点设计，严格按照设计规范要求，确保信息点位置、数量、与配线间中心机房的距离要求符合规范要求，信息插座的安装要防尘、防水、防强电干扰。配线间和中心机房的装修要符合计算机信息机房的设计规范。线缆的传输距离、传输速率要符合设计规范。

3.3.2 工程准备阶段

在这一阶段中，工作的主要内容包括施工工具、设备和人员到位。与相关施工单位充分沟通，做好交叉施工的协调配合。系统设备和材料的订货，预埋管线工程检查，确定补充线槽、终端预埋盒和管线的工程方案审定和施工，各系统主机房的工程设计和施工，系统设备和材料的到货和验收、各系统中典型产品的性能测试。在工程准备阶段做好人力、物力、财力的准备，做到根据工期要求，随时进行工程施工。

3.3.3 工程实施阶段

在工程准备阶段结束后，即可进入工程实施阶段，该阶段的主要工作有：桥架、管线、预埋件的安装，系统的配线，设备的安装、调试、测试及系统的试运行。我们将根据各分系统的特点、施工现场具备的条件和业主的要求，安排其进场顺序和制定施工进度表。在工程实施阶段，要按设计图纸要求做好工程施工，随时进行严格的质量检查，认真做好调试和资料记录。

3.3.4 工程交付阶段

系统调试结束，进入工程交付阶段。此阶段中的主要工作包括：完成所有系统的测试报告和竣工报告、绘制竣工系统图和竣工工程图、业主和承包方组织工程验收、对业主方相关技术人员进行培训。

3.4 施工配合措施

3.4.1 与业主、监理的配合措施

服从业主和监理的管理，切实做好工程的施工工作，并做好与土建专业的施工配合及各专业间配合，协调统一、综合安排，确保施工质量，确保工程总体进度。

(1) 供应的设备和材料按工程施工进度计划及时提供。

(2) 业主、监理在施工过程中，对安装施工进度及质量进行监督，设备工厂测试、设备材料的进货检验、隐蔽验收、分项工程验收等应按要求请报业主、监理参加验收。

(3) 提前编制调试方案，报请土建审批，并由业主、监理参加验收。内容包括：调试要求、时间进度计划、调试项目、程序和采用的方法等。

(4) 业主按招标文件和合同约定及时解决工程进度款和设备订货款。

(5) 密切配合各施工单位，做好施工的协调工作，出现交接工作面或交叉施工时，听

从业主(或监理方)、总承包方的指导与管理。

(6) 配合业主的工地管理工作，做好环境保护。

(7) 保证施工期间不扰民，如果出现施工扰民与民扰工作，积极配合业主方处理好扰民与民扰工作。

(8) 根据现场实际需要随时接受监理工程师的指导，无论何种理由提出的进度计划的变更或延长工作时间的要求，都应当积极响应。

3.4.2 与土建的配合措施

在工程施工始末，我公司将与土建方密切合作，遵守土建方在工地生产的质量、安全、工程进度及文明施工方面的规定，在工程施工过程中积极与土建方协调，以协商解决因工程而引起的各种问题。

由于智能系统布展工程施工的特殊性和它的技术要求，基础设施施工(如桥架、管、线)与土建、装修、机电各专业施工同时进行，该阶段必须主动积极配合好其他各专业施工，为下一步的施工打下良好的基础。其他设备的安装是在土建施工完毕、机电其他各专业施工接近尾声、精装修基本完成，主要施工人员撤场的情况下进行施工，因此不仅要认真检查所具备的施工面，尤其要注意对各专业的成品保护。对于自身的成品保护必要时提出书面的方案交业主及监理审查备案并依此执行。做到分工明确，责任到人，交叉施工时紧密配合，交接面工作彻底，不留死角。

智能系统布展工程施工是整个建筑工程的一个组成部分，与其他各专业的施工必然发生多方面的交叉作业。如强电线槽与智能线槽的空间分配、走向、间距，电缆电线保护管预埋、设备安装和各种支持件、固定件的安装，都要在装修施工中预埋、预放和预留孔、洞。这样，不但能提高安装质量，而且能加快施工进度，提高生产效率和经济效益，保证施工过程的安全。

施工人员在了解建筑结构及施工方法的基本特点后，可以采取相应的方法，在装修施工阶段充分利用有利时机，做好电气安装的配合施工。同时，不应出现智能安装影响结构的情况，在与任何专业发生交叉矛盾时，要请示业主协调解决。

在施工中时刻与土建施工单位保持密切接触，观察施工进度，对施工位置是否正确，尺寸是否准确，是否有遗漏进行跟踪。如有问题及时提出，与有关方面共同协商，求得解决的办法。

3.4.3 与其他施工方的配合措施

与精装修的配合非常重要，有许多表面安装的设备，如果在所有墙面施工完成后再进行智能系统布展设备安装，就会由于随便乱开孔而破坏了墙面的美观，甚至于毁坏墙面。因此精装修施工时就必须配合好，将此类设备的管线敷设好，尤其是吊顶、墙内隐蔽的工程。根据楼内设备布置，吊顶哪些地方需设置设备检修口，在装修封顶前提出。因设备安装需要，吊顶龙骨需要加固的，事先给精装修施工单位提出要求，加固方案由装修确定。进行表面设备安装时应注意对装修的成品保护，不能破坏、污染装修面。同时，各子系统控制室的装饰还需与工程整体的装饰工程同步进行。

智能系统布展工程与机电其他各专业交叉作业多，主要表现在：在施工时，智能系统还可能用到机电的某些线槽，如智能系统中的电源线需走强电的线槽，这时，就需要强电的线槽必须留有足够的容量，以满足智能系统中电源线的敷设。我公司会在施工阶段联系好各专业的施工负责人，随时做好有关技术、安装和调试的配合工作。在必要的时候需要业主出面协调处理，我公司会及时与业主和监理方沟通，协调解决施工、调试、验收过程中的相关问题。

4 施工计划

4.1 工作分解结构(WBS)

通过将一个项目分解成易于管理的几个部分或几个细目，以便确保找出完成项目工作范围所需的所有工作要素。通过在项目全范围内分解和定义各层次工作包的方法，按照智能系统布展工程施工项目发展的规律，依据一定的原则和规定，进行系统化的、相互关联和协调的层次分解。通过详细分析金堂智能系统布展工程的项目工程要求、设备清单、现场情况，对金堂智能系统布展的工作步骤进行详细分解。金堂智能系统布展工程工作分解结构由三个层次组成，第一个层次为智能系统布展工程项目；第二个层次是单体工程或单位工程项目的先后次序及施工组织上的先后次序；第三个层次是单项工程或单位工程按照施工的技术规律和合理的组织关系，解决各工序之间时间上的先后和搭接问题的施工顺序安排。

4.2 施工进度计划

4.2.1 施工进度计划编制原则

(1) 制订施工进度控制计划，并制订相应的配套计划，严格控制关键线路的施工，并定期(每周)进行核对进度前锋线，及时做出调整，从而控制安装工程的总体进度。

(2) 项目部进行深化设计，并配合专门技术人员进行预留、预埋工作，为各工种之间创造施工条件，保证工程总体进度。

(3) 与各有关单位进行配合协调，既要考虑综合布线的专业需要，又要考虑土建方的指导，使我公司编制的进度计划符合土建方的总控计划。

(4) 抓好关键工序施工，以点带面，并严格按施工流程及工序施工，严禁工序倒置。

(5) 在组织好分部位施工的同时，集中力量保证重点部分，各专业工种搞好协调配合，确保安装进度。

(6) 以精良的人员管理、充分物力资源、完善的体系及制度保证安装工程流水施工的实施。

4.2.2 进度计划工期

本次采用交叉施工方法，分智能系统布展线槽施工、配管、配线、末端设备和小电器安装、线缆终接和系统调试几个工艺流程，按工作分解结构，分系统分步骤交叉施工。

4.2.3 进度计划的细化和实施

无论何时，如果监理工程师认为工程的实际进度与已经取得批准的进度计划不符，我公司立即根据监理工程师的要求提交一份经过修订的进度计划，以显示为保证工程按期竣工而对原进度计划进度所做的修改。

在任何时候，如果监理工程师认为工程或工程的任何区段的施工进度不符合已经取得批准的进度计划，或不符合已经修改的进度计划，或不符合竣工期限的要求，我公司在监理工程师的同意下，采取必要的措施，加快工程进度，以使工期符合竣工日期的要求。

4.3　劳动力投入计划

工程需要智能线槽施工工人，配管、配线工人，机柜、机架、分线箱、分支器箱和插座安装工人和小电器安装工人。另外，还需要现场施工项目管理人员，线缆测试、设备调试工程技术人员。为保证本工程各项内容按预定计划完成，在编制施工进度计划时，我公司充分考虑到各专业在完成每道工序所需的人工并制订了相应的人员安排计划。在工程深化设计，主要是以设计人员为主；工程实施设备材料安装，以现场项目经理、专业工程师指导下的施工队为主；工程调试阶段，大部分技术工人撤场，以专业技术工程师为主。施工阶段除专业的技术工程师和现场施工工长外，各专业至少有 2 名具有施工资格的技术人员和数十名有同类施工经验的熟练工人组成。根据施工分解结构和施工进度计划网络图，最多每天需要 15 人，最少需要 8 人。

施工人员选择：

(1) 选择参加过同类型或大型工程建设的技术工人队伍参加本工程的施工。

(2) 对班组长和技术工人采取考核上岗方式，考核分为实际操作和专业考试两部分。电焊工、电工等特种技术工人，须持劳动部门颁发的有效证件上岗。

(3) 根据工期进度安排，编制各专业详细劳动力计划，配备充足的专业技术工人，保障工程施工的基础力量。

4.4　机械设备使用计划

为了保证施工现场工程顺利开展，我公司准备了施工现场可能用到的机械设备，保证专项工程专项利用。

如果需要另外提供、架设和维修本分包工程施工及保护所需的机械装置、设备、工具、器械、梯子、防水油布及其他物品，并在不再需要时拆除，须事前征得业主同意。机械的架设方法、位置须符合业主的要求。如果出现设备故障，应积极提供备用机械，然后再去维修，不能因机械维修而影响正常的施工，也不得以机械维修为借口，暂停或延缓施工，详见附表 1-1。

附表 1-1　机械设备的使用

序号	机械或设备名称	型号规格	数量	国别产地	额定功率/kW	生产能力	用于施工部位	备注
1	台式机		2	中国	0.3	良好	办公室	
2	笔记本	IBMR59E	2	美国	0.3	良好	办公室和设备间	
3	交换机	netgear	2	美国	0.2	良好	办公室	
4	打印机	HP	2	美国	0.1	良好	办公室	
5	传真机	三星	1	韩国	0.1	良好	办公室	
6	测试仪	FLUKE 4000	2	美国		良好	网络线缆测试	

序号	机械或设备名称	型号规格	数量	国别产地	额定功率/kW	生产能力	用于施工部位	备注
7	测试仪	FLUKE 100	2	美国		良好	线缆测试	
8	专用打号机	BADY	2	美国		良好	线缆标号	
9	台钻	增产 ZCQ103	2	中国	1	良好	线槽、配管施工	
10	便携式场强仪	5380A	1	中国	1	良好	有线电视测试	
11	便携式监视器	JVC	1	日本	0.3	良好	保安监控调试	
12	万用表	MF47	4	中国		良好	线缆测试、设备调试	
13	标签打印机	DY01000	1	美国		良好	标示号码	
14	焊机	京雄 BX1-160	1	天津	3	良好	配管、线槽施工	
15	切割机	日久 JIG-DY01	2	中国	2	良好	配管、线槽施工	
16	冲击钻	九州 ZIC	2	中国	2	良好	箱体固定	
17	冲击钻	博士	3	德国	3	良好	线槽固定等	
18	电工工具		8	中国		良好	配线、配线柜等施工	
19	套丝机	威力	4	中国	3	良好	配管施工	
20	车辆	五菱	1	中国		良好	运输	
21	电烙铁		6	中国	0.5	良好	电缆接线头制作	

4.5 用水、用电计划

智能系统布展工程的水电设施服从业主及土建单位的统一部署,经申报同意后使用业主指定的供水、供电设施。现场生产用水主要为冲洗、试压,其余用水为生活用水。

计划用水量平均 0.25t/天,现场用水应与土建专业协调解决。严禁乱开启现场内、外市政管线。生活用水注意卫生,饮水应消毒,如使用建筑物内的生活水箱,应定期检验水质,防止发生污染。注意办公及生活区环境保护,生活废水应排放在指定地点,禁止乱泼乱倒。

现场主要用电设备为电锤、电钻、切割机和办公设备用电。后期主要是设备调试用电。

安装维修拆除临时用电工程必须由电工完成，严禁违章指挥，违章作业。施工现场内配电线路应采用埋地或架空敷设，严禁沿地面明设，并应避免机械损伤和介质腐蚀。配电箱及用电设备必须加装防雨罩。落地安装的应用绝缘物架起。暂设电工应每天巡视检查用电装置及设备，及时发现隐患，纠正问题，严禁常"漏"运行。未尽事宜均按《施工现场临时用电安全技术规范》(JGJ 46—88)执行。

5 施工方法

5.1 施工程序

制定科学合理的施工程序：深化设计→编报材料、设备计划→材料、设备到场检验→支吊架加工、桥架、配管施工→管路清扫、线缆敷设→校线对线、线缆编号→设备接线→单体静态调试→系统静态调试→系统动态调试→验收。施工工艺流程如图 1-2 所示。

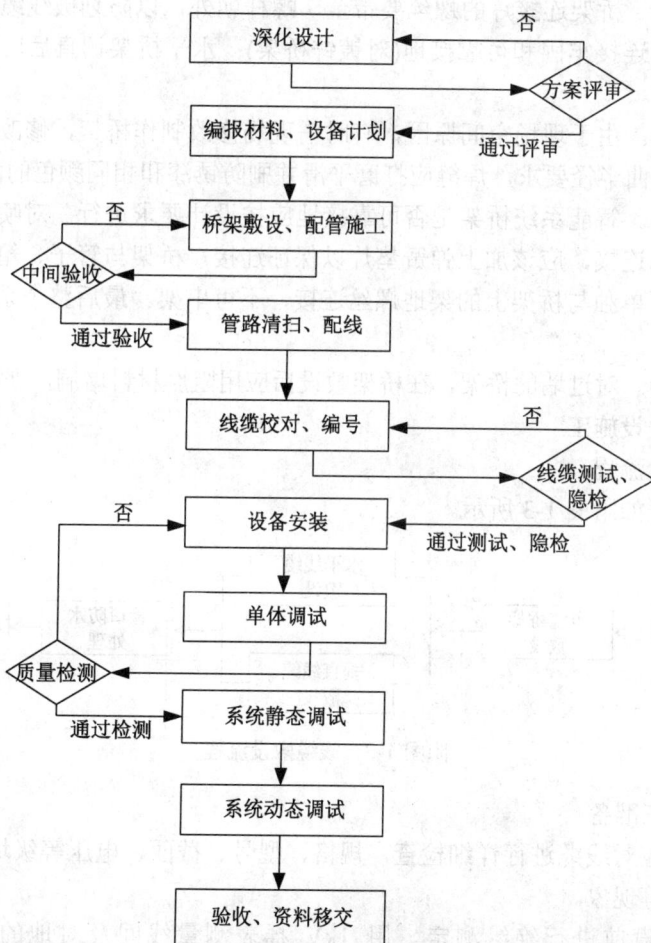

附图 1-2 施工工艺流程图

在执行该程序施工过程中，施工方法的选择很重要。首先必须严格按图施工，同时还必须以现场实际情况作为作业指导。对施工班组、人员进行科学合理的任务分配、详细的技术交底。层层落实责任，各班组严格控制施工质量和工程进度，上道工序没达到要求的情况下不得进行下道工序的施工。

5.2 施工方法

5.2.1 工程线槽施工

施工流程：组对→焊接或螺栓固定→弯头、三通或四通、盖板、隔板制作安装→支架制作、安装→接地→防火堵洞。

(1) 进场桥架应经业主、监理验收合格后方可使用。

(2) 进场桥架不容许在露天堆放，在搬运中，应采取措施，以防表面涂层受损。

(3) 桥架应按照整体确认的安排进行排放。桥架中布线，对各种不同的信号线缆应有隔板分离。

(4) 桥架安装、桥架敷设要做到横平竖直，按照规范及桥架承载能力，设置支架，并在拐弯处增设支架。桥架连接片的螺丝要带全，螺杆朝外，以防划破线缆。连接螺丝应加上弹簧垫片，以便连接牢固和可靠接地(对镀锌桥架)；水平桥架调直后应该用螺丝将桥架与托臂、横担固定。

(5) 桥架制作。由于现场空间原因，有时需现场修改制作桥架，修改桥架时应做到：拐角应满足线缆弯曲半径要求，焊缝应打磨平滑并刷防锈漆和相同颜色的面漆。

(6) 桥架接地。智能系统桥架是否可靠接地应按设计要求进行。对喷塑桥架每两节之间用可靠的接地线连接，应该加上弹簧垫片以保证连接。桥架与管子、箱子都要用接地线连接，每个地线要单独与桥架上的架地螺丝连接，不可串架。最后整个系统要与接地极可靠连接。

(7) 防火堵洞。对过墙的桥架，在桥架敷设后应用阻燃材料堵洞，严格密封。

5.2.2 线缆敷设施工

1) 线缆敷设流程

线缆敷设流程如附图 1-3 所示。

附图 1-3 线缆敷设流程

2) 线缆施工准备

(1) 施工前应对线缆进行详细检查，规格、型号、截面、电压等级均须符合要求，外观无扭曲、损坏等现象。

(2) 线缆敷设前进行绝缘测定。用 1kV 摇表测量线间及对地的绝缘电阻不低于 $10M\Omega$。摇测完毕，应将芯线对地放电。

(3) 线缆测试完毕，线缆端部应用橡皮包布密封后再用黑胶布包好。

(4) 线缆敷设机具的配备：采用机械布放线缆时，应将机械安装在适当位置，并用钢丝绳和滑轮安装好。人力布放线缆时将滚轮提前安装好。

(5) 临时联络指挥系统的设置。

① 线路较短或室外的线缆敷设，可用无线电话对讲机作为联络，手持扩音喇叭指挥。

② 高层建筑内线缆敷设，可用无线电话对讲机作为定向联络，简易电话作为全线联络，手持扩音喇叭指挥(或采用多功能扩大机，它是指挥放线缆的专用设备)。

(6) 在桥架上多根线缆敷设时，应根据现场实际情况，事先将线缆的排列用图或表表示出来，以防线缆交叉和混乱。

3) 线缆敷设方法

(1) 水平敷设。

① 敷设方法可用人力或机械牵引。牵引前要按顺序编号、捆扎，并均匀用力。

② 线缆沿桥架或线槽敷设时，应单层敷设，排列整齐不得有交叉、拐弯处应以最大截面线缆允许弯曲半径为准。线缆严禁绞拧、护层断裂和表面严重划伤。

③ 线缆转弯和分支应有序叠放，排列整齐。

(2) 垂直敷设。

① 垂直敷设，有条件时最好自上而下敷设。土建拆吊车前，将线缆吊至楼层顶部。敷设时，同截面线缆应先敷设底层，后敷设高层，应特别注意在线缆轴附近和部分楼层应采用防滑措施。

② 自下而上敷设时，底层小截面线缆可用滑轮大绳人力牵引敷设，高层、大截面线缆宜用机械牵引敷设。

③ 沿桥架或线槽敷设时，每层至少加装两道卡固支架。敷设时应放一根，立即卡一根。

④ 线缆穿过楼板时，应装套管，敷设完后应将套管与楼板之间缝隙用防火材料堵死。

(3) 挂标志牌。

① 标志牌规格应一致，并有防腐功能，挂装应牢固。

② 标志牌上应注意标明回路编号、规格、型号及电压等级和敷设日期。

③ 沿桥架敷设线缆在其两端、拐弯处、交叉处应挂标志牌，直线段应适当地设标志牌，每 2m 挂一标志牌，施工完毕做好成品保护。

在工程中，大多信号类型都是直流电压、电流信号或数字信号，故对线缆(线)的敷设工作应注意以下几点。

(1) 线缆敷设必须设专人指挥，在敷设前向全体施工人员交底，说明敷设线缆的根数，始末端的编号，工艺要求及安全注意事项。

(2) 敷设线缆前要准备标志牌，标明线缆的编号、型号、规格、图位号、起始地点。

(3) 在敷设线缆之前，先检查所有槽、管是否已经完成并符合要求，路由与拟安装信息口的位置是否与设计相符，确定有无遗漏。

(4) 检查预埋管是否畅通，管内带丝是否到位，若没有应先处理好；如果需要更换以前的线缆，应先用带丝捆扎以前的线缆，小心从管路另一口内抽出，把带丝留在管里，作为更换新线缆的带线。

(5) 放线前对管路进行检查，穿线前应进行管路清扫、打磨管口。清除管内杂物及积水，有条件时应使用 0.25MPa 压缩空气吹入滑石粉，以保证穿线质量。所有金属线槽盖板、护边均应打磨，不留毛刺，以免划伤线缆。

(6) 核对线缆的规格和型号。

(7) 在管内穿线时，要避免线缆受到过度拉引。

(8) 布放线缆时，线缆不能放成死角或打结，以保证线缆的性能良好，水平线槽中敷设线缆时，线缆应顺直，尽量避免交叉。

(9) 做好放线保护，不能伤及保护套和踩踏线缆。

(10) 对于有安装天花板的区域，所有的水平线缆敷设工作必须先把天花板拆卸下来，施工完成后，小心复位。所有线缆不应外露。

(11) 线缆与接线端子板、仪表、电气设备等连接时，应留有适当余量。楼层配线间、设备间端留线长度(从线槽到地面再返上)为铜缆 3～5m，光缆 7～9m，信息出口端预留长度 0.4m。

(12) 线缆敷设时，两端应做好标记，线缆标记要表示清楚，在一根线缆的两端必须有一致的标识，线标应清晰可读。标线号时要求以左手拿线头，线尾向右，以便于以后线号的确认。

(13) 垂直线缆的布放。穿线宜自上而下进行，在放线时线缆要求平行摆放，不能相互绞缠、交叉，不得使线缆放成死弯或打结。

(14) 光缆应尽量避免重物挤压。

(15) 绑扎：施工穿线时做好临时绑扎，避免垂直拉紧后再绑扎，以减少重力下垂对线缆性能的影响。主干线穿完后进行整体绑扎，要求绑扎间距不大于 1.5m。光缆应进行单独绑扎。绑扎时如有弯曲应满足不小于 10cm 的弯曲半径。

(16) 安装在地下的同轴线缆须有屏蔽铝箔片以阻隔潮气。

(17) 同轴线缆在安装时要进行必要的检查，不可损伤屏蔽层。

(18) 安装线缆时要注意确保各线缆的温度要高于 5℃。

(19) 填写好放线记录表。记录中主干铜缆或光纤给定的编号应明确楼层号、序号。

(20) 线槽内线布放完毕后应盖好槽盖，满足防火、防潮、防鼠害之要求。

5.2.3 机柜(箱)内接线

机柜(箱)内接线应注意以下几点。

(1) 按设计安装图进行机架、机柜安装，安装螺丝必须拧紧。

(2) 机架、机柜安装应与进线位置对准；安装时，应调整好水平、垂直度，偏差不应大于 3mm。

(3) 按供货商提供的安装图、设计布置图进行配线架安装。

(4) 机架、机柜、配线架的金属基座都应做好接地连接。

(5) 核对线缆编号无误。

(6) 端接前，机柜内线缆应做好绑扎，绑扎要整齐美观。应留有 1m 左右的移动余量。

(7) 剥除线缆护套时应采用专用开线器，不得刮伤绝缘层，线缆中间不得产生断接现象。

(8) 端接前须准备好线缆端接表，线缆端接依照端接表进行。

(9) 来自现场进入机柜(箱)内的线缆首先要进行校验编号。

(10) 来自现场进入机柜(箱)内的线缆要进行固定。

(11) 来自现场进入机柜(箱)内的线缆，应留有一定的余量。

(12) 来自现场进入机柜(箱)内的线缆一般不容许有接头。

(13) 来自现场进入机柜(箱)内的线缆尽量避免相互交叉。

(14) 按图施工接线正确，连接牢固接触良好，配线整齐、美观、标牌清晰。

(15) 选用同一型号的线缆颜色要尽可能统一，便于安装调试和日常维护。

(16) 接线时电源线、信号线的颜色加以区分。

(17) 在交、直流电源线中，红线为相线(L)或正线(+)，黑线为零线(N)或负线(-)。

(18) 在直流信号中，黄色为正线(+)，绿色为负线(-)。

(19) 蓝色线为数据线。

(20) 黄绿相间的双色线为地线(注意，不是直流电的零线和直流电的负线)。

(21) 接线完毕，由第二人进行复检确认后，方可送电，以免接线错误造成系统设备损坏。

5.2.4　接地要求

1)　保护接地

电子设备外壳保护接地 PE 干线可用镀锡铜排，其截面可按最大用电子设备的传输相导体截面来选择 PE 干线。PE 干线下端与总等电位联结铜排联结后，设置在智能竖井中，引到电子设备所需的楼层。接地电阻阻值不大于4Ω。

2)　直流接地

直流接地与其他接地系统分离，其接地体与其他接地体的距离不小于 20m，接地引线距离与其他接地引线距离不小于 2m。在智能机械设备下面，采用铜排网络，交接处用锡焊焊接或压接在一起。接地电阻值小于1Ω。

3)　屏蔽接地及防静电接地

屏蔽接地引线直接与 PE 线连接或与辅助等电位联结铜排相连。

4)　电子设备接地

电子设备接地采用地下平行敷设，做成靶形或星形。接地电阻一般为 4Ω，如果防雷接地电阻应小于1Ω。

5)　数据处理设备的接地

数据处理设备的接地电阻小于 4Ω，输入信号用钢管敷设或敷设在带金属盖板的金属桥架内，钢管及桥架均接地敷设。

5.3　施工关键点及控制措施

做好总控计划，在每道工序施工过程中做好检查，在某个工序施工完工后，该工序进行彻查，如果不能通过初验，则不能进行下道工序施工。在施工过程中重点控制线缆敷设检查、设备安装时系统接地检查、设备调试检测等工序。

(1) 深化设计阶段，做到全面、深入、合理。

(2) 设备报验阶段，严格按规程检验。

(3) 线缆敷设阶段，做好隐蔽工程验收。

(4) 设备安装阶段，严格按规程、产品说明书和质量控制体系施工。

(5) 设备调试阶段，严格按照规程进行设备调试。

(6) 设备检测阶段，按照相关的标准进行检测。

(7) 各个阶段的工作，都由工程技术人员做好施工记录，存档备查。

5.4 施工检查措施

施工检查措施具体如下。

(1) 技术人员要建立自检、互检和交接检制度，并做好工序之间的交接验收，做好施工记录。

(2) 严格质量检查验收，施工队伍完成分项工程后，必须进行自检，自检合格后，不同工序施工交接时，要进行详细交接检查，并做好交接检查手续，报请项目部做质量检查，下道工序施工前必须对上道工序的分项工程再次进行质量检查验收，质量合格后，才能进入下道工序施工。

(3) 建立工程质量检查验收档案管理制度，所有施工过程必须有详细的记录，并报项目部存档。

(4) 工程质量检查验收工作一定要有规范的记录，填写相关的表格资料并经有关责任人签字认可，负责人审核，存档备案。

(5) 建立工程质量例会制度，每周召开一次质量例会，由项目质量部主管主持，各技术管理人员参加，分析一周来施工中有关质量问题，主要检查管线工程和设备安装工程，做到发现问题立即整改解决。

5.5 成品、半成品保护措施

施工人员要认真遵守现场成品保护制度，注意爱护建筑物内的装修、成品、设备、家具以及设施。

设备在安装前由业主、监理、施工单位有关人员进行设备进场验收，进行拆箱清点并做好记录，发现缺损及丢失情况，及时反映到有关部门。应参加人员不齐时，不得随意拆箱。

设备开箱清点后对于易丢、易损部件应指定专人负责入库妥善保管。各类小型元件及进口零部件，在安装前不要拆包装。设备搬运时明露在外的表面应防止碰撞。对成品有意损坏的要给予处罚。对其他专业成品要加强保护，不得随意拆、碰、压，防止损坏。

各专业施工遇有交叉"打架"现象发生，不得擅自拆改，须经设计、业主及有关部门协商，由业主和监理方协调解决后，方可施工。

对于机房等重要部位，在不具备安装条件时不得进行设备安装，当设备安装好门后要加锁，并设专人看管。对于贵重、易损的仪表、零部件尽量在调试之前进行安装，必须提前安装的要采取妥善的保护措施，以防丢失、损坏。

现场的材料供应和管理措施：现场应有与工程量相适应的场地、库房，以利主、辅料及加工件的堆放、储备。现场的设备、材料、加工件派专人负责按生产进度、计划编制，进行收、管、发的工作。库内、场内的各种材料分规格、型号码放整齐，符合材料管理程序文件的要求。充分发挥班组长的作用，加强对施工班组料具的管理，防止材料和零部件的丢失，废料、下脚料及时回收。

6　施工保障措施

6.1　设备材料准备计划

公司采购产品事先提供报价、样品、材质、厂家经业主和监理确认后采购。订货质量按国内标准(国标、部标、行业标准)确定。如果业主指定厂家，按业主要求执行。我公司根据工程进度需要制订材料设备采购计划，并将拟采购的品种数量在计划开始采购前 2 周通知业主。

6.1.1　目的

对采购产品采购文件、采购合同的控制及对采购产品的适当验证进行规定，以保证采购产品的质量，满足工程质量要求。适用于工程中所需物资设备的采购控制。

6.1.2　职责划分

计划部负责设备清单和工程订货计划表的编制，项目经理部负责制订采购计划、签订合同并负责采购实施，设备材料部负责外购产品的进货验证，质量安全部与计划部共同负责外协产品的进货检验。

6.1.3　工作程序

1)　采购计划的编制

计划部编制设备清单、工程订货计划表，明确规定采购产品的名称、规格型号数量、技术条件、交货期等订货要求；设备清单和工程订货计划表经主管领导审批后，成为正确有效的文件。

工程部制定设备清单报项目经理部，其变更通过"工程订货更改通知单"通知计划部。

计划部根据设备清单、工程订货计划表、物资库存情况、市场供货情况，编制"采购计划"。

2)　采购合同的要求

项目计划部采购主管选择合格供货商签订订货合同或技术协议，实施采购计划。采购合同应符合工程设计部订货要求，明确规定所购产品名称、规格、型号、数量、技术和质量要求，以及价格、付款方式、交货日期、违约条款及售后服务等内容。对有特殊要求的产品应提出包装、运输、防护措施等要求。签订采购合同中注明的图样、技术标准和验收标准应为现行有效的版本。合同上的质量条款应简明具体，词意明确，防止出现不必要的质量争端。

3) 外购产品的验证

外购产品到货后，由物资验证人员检查包装是否符合要求、标识是否清楚、外观质量是否完好、随产品的附件是否齐全，核对型号、数量，检查产品合格证明文件，填写"进货产品验证记录"。

外协产品到货后，设备材料部清点数量后，填写"采购产品送检单"，交工程部专业技术人员，专业技术人员按进货检验和试验控制程序及有关设计文件，进行进货检验，检验结果以"质量检测报告单"的形式通知项目经理。

材料管理部以"进货验证记录"或"质量检测报告单"为采购产品入库依据，对不合格的采购产品，按合同规定，进行退货、更换等处理。

4) 采购文件和资料的管理

采购产品过程中形成的文件资料，包括设备清单、工程订货计划表、采购计划、采购合同与分承包方的往来文件，由项目管理办公室负责整理并归档。

采购产品验证和检验记录由材料管理部收集，作为采购产品的质量凭证保存，同时作为分承包方质量保证能力评价提供依据。

6.1.4　质量记录

采购过程中将随时填写以下表单：工程订货计划表、工程订货更改通知单、采购产品送检单、进货产品验证记录、质量检测报告单。

6.1.5　贮存计划

为确保货物安全，我公司建议"一次订货，分批到达，每周物流配送"的方案。设备材料采购到达金堂后，我公司建议先贮存在我公司物流库房内，由设计部根据周计划，提前一周由物流部把现场需要货物调到施工现场，并通过监理部验收，然后安装。

6.2　进度保障措施

6.2.1　保障工程工期的技术组织措施

保障工程工期要采取以下技术组织措施。

(1) 建立健全领导组织机构，制定完善的工期保障体系，如附图1-4所示。

(2) 选派能力强、水平高、经验丰富的干部进入各级管理层，选择有良好基础和施工业绩的精良队伍投入本工程。

(3) 加强职工教育工作，对按质按期完成任务的人员给予奖励。

(4) 定期召开生产会议，使工程始终处于受控状态。

(5) 遵从监理工程师的正确指导，避免返工造成工期延误。

(6) 为确保工期，配备充足的交通工具，保障材料及时供应、设备及早就位。

(7) 确保机械设备的及时投入使用。

(8) 精心编制实施性施工组织设计，实行动态管理，不断优化施工方案。

(9) 严格按照合同文件要求，推行全面计划管理。

(10) 认真做好图纸审核、交底及实施性施工组织设计的编制等工作。

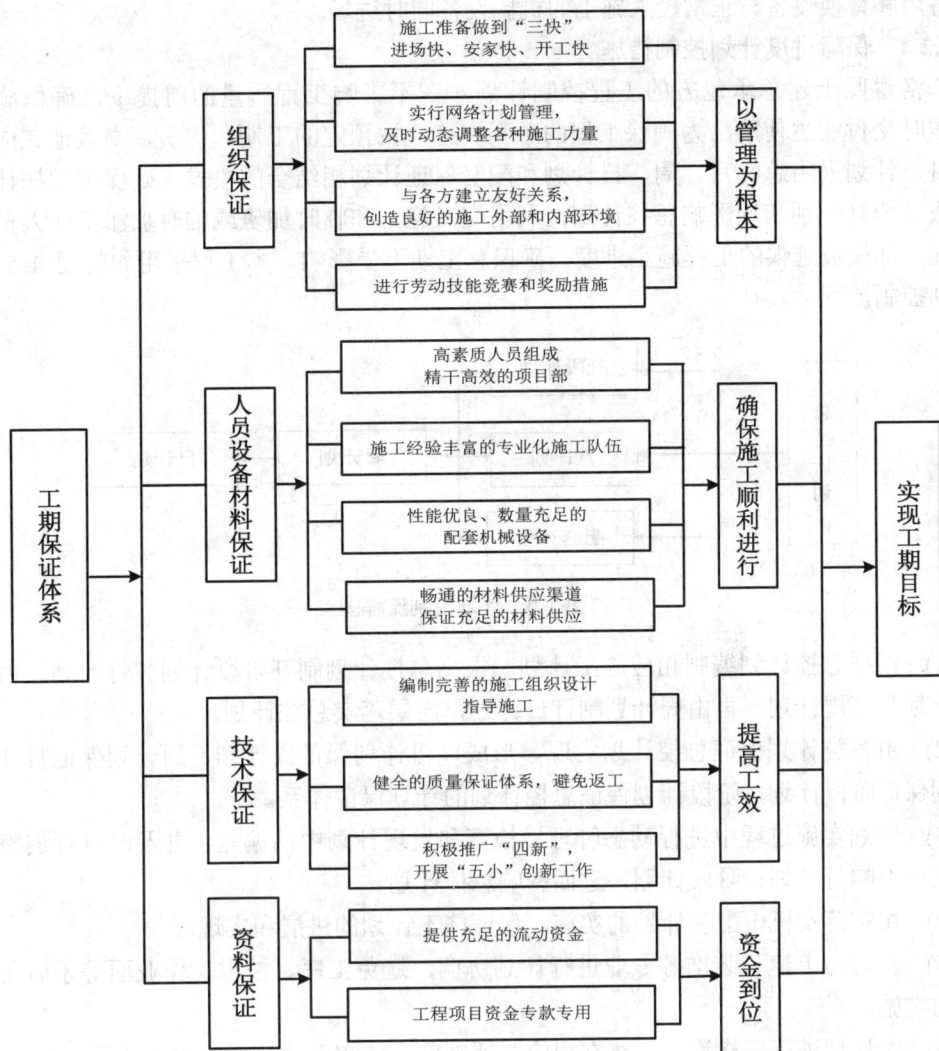

附图1-4 工期保证体系框图

6.2.2 实现工期目标的保证措施

建立岗位责任制，实施进度监控管理；合理配置资源，满足进度要求；优化施工方案，科学组织施工；开展劳动竞赛，引入竞争机制；加强调度指挥，强化协调力度；做好施工保障工作。

6.2.3 备用和替换设备的保证措施

项目经理部均成立设备管理领导小组，设置专职设备管理员，负责机械设备管理、调配、考评及负责设备保养、维修等日常工作。加强设备日常管理工作，落实设备管理责任制，所有设备操作员必须持证上岗。加强机械设备维护保养工作，通过日常的维修保养，充分提高设备的完好率和利用率。上场的机械设备的完好率确保100%。备用设备和替换设备(已包括在拟投入主要机械设备表内)，按封存标准封存，并进行轮换保养，备用发电机安装就位，确保可随时启用。替换下来的机械设备，立即组织抢修，达到完好标准后封存。备用和替换设备与正常投入施工的机械设备同时进场。

6.2.4 保障进度计划控制措施

严格遵照土建总承包方的工程控制计划，在不影响工程质量的前提下，确保施工进度，按时交付业主使用。为确保工程的顺利实施，按预定的工期，优质、高效地完成本工程项目，计划采用总、月、周、日计划和配套保证计划相结合的模式，确保工程按计划如期完成。一旦个别工期影响总控计划，利用交叉施工和临时加班或临时加派工作人员等纠偏措施，加快被延误的工程施工进度，确保总工期不受影响。本工程采用如附图 1-5 所示的计划控制流程。

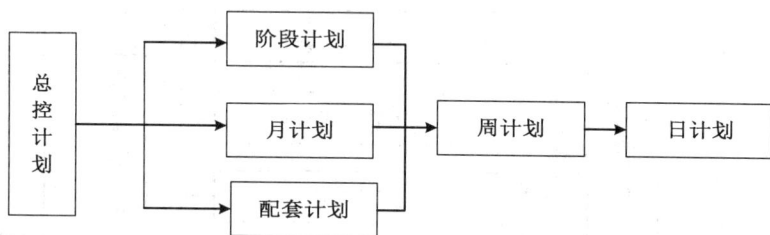

附图 1-5　计划控制流程图

(1) 根据总控计划编制相应施工计划。根据总控计划制订阶段计划和月计划，由阶段和月计划制订周计划，再由周计划制订日计划，层层落实总控计划。

(2) 由各类计划保证总控计划实现。形成以日计划保证周计划，周计划保证月计划，月计划保证阶段计划，阶段计划保证总控计划的计划保证体系。

(3) 计划实施过程中进行动态管理，检查和发现计划中的偏差，并及时进行调整和纠正，避免影响月计划、阶段计划，进而影响总控计划。

(4) 切实落实机电配套计划的实施，保证施工计划的进展和实现。

(5) 及时与土建、装饰等专业进行计划协调，避免工序、技术、作业面等矛盾而影响计划的实施。

(6) 对计划进行严格管理，建立相应奖惩制度，切实保证计划的实施效果。

(7) 在施工过程中随时听取业主及监理对工程进度的意见和建议，并积极做出相应的调整，保持与工程整体安排部署及业主、监理的步调统一。

(8) 为保证总控计划的实施，应制订配套计划：材料设备送审、订货、进场计划，施工机具使用计划，劳动力使用计划，调试计划，验收计划，培训计划。

6.3 质量保障体系

为确保工程质量，应以制度规范质量管理行为。编制科学的施工组织设计及可行的质量计划作业指导作为质量保证的基础，开展广泛的群众性 QC 小组活动，形成全员管理质量的氛围，建立完善的质量管理体系。质量组织保证体系如附图 1-6 所示。

```
                          ┌──────────────┐
                          │  质量保证体系   │
                          └──────┬───────┘
                                 │
                          ┌──────┴───────┐
                          │   管理制度     │──────────────┐
                          └──────┬───────┘              ▼
                                 │                ┌──────────────┐
                                 │                │   群众活动     │
                                 │                └──────┬───────┘
         ┌──────────────┐ ┌──────┴───────┐              ▼
         │              │ │ 设计文件审核    │        ┌──────────────┐
         │              │ │ 测量双检制     │        │ 质量目标、创优规划 │
         │   开工前检查   │ │ 材料出厂检验制度 │        └──────┬───────┘
         │              │ │ 编制质量计划、创优计划            ▼
         │              │ │ 编制实施性施工组织设计      ┌──────────────┐
         └──────────────┘ │ 工艺细则、技术措施编制      │ TQC领导机构     │
                          │ 开工报告审批制 │        └──────┬───────┘
                          └──────┬───────┘              ▼
                                 │                ┌──────────────┐
                                 │                │   QC小组      │
         ┌──────────────┐ ┌──────┴───────┐        └──────┬───────┘
         │              │ │ 隐蔽工程检查签证制             ▼
         │              │ │ 分项工程质量评定制      ┌──────────────┐
         │   施工中检查   │ │ 分段技术交底制度        │ 工程质量检查员   │
         │              │ │ 工序质量交接制度        └──────┬───────┘
         │              │ │ 定期质量检查评定制度            ▼
         └──────────────┘ │ 质量事故报告处理制      ┌──────────────┐
                          │ 分级岗位责任制 │        │ 质量鉴定评审    │
                          └──────┬───────┘        └──────┬───────┘
                                 │                      ▼
         ┌──────────────┐ ┌──────┴───────┐        ┌──────────────┐
         │              │ │ 自检自验制     │        │ TQC成果发布    │
         │   竣工后检查   │ │ 初检质量报告制  │        └──────┬───────┘
         │              │ │ 验工交接质量认定制            │
         │              │ │ 定期质量保修回访制            │
         └──────┬───────┘ └──────┬───────┘              │
                └────────────┐   │   ┌─────────────────┘
                             ▼   ▼   ▼
                    ┌──────────────────────────┐
                    │ 优良率90%以上,合格率100%    │
                    └──────────────────────────┘
```

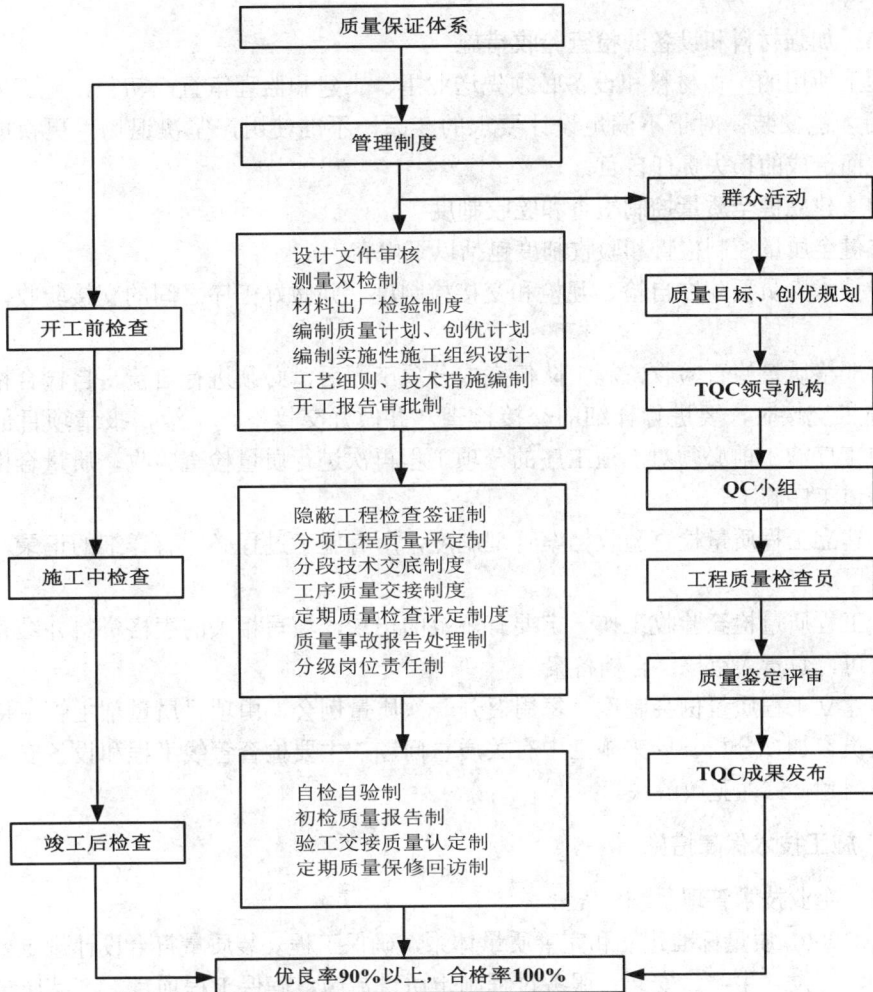

附图 1-6 质量组织保证体系

6.3.1 保证工程质量的技术组织措施

强化质量教育,增强全员创优意识;制订创优规划,完善质量保证体系;加强组织建设,严格质量管理制度。执行八项制度,即:①工程测量双检复核制度;②隐蔽工程检查签证制度;③质量责任挂牌制度;④质量评定奖罚制度;⑤质量定期检查制度;⑥质量报告制度;⑦竣工质量签证制度;⑧重点工程把关制度。强化计量工作,完善检测手段,坚持标准化管理,严格质量控制;突出重点,严格质量管理点管理;开展 QC 小组活动,克服各种质量通病。

6.3.2 保证施工工艺的主要技术措施

坚持技术交底制度,坚持工艺试验制度,坚持工艺过程三检制度,坚持隐蔽工程检查签证制度,坚持"四不施工""三不交接"。"四不施工"即:未进行技术交底不施工;图纸及技术要求不清楚不施工;测量控制标志和资料未经换手复核不施工;上道工序未进行三检不施工。"三不交接"即:三检无记录不交接;技术人员未签字不交接;施工记录不全不交接。

6.3.3 加强材料和设备的检查验收措施

工程上所用的一切材料和设备必须先送业主、土建和监理审查、初验，施工方完成报验手续后才能安装。对于不满足设计要求的产品，不准使用，坚决退场，更换成合格产品，由此而造成的损失责任自负。

6.3.4 建立健全质量控制检查和验收制度

建立健全质量控制检查和验收制度包括以下内容。

(1) 技术人员要建立自检、互检和交接检制度，并做好工序之间的交接验收，做好施工记录。

(2) 严格质量检查验收，施工队伍完成分项工程后，必须进行自检，自检合格后，不同工序施工交接时，要进行详细的交接检查，并做好交接检查手续，报请项目部质量检查，下道工序施工前必须对上道工序的分项工程再次进行质量检查验收，质量合格后，才能进入下道工序施工。

(3) 建立工程质量检查验收档案管理制度，所有施工过程必须有详细的记录，并报项目部存档。

(4) 工程质量检查验收工作一定要有规范的记录，填写相关的表格资料并经有关责任人签字认可，负责人审核，存档备案。

(5) 建立工程质量例会制度，每周召开一次质量例会，由项目质量部主管主持，各技术管理人员参加，分析一周来施工中有关质量问题，主要检查管线工程和设备安装工程，做到发现问题，立即整改解决。

6.4 施工技术保障措施

6.4.1 企业技术管理系统

按 ISO9001 质量标准建立和完善质量体系，确保工程安装质量符合设计规定要求；并针对设计、开发、生产、安装、服务过程制定质量措施，确保工程项目、产品质量满足合同规定要求。该质量体系将适用于本工程实施的全过程。我公司的质量方针是：用户和社会对公司人品和产品(工程)的满意和受益，是我公司永恒的宗旨。我公司的质量目标是：一流的人才、一流的技术、一流的产品、一流的工程、一流的服务、一流的管理，让用户的风险降为零。

6.4.2 技术管理制度

在整个工程中，我公司将严格执行 ISO9001 系统工程质量体系，并在整个施工过程中，切实抓好以下环节，所有技术文档由相关部门提出，交技术负责人审核，最后由项目经理签发施工，并形成汇报制度，定期汇总，交由资料管理人员存档。

(1) 施工图的规范化和制图的质量标准；

(2) 管线施工的质量检查和监督；

(3) 配线规格的审查和质量要求；

(4) 配线施工的质量检查和监督；

(5) 现场设备或前端设备的质量检查和监督；

(6) 调试大纲的审核和实施及质量监督；

(7) 系统运行时的参数统计和质量分析；

(8) 系统验收的步骤和方法；

(9) 系统验收的质量标准；

(10) 系统操作与运行管理的规范要求；

(11) 系统的保养和维修的规范与要求；

(12) 年检的记录和系统运行总结等。

6.4.3　技术管理措施

施工过程中的技术管理措施具体如下。

(1) 设备、材料进场时，应由管理公司、监理单位及本公司管理人员对照合同对进场设备的型号、质量、数量进行审定并做出书面签字，不符合合同要求的产品绝不能进场；替代产品的样品或技术建议书面材料递交业主，业主有权批准或不批准，在合同规定时间内给予书面回复。

(2) 隐蔽工程覆盖前，提前 48 小时通知业主、管理公司及监理单位进行中间验收。对验收记录进行存档，竣工时移交给业主。

(3) 完善项目管理制度，明确责任划分，由项目经理全面负责。严格按图纸施工，保证质量。

(4) 建立质量检查制度，现场管理人员将定期进行质量检查并贯穿到整个施工过程中。

(5) 各分项工程应严格按操作规程作业，各分组负责人对自己所承担的工程全面负责。

(6) 每天不定期检查，发现质量问题当场口头传达解决。次日如再次发现同样的问题则给予书面通知并进行奖金扣罚，扣罚金额大小由工程项目经理酌情而定。

(7) 对业主、监理公司、管理公司提出工程问题的书面文件，核实整改后立即反馈。

(8) 工程调试时的资料妥善保存，在竣工时提供给业主。

(9) 系统运行验收。当设备安装完毕并调试运行无误后，由我公司派现场调试人员进行系统联调并向业主提交调试报告。我公司认为所承担的工程项目全部完成后，书面通知业主进行系统运行验收。业主可会同主管部门或组织专家按合同所规定的设计及技术要求进行验收并办理验收手续。

6.4.4　施工技术准备

施工技术准备具体如下。

(1) 技术部门根据本工程特点，认真组织好图纸自审、会审，领会标书内容和要求，充分了解设计意图，制订有针对性的分项施工方案，做好对施工人员进行技术交底和技术培训的准备。

(2) 施工前安排本工程的各专业工程技术人员对技术工人进行技术交底、工程内容交底、工艺流程交底，使所有人员在进入施工现场前熟悉所安装设备的性能、特点及合约规定，做到心中有数。认真审查施工图纸及有关施工资料，及时准确地做出施工预算，经有关部门批准后由物资供应部门筹备。图纸及国家标准确定采购标准、运作程序确保加工订货质量及到货日期。

(3) 根据工程特点和现场情况，制定有关技术、安全等详细施工管理措施。

(4) 在整个施工过程中我公司根据各专业图纸的增加和变更，及时做好图纸目录的汇总和更新。

6.5 工程文档管理措施

从项目开始到项目竣工移交，做好工程文档制作和管理，实现有据可依，有档可查。竣工移交资料时编目明确，工程技术文件清楚，检索方便。我公司在本项目中派遣专业的资料管理人员按照国家和金堂市工程资料制作的规范对工程文档进行管理。工程文档包括进度计划表、月报及季报等、变更通知单、设备到货、验货清单、安全记录、系统运行记录、项目阶段小结、重要会议纪要、往来传真等，以及竣工文件中的开工报告、工程备忘录、设备和材料说明书、施工技术交底、工程联络单、质量记录、安装记录、调试记录、竣工报告、竣工图等。

6.6 安全防护及劳动保护措施

结合本工程的实际，坚持"安全第一，预防为主"的方针，明确安全目标，成立以项目经理为组长的各级安全管理组织，并配备专、兼职安全检查人员，坚持安全交底、安全教育、持证上岗制度，组织经常性安全检查，创建安全标准工地建设。全员安全施工管理保证体系如附图1-7所示。

(1) 加强安全生产和消防工作。公司所有现场施工人员均需接受安全生产和消防保卫的教育，以提高安全生产和消防保卫的思想意识、自我保护意识。

(2) 必须严格执行公司有关安全规程、条例，严格遵守现场土建总承包单位的有关安全生产的规章制度，服从现场安全人员的安全检查。执行班前安全会的安全交底制度，对安全注意事项要反复给予说明。

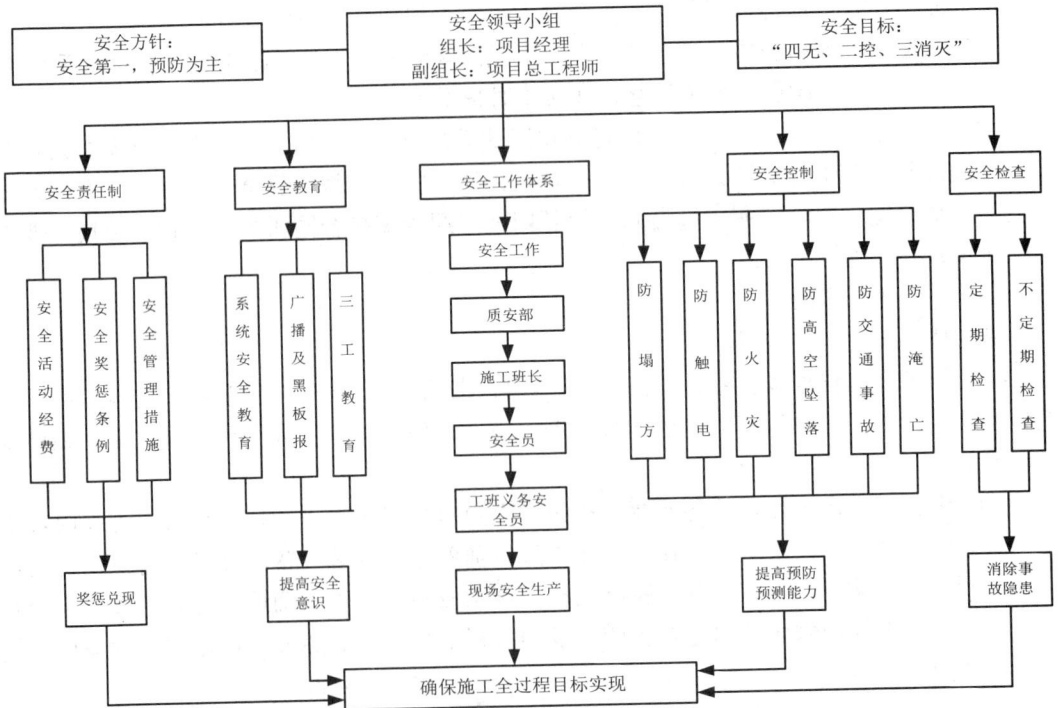

附图1-7 全员安全施工管理保证体系框图

(3) 严格现场安全生产纪律，设置明显的安全生产、消防保卫标志，严格执行用火制度。现场明火作业，应向现场有关部门提出书面申请，并在使用部位配备灭火器。

(4) 对于出现的安全事故或未遂事故，要按"三不放过"的原则处理，使责任者或当事人受到教育，并做好防范工作。

(5) 使用手持电动工具，在线路首端必须接漏电保护器。

(6) 现场用电设备要接在漏电空气开关上。桥架接地，对膨胀螺栓连接大楼主体钢筋结构接地。

(7) 现场施工配线、临时用线严禁架设在脚手架、树枝上。

(8) 施工现场闸箱要零、地分开，采用三相五线制配线。非电工人员不得擅自接线。

(9) 在潮湿场地、民工住房，必须使用 36V 以下安全电压照明。

(10) 特殊工种人员，包括电工、电焊工，必须持证上岗。

(11) 加强施工现场成品和半成品保护，如有损坏照价赔偿。

(12) 施工中间严禁饮酒，防止酒后滋事及意外事故的发生。

(13) 工作现场严禁吸烟，防止火灾发生。

(14) 对职工进行安全防范知识教育，实行考核上岗，加强临边洞口、交叉和高处作业防护教育。

6.7　临时用水、用电措施

作为智能系统施工单位，对用水、用电要求不高。用水方面主要是施工人员的生活用水。施工人员不在现场用餐，日常饮用水自备。用电主要是在敷设智能线槽、配管阶段和最后设备调试阶段。现场临时用电措施如下。

(1) 按照 TN-S 系统要求配备五芯电缆、四芯电缆和三芯电缆。

(2) 对靠近施工现场的外电线路，设置木质、塑料等绝缘体的防护设施。

(3) 按三级配电要求，配备总配电箱、分配电箱、开关箱三类标准电箱。开关箱应符合一机、一箱、一闸、一漏。三类电箱中的各类电器应是合格品。

(4) 按两级保护的要求，选取符合容量要求和质量合格的总配电箱和开关箱中的漏电保护器。

(5) 施工现场应设置不少于三处的保护接地装置。

(6) 现场照明用电单个设备功率不能超过 60W。

6.8　冬、雨季施工措施

进入现场的设备、材料必须避免放在低洼处，要将设备垫高，设备露天存放时应加雨布盖好，以防雨淋日晒，料场周围应有畅通的排水沟以防积水。

施工机具要有防雨罩或置于遮雨棚内，电气设备的电源线要悬挂固定，不得拖拉在地，下班后要拉闸断电。地下设备层机房内应做好防排水措施，防止雨季设备被水淹泡。

冬季施工，应做好五防"防火、防滑、防冻、防风、防煤气中毒"。管道和各类容器中的水要泄净，防止冻裂设备和管道；冬季布放电缆要采取相应的加温措施。

室外工程均应避免在雨天安排作业，尽量避免在不利条件下施工，如确有特殊需要，要做好防护措施。

7 文明施工及环境保障措施

7.1 文明施工保证体系

建立文明施工保证体系，建立以总工程师为组长的文明施工管理体系，确保文明施工。文明施工保证体系框图如附图1-8所示。

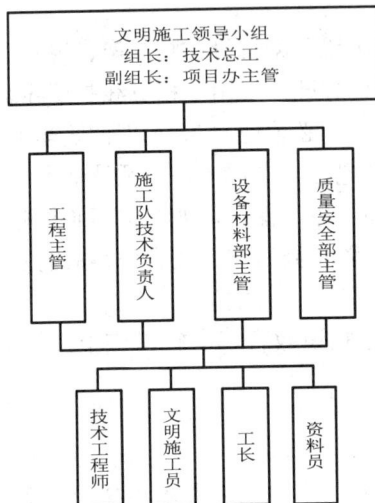

附图1-8 文明施工保证体系框图

7.2 文明施工具体措施

1) 设置标牌

在易发伤亡事故(或危险)处设置明显的、符合国家标准要求的安全警示标志牌。在办公区内悬挂工程概况、管理人员名单监督电话、安全生产规定、文明施工、消防保卫五板以及施工现场总平面图。

2) 材料堆放

材料、构件、料具等堆放时，悬挂标注名称、品种、规格等内容的标牌。

3) 场容卫生

各专业在指定的区域施工，严格遵守关于现场管理的各项制度，落实现场场容管理的各项要求，做到现场整洁、干净、节约、安全、施工秩序良好，现场道路必须保持畅通无阻，保证物质材料顺利进退场，场地应整洁，无施工垃圾，场地及道路定期洒水，降低灰尘对环境的污染。

积极遵守金堂市政府对夜间施工的有关规定，尽量减少夜间施工。若为加快施工进度或其他原因必须安排夜间施工的，要采取有效措施尽量减少噪声污染。

施工现场各类垃圾应当天清理，现场设置生活及施工垃圾场，垃圾分类堆放，经处理后方可运至环卫部门指定的垃圾堆放点。

办公区公共清洁派专人打扫，各办公室设轮流清洁值班表，并定期组织检查评比。

4)　施工现场纪律

进场全体职工必须遵章守纪，无违章指挥、违章作业行为。各级管理人员佩戴证明其身份的证卡。施工管理人员、操作工人穿着各公司统一的工作服上装。随时接受业主、监理和土建方指导检查。

严禁高空抛物。严禁在绿地上堆物及行走，严禁污染绿地，为加强对文明工地的管理和落实，委派专门的场容管理人员在现场检查和督促。

5)　职工安全教育

参加本工程进行安装施工的所有人员，在进场前必须进行进场培训教育。内容包括安全、文明施工、现场各项规章制度等，并组织书面考试，考试合格后方可进场工作。

7.3　环境保护体系

严格按照 ISO14000 环境保护体系，建立适合本项目的环境保护体系，如附图 1-9 所示。

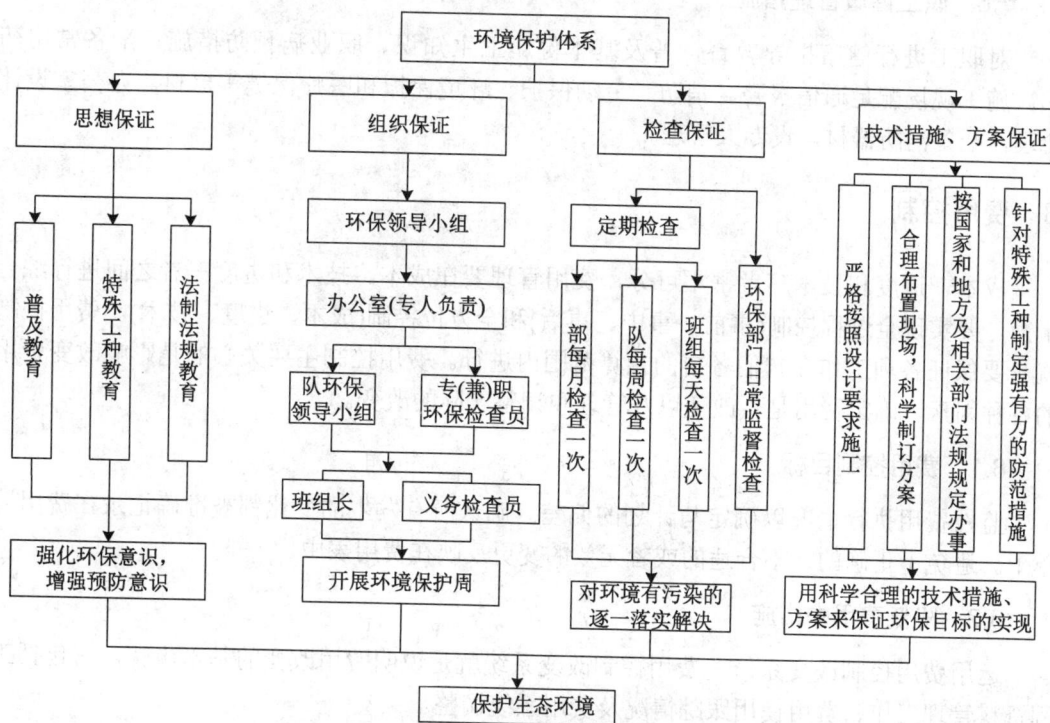

附图 1-9　环境保护体系框图

7.4　环境保障措施

坚持"以防为主、防治结合、综合治理、化害为利"的原则，加强环保宣传，建立环保制度。成立环境保护领导小组，定期对施工现场涉及智能系统工程及其相关环境进行检查。爱护公共道路，保持周围工作环境及工地周围的生态环境。保护好施工周围的防排水系统，防止水源污染。爱护环境，特别是施工现场周围的草坪、花坛和公共绿地，严禁随意践踏绿地，破坏植被。加强环境卫生管理，定期对周围喷药消毒，以防病毒传播。落实门前三包环境清洁责任制，做到完工清场，垃圾放到指定的地点。控制噪声污染。

7.5 防震减噪措施

进入现场的机械设备应按施工平面布置图要求进行设置，严格执行《建筑机械使用安全技术规程》。认真做好机械设备保养及维修工作，并认真做好记录。设置专职机械管理人员，负责现场机械管理工作。尽量用功率小的设备，以减少噪声污染。如果用到噪声特别大的设备，应用隔声板把加工区域与外界隔离，以减少噪声排放。

使用性能优良低噪声的电锤。晚上 22 时至次日早 6 时在开放环境不得使用电锤。必须使用时，只能在完全封闭房间使用。需在距施工现场 10m 处测试，噪声不得大于65dB。设立加工棚，周围设围挡隔声，使用性能优良低噪声的电动砂轮切割机、台钻。使用电锤开洞、凿眼时，应使用合格的电锤，及时在钻头上注油或水。加强环保意识的宣传。采用有力措施控制人为的施工噪声，严格管理，最大限度地减少噪声扰民。

7.6 职工健康管理措施

对职工进行健康指导教育，普及基本健康卫生知识、职业病预防措施，配备常用药品。施工现场配足通信报警、消防、劳动保护、环境保护和医疗保健等器材。办公室设计合理，配备消防器材，设专人管理。

8 费用控制

成本、进度和技术三者密不可分，费用管理要在成本、技术和进度三者之间进行综合平衡。要实现全过程控制(事前、事中、事后)和全方位控制(成本、进度、技术)。费用控制就是要保证各项工作在它们各自的预算范围内进行。费用控制主要关心的是影响改变费用的各种因素、确定费用是否改变以及管理和调整实际的改变。

8.1 费用控制目标

监控费用执行情况以确定与计划的偏差。确认所有发生的变化都被准确记录在费用清单上。避免不正确的、不合适的或者无效的变更反映在费用表中。

8.2 降低费用的措施

运用费用控制改变系统，费用控制改变系统就是说明费用改变的基本步骤，它包括工程资料管理工作、费用使用跟踪情况及费用系统调整。

分析费种各种变化的原因，运用净值分析法，确定导致误差的原因以及弥补、纠正所出现的误差。

附加计划：很少有项目能够准确地按照期望的计划进行，不可预见的各种情况要求在项目实施过程中重新对项目的费用做出新的估计和修改。

借助计算工具，通常是借助相关的项目管理软件和电子制表软件来跟踪计划费用、实际费用和预测费用改变的影响。

9 特殊、紧急情况预案

根据国务院颁发的《国家突发公共事件总体应急预案》、原建设部颁发的《建设工程重大质量安全事故应急预案》等法律法规文件，结合本工程的实际情况，制定我公司的特殊、紧急情况预案。

9.1　应急救援组织机构与职责

设立工程应突发应急事件办公室，统一领导项目部的智能系统布展工程中可能出现的质量安全应急方案和工程施工突发事故的应急处理工作。由项目经理担任突发应急事件办公室主任，技术负责人担任副主任，对事件进行分级、分类，并确定相应的责任人。应急事件办公室的主要职责如下。

(1)　执行相关国家法律、法规和主管部门的决定，统一组织、协调、实施应急处理工作。

(2)　监督检查施工现场，及时发现问题，消除事故隐患，确保施工现场生产安全。

(3)　特别重大、重大突发质量和安全事件，上报业主、监理，再由业主上报上级主管部门，并根据上级主管部门的决定发布警情。

(4)　定期对职工进行质量、安全方面的教育和应急事件处理教育，确保职工有足够的认识，规范施工，文明生产，防患于未然。

(5)　对应急措施进行演练，协调施工现场各施工方互相协作。

(6)　负责建立健全和完善工程信息网络系统，实现信息共享，保障联系渠道畅通。

9.2　突发事故应急响应和后期处理

9.2.1　突发事故的应急响应

当确认特殊、紧急情况已经发生时，按照"统一指挥、属地为主、专业处置"的要求，成立由项目经理参加的现场指挥部，确定联系人和通信方式，请求公安、交通、消防和医疗急救等部门协助应急队伍先期开展救援行动，组织、动员和帮助现场工人开展救援工作。

应急管理办公室应维护好事发地区治安秩序，做好交通保障、人员疏散、工人安置等各项工作，尽全力防止紧急事态的进一步扩大。及时掌握事件进展情况，随时向业主、监理和土建或上级主管部门报告。同时，结合现场实际情况，尽快确定现场应急事件处置方案。突发公共事件应急处置工作结束后，应将情况及时上报业主、监理和土建，必要时上报相关主管部门。

9.2.2　后期处置

突发事件应急管理办公室应对损害进行核定工作，及时收集、清理和处理污染物，对事件情况、人员补偿、征用物资补偿、重建能力、可利用资源等做出评估，根据相关法律法规，在主管部门领导下制定补偿标准和事后恢复计划，并迅速实施。及时向上级主管部门汇报，汇报内容包括：事故发生及抢险救援经过，事故原因，事故造成的后果，包括伤亡情况和经济损失情况；预防事故，采取的措施；预案的效果及评估情况，应吸取的经验教训及对事故责任人的处理情况等。

9.3　应急保障措施

9.3.1　人员保障

1)　工程抢险力量

由我公司现场工程人员、施工人员组成，必要时请求业主和土建方的现场施工人员参与。

2） 专家咨询力量

由我公司领导、项目部领导、专家配合业主、监理和土建方的专家，形成专家组。必要时请求上级主管部门支援。

3） 应急管理力量

我公司项目经理现场指挥具体操作。同时，听从业主、监理、土建和上级主管部门的领导的指挥。

9.3.2 物质保障

配备充足的对讲机、手机等通信设备，确保信息畅通。现场备专用车辆 1 辆，可根据情况随时增派车辆，确保交通运输保障。项目预留风险自备金，专款专用，确保财政支持。应急救援器材清单见附表 1-2。

附表 1-2 应急救援器材清单

序　号	名　　称	用　途
1	急救箱	消毒
2	绷带	止血、包扎
3	止血药物	止血
4	温度计	测量体温
5	手电筒	照明
6	灭火器	消灭火源
7	水桶	灭火
8	对讲机	通信
9	手机	通信
10	车辆	交通

10　系统验收和资料移交

10.1　系统验收

10.1.1　验收程序

工程竣工验收按照我公司自评、设计认可、监理核定、业主验收的流程进行。工程完工后，我公司通过自检认为达到竣工验收条件时，按国家和业主方关于工程竣工有关规定，向业主方代表提供完整的竣工档案资料、竣工验收报告等满足竣工验收的资料。业主方组织验收后 2 天以内，给予批准或提出修改意见，如初次验收未通过，我公司应按业主所提修改意见并承担整改费用，完成后再次申报。

10.1.2　验收通过条件

竣工交付使用的工程必须符合下列要求。

（1） 完成工程设计和施工合同规定的工作内容，达到国家规定的竣工条件。工程质量应符合国家现行的有关法律、法规、技术标准、设计文件及合同规定的要求，并经质量监督机构核定为合格或优良。

(2) 工程所用的设备和主要建材、构配件应具有产品质量出厂检验合格证明和技术标准的必要的进场试验报告。

(3) 具有完整的工程技术档案和竣工图,已办理工程竣工交付使用的有关手续。已签署工程保修合同。

10.1.3 工程验收的一般要求

工程验收应符合下列一般要求。

(1) 工程施工质量应符合专业验收规范的规定。

(2) 参加工程施工质量验收的各方人员应具备规定的资格。

(3) 工程质量的验收均应在施工单位自行检查评定的基础上进行。

(4) 隐蔽工程在隐蔽前应由施工单位通知有关单位进行验收,并应形成验收文件。智能化智能系统安装中的线管预埋、直埋电缆、接地板等都属隐蔽验收,这些工程在下道工序施工前,应由建设单位代(或监理人员)进行隐蔽工程检查验收,并认真办理隐蔽工程验收手续,纳入技术档案。

(5) 检验批次的质量应按主控项目和一般项目验收。

(6) 工程的观感质量应由验收人员通过现场检查,并共同确认。

10.1.4 工程验收具体要求

工程验收应符合下列具体要求。

(1) 按照 GB 50339—2013 的标准执行。

(2) 我公司在系统测试工作开始前,将向业主或监理提交系统测试工作计划、测试方案,详细说明测试工作的内容、方法和仪器和仪表,并获得业主、设计师、监理工程师审核批准。所有测试工作都将由经过认证的工程师参与进行。

(3) 测试分主控项目测试和一般项目测试,主控项目和一般项目全部合格。

10.1.5 竣工验收

竣工验收要求如下。

(1) 检验批质量合格主控项目和一般项目的质量经抽样检验合格;具有完整的施工操作依据、质量检查记录。

(2) 分项工程验收合格分项工程所含的检验批均应符合合格质量的规定;分项工程所含的检验批的质量验收记录应完整。分项工程质量应由监理工程师(建设单位项目专业技术负责人)组织项目专业技术负责人等进行验收,并填写验收记录。

(3) 分部(子分部)工程质量验收合格,分部(子分部)工程所含分项工程的质量均应验收合格;质量控制资料应完整符合要求。

10.1.6 竣工验收步骤

竣工验收工作按以下步骤进行。

(1) 检验批及分项工程应由监理工程师(建设单位项目负责人)组织施工单位项目专业质量(技术)负责人等进行验收。

(2) 分部工程应由总监理工程师(建设单位项目负责人)组织施工单位项目负责人和技术、质量负责人等进行验收。

(3) 单位工程完工后,施工单位自行组织有关人员进行检查评定,并向相关安全部门提交工程验收报告。

(4) 建设单位收到工程验收报告后,应由建设单位(项目)负责人组织施工(含分包单位)、设计、监理等单位(项目)负责人进行单位(子单位)工程验收。

10.2 竣工资料移交

工程竣工后,我公司按照《建筑工程资料管理规程》DBJ01-51—2003 的规范要求,做好详细的竣工资料,并在竣工后一个月内把竣工验收文件资料(含竣工图纸一式四份)交给业主方。竣工验收文件资料应包括以下内容。

(1) 工程合同技术文件。

(2) 竣工图纸、设计说明、系统结构图、各子系统控制原理图、设备布置及管线平面图。

(3) 系统设备产品说明书。

(4) 系统技术、操作和维护手册

(5) 设备及系统测试记录、设备测试记录、系统功能检查及测试记录。

(6) 工程实施及质量控制记录、相关工程质量事故报告表、建筑资料管理规程要求的其他文件、竣工资料统计表。

11 培训及售后服务

11.1 工程培训

11.1.1 现场培训

我公司将安排为业主各系统管理人员提供必要的培训及全面的有关操作、管理及简单的故障处理的资料。

培训对象:业主方的运行维护人员,数量由业主确定。

培训内容:项目完成后的各个信息点的位置和使用方法,设备的使用和维护方式,设备的检查、保养和基本检修内容,项目技术文档的学习等。

培训方式:课堂讲解与实际操作相结合。

培训地点:项目施工现场。

培训资料:使用说明书,操作手册、应用指南和故障处理说明书。参与培训人员每人1 份我公司编制的讲义。

具体培训日期安排:工程验收前完成,由我公司和业主协商决定。

11.1.2 提供操作和保养手册

按合约及有关技术规格说明书要求,在规定时间内提供完整的操作和维修保养手册,该手册按规定装订成册,并附有总目录及分目录。

技术说明:所有设备的技术资料介绍,所有设备需附有原厂所发的使用说明书。

设备表:列出生产制造厂商、型号、系列编号、经调试运行后所核定的设定参数,提供所有设备的产品说明书、签证书以及性能指标表等资料。

维修保养操作说明:所有系统的检查手册,所有系统的维修保养操作手册,更换装置部件的程序、要求和更换率。

供应厂商名单和联系方式：提供每一种设备、材料和附件的供应厂商和代理商的名单，包括通信地址、电话及图文传真号码。

零部件表：提供业主所有零备件和维修保养所用的工具清单。

11.2　售后服务

1)　质量保证期

从工程竣工验收合格之日起计算保修期。除此之外，在质量保证期内，我公司承诺免费提供各项技术服务。

2)　响应时间

在保修期内，我公司提供 7×24 小时免费电话技术支持。在用户提出现场维护请求后，6 小时内赶到现场。在保修期内，如出现软件故障问题，我公司将在接到故障通知 2 小时内给予电话、传真解答，若解答不了，6 小时内派技术工程师进行现场解决。若短时间内故障无法排除，我公司在 24 小时内提供备用设备。

3)　备件更换

对于由于硬件质量问题造成的损坏，我公司将到现场免费维修更换损坏的硬件。

4)　定期巡检和回访

除提供质保服务，我公司还提供设备的定期巡检及维保服务，通过巡检服务检查系统运行情况，及时发现维护问题并解决问题，避免系统故障。

5)　技术支持

我公司提供 7×24 小时免费电话技术支持。不定期到现场向业主的运维人员进行技术咨询和运行维护指导。如果用户有培训需求，可以不定期派技术人员到现场对运维人员进行再培训。

附录二　OTDR 资料简介

1 OTDR 的工作原理

OTDR 是一个使用率非常高的测试仪表之一，它在光路维护中起着非常重要的作用。大家在日常的维护中也积累了大量的 OTDR 的使用经验。在理解了 OTDR 的工作原理和基本技术参数的情况下，利用 OTDR 对光纤进行准确测试，对出现的光路故障进行快速准确的判断定位有重要的意义。

OTDR 的英文全称为 Optical Time Domain Reflectometer。OTDR 用到的光学理论主要有瑞利散射(Rayleigh backscattering)和菲涅尔反射(Fresnel reflection)。这种测量方法由 M. Barnoskim 和 M. Jensen 在 1976 发明的。菲涅尔反射就是大家平常所理解的光反射。

光纤在加热制造过程中，热骚动使原子产生压缩性的不均匀，造成材料密度不均匀，进一步造成折射率的不均匀。这种不均匀在冷却过程中固定下来，引起光的散射，称为瑞利散射。正如大气中的颗粒散射了光，使天空变成蓝色一样。瑞利散射的能量大小与波长的 4 次方的倒数成正比。所以，波长越短散射越强，波长越长散射越弱。

需要注意的是能够产生后向瑞利散射的点遍布整段光纤，是连续的，而菲涅尔反射是离散的反射，它由光纤的个别点产生，能够产生反射的点大体包括光纤连接器(玻璃与空气的间隙)、阻断光纤的平滑镜截面、光纤的终点等。

OTDR 类似一个光雷达。它先对光纤发出一个测试激光脉冲，然后观察从光纤上各点返回(包括瑞利散射和菲涅尔反射)的激光的功率大小情况，这个过程重复地进行，然后将这些结果根据需要进行平均，并以轨迹图的形式显示出来，这个轨迹图就描述了整段光纤的情况。

2 OTDR 测试仪表中的几个参数

OTDR 测试仪表中主要有测试距离、脉冲宽度、折射率、测试光波长、平均值、动态范围、后向散射系数、死区、"鬼影"等参数(术语)，下面详细介绍这些参数所代表的意义。

(1) 测试距离。由于光纤制造以后其折射率基本不变，这样光在光纤中的传播速度就不变，这样测试距离和时间就是一致的，实际上测试距离就是光在光纤中的传播速度和传播时间的乘积，对测试距离的选取就是对测试采样起始和终止时间的选取。测量时选取适当的测试距离可以生成比较全面的轨迹图，对有效的分析光纤的特性有很好的帮助，通常根据经验，选取整条光路长度的 1.5～2 倍之间最为合适。

从发射脉冲到接收到反射脉冲所用的时间，再确定光在光纤中的传播速度，就可以计算出距离。以下公式说明测量距离

$$d = (c \times t) / 2(\text{IOR})$$

式中：c——光在真空的速度；

t——脉冲发射到接收的总体时间(双程)；

IOR——光纤的折射率。

(2) 脉冲宽度。可以用时间表示，也可以用长度表示，很明显，在光功率大小恒定的情况下，脉冲宽度的大小直接影响着光的能量的大小，光脉冲越长光的能量就越大。同

时，脉冲宽度的大小也直接影响着测试死区的大小，也就决定了两个可辨别事件之间的最短距离，即分辨率。显然，脉冲宽度越小，分辨率越高，脉冲宽度越大分辨率越低，如附图 2-1 所示。

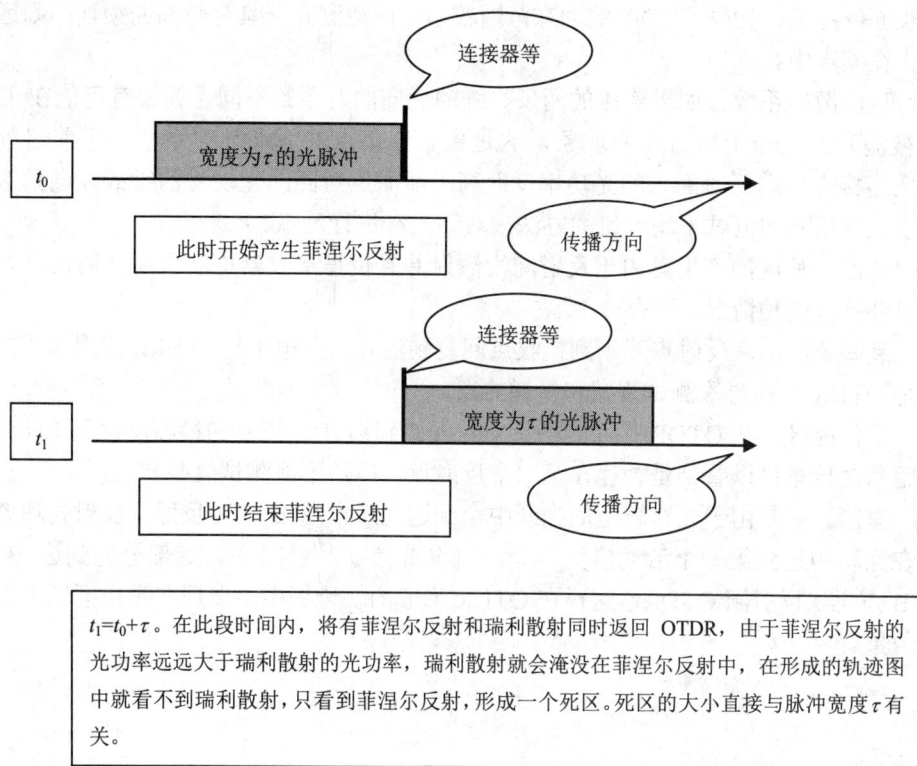

附图 2-1　脉冲宽度示意图

（3）折射率就是待测光纤实际的折射率，这个数值由待测光纤的生产厂家给出，单模石英光纤的折射率为 1.4～1.6。越精确的折射率对提高测量距离的精度越有帮助。在配置光路由的时候应该选取折射率相同或相近的光纤进行配置，尽量减少不同折射率的光纤芯连接在一起形成一条非单一折射率的光路。

（4）测试光波长的就是指 OTDR 激光器发射的激光的波长，波长越短，瑞利散射的光功率就越强，在 OTDR 的接收段产生的轨迹图就越高，所以 1310nm 的脉冲产生的瑞利散射的轨迹图样就要比 1550nm 产生的图样要高。但是在长距离测试时，由于 1310nm 衰耗较大，激光器发出的激光脉冲在待测光纤的末端会变得很微弱，这样受噪声影响较大，形成的轨迹图就不理想，宜采用 1550nm 作为测试波长。在高波长区(1500nm 以上)，瑞利散射会持续减少，但是一个红外线衰减(或吸收)就会产生，因此 1550nm 就是一个衰减最低的波长，适合长距离通信。所以在长距离测试的时候适合选取 1550nm 作为测试波长，而普通的短距离测试选取 1310nm 为宜，视具体情况而定。

（5）平均值是为了在 OTDR 形成良好的显示图样，根据用户需要动态或非动态地显示光纤状况而设定的参数。由于测试中受噪声的影响，光纤中某一点的瑞利散射功率是一个随机过程，要确知该点的一般情况，减少接收器固有的随机噪声的影响，需要求其在某一段测试时间的平均值。根据需要设定该值，如果要求实时掌握光纤的情况，那么就需要设定平均值时间为 0，而看一条永久光路，则可以用无限时间。

(6) 动态范围表示后向散射开始与噪声峰值间的功率损耗比。它决定了 OTDR 所能测得的最长光纤距离。如果 OTDR 的动态范围较小，而待测光纤具有较高的损耗，则远端可能会消失在噪声中。

(7) 后向散射系数。如果连接的两条光纤的后向散射系数不同，就很有可能在 OTDR 上出现被测光纤是一个增益器的现象，这是由于连接点的后端散射系数大于前端散射系数，导致连接点后端反射回来的光功率反而高于前面反射回的光功率的缘故。遇到这种情况，建议大家用双向测试平均趣值的办法来对该光纤进行测量。

(8) 死区。死区的产生是由于反射淹没散射并且使得接收器饱和引起，通常分为衰减死区和事件死区两种情况。

① 衰减死区：从反射点开始到接收点回复到后向散射电平约 0.5dB 范围内的这段距离。这是 OTDR 能够再次测试衰减和损耗的点。

② 事件死区：从 OTDR 接收到的反射点开始到 OTDR 恢复的最高反射点 1.5dB 以下的这段距离，这里可以看到是否存在第二个反射点，但是不能测试衰减和损耗。

(9) 鬼影。它是由于光在较短的光纤中，到达光纤末端 B 产生反射，反射光功率仍然很强，在回程中遇到第一个活动接头 A，一部分光重新反射回 B，这部分光到达 B 点以后，在 B 点再次反射回 OTDR，这样在 OTDR 形成的轨迹图中会发现在噪声区域出现了一个反射现象。